Stadtforschung aktuell
Band 44

Herausgegeben von:
Hellmut Wollmann
Gerd-Michael Hellstern

Ilse Helbrecht

„Stadtmarketing"

Konturen einer kommunikativen Stadtentwicklungspolitik

Birkhäuser Verlag
Basel · Boston · Berlin

Die Autorin:

Dr. Phil. Ilse Helbrecht, Dipl. Geographin,
Geographisches Institut der TU München, D-80290 München

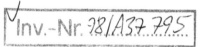
Die Deutsche Bibliothek – CIP-Einheitsaufnahme

Helbrecht, Ilse:
„Stadtmarketing": Konturen einer kommunikativen
Stadtentwicklungspolitik / Ilse Helbrecht. - Basel ; Boston ;
Berlin : Birkhäuser, 1994
    (Stadtforschung aktuell ; Bd. 44)
    ISBN 3-7643-2988-2
NE: GT

1., unveränderter Nachdruck 1995
2., unveränderter Nachdruck 1998

©1994 Birkhäuser Verlag, Postfach 133, CH-4010 Basel, Schweiz
Camera-ready Vorlage durch die Autorin erstellt
Gedruckt auf säurefreiem Papier, hergestellt aus chlorfrei gebleichtem Zellstoff
Printed in Switzerland
ISBN 3-7643-2988-2

9 8 7 6 5 4 3

Inhalt

Abbildungsverzeichnis

Vorwort

Niemand schreibt eine Arbeit allein, erst recht keine Doktorarbeit. Und so ist es für mich nicht nur eine Frage des guten Stils, sondern ein ehrliches Anliegen, mich bei den Mitgliedern des Geographischen Instituts der TU München zu bedanken.

Für sprachliche Korrekturen und kritische Hinweise bin ich Robert Geipel sehr dankbar. Wenn der PC streikte oder der Drucker nicht mehr wollte, war Andreas Kagermeier hilfreich zur Stelle. Jürgen Pohl brachte mich durch seine manchmal zynische Kritik immer wieder auf berechtigte Distanz zum eigenen Gegenstand; er half mir mit vielen Hinweisen und Bemerkungen über die Jahre hinweg. Ralf Popien war als Mitdoktorand und Leidensgenosse ein wichtiger Gesprächspartner für mich. Reinhard Wießner verfolgte die Fertigstellung der Kapitel Schritt für Schritt und gab mir durch die Korrektur des jeweils letzten die Sicherheit für das Schreiben des nächsten. Nicht zuletzt aber haben die beiden Gutachter entscheidenden Anteil an dem Entstehen der Arbeit. Bernhard Butzin, dem ich seit den Anfängen meines Geographiestudiums viel fachliche Orientierung verdanke, brachte mich überhaupt erst auf das Thema und gab mir viele Anregungen zum Aufbau der Arbeit. Günter Heinritz hat sich nicht nur wahrhaft doktorväterlich erwiesen, indem er das Schlußwort mit mir am Vatertag besprach. Ohne seine Unterstützung und sein Zeitmanagement, die Befreiung von Lehrveranstaltungen und die konstruktive Kritik hätte die Arbeit nicht entstehen können. Ihm gilt mein besonderer Dank.

Da sich das Thema der Arbeit mit Stadtmarketing beschäftigt, einem neuen Politikfeld in der Stadtentwicklung, war die Zusammenarbeit mit Praktikern unerläßlich. Bedanken möchte ich mich deshalb auch bei den Mitarbeitern der CIMA Stadtmarketing GmbH, die mich als kritische Beobachterin an ihrer Arbeit teilnehmen ließen. Die Gespräche mit Roland Wölfel als verantwortlichem Citymanager waren dabei für mich besonders wichtig. Darüber hinaus haben Christoph Siebels und Bärbel Knäuper ihren je eigenen Anteil am Entstehen der Arbeit. Ihnen gilt mein persönlicher Dank.

Das einzige, was mich bedauerlich an der Danksagung stimmt, ist der Anteil der Frauen. Warum das so ist, darüber ließen sich Bände füllen. Daß es besser wird, wünsche ich mir.

Ilse Helbrecht   München, im Oktober 1993

1 Einführung

1.1 Problemstellung und Einordnung des Themas

Die Stadt Frankenthal beginnt 1987 auf der Basis einer Imageanalyse ein städtisches Entwicklungskonzept unter dem Stichwort "Stadtmarketing" zu erarbeiten. Politik, Wirtschaft und Verwaltung ziehen an einem Strang, um die Attraktivität ihrer Gemeinde mit neuen Maßnahmen und Konzepten zu erhöhen. Noch im gleichen Jahr schlägt der Oberbürgermeister von Schweinfurt die Gründung eines Lenkungsausschusses für Stadtmarketing vor und richtet kurz darauf die erste Planstelle für Stadtmarketing in der bundesdeutschen Kommunalverwaltung ein (vgl. SCHEYTT 1990, S. 199). 1988 folgt die Stadt Wuppertal und beauftragt ein Expertenteam aus Verwaltung, Politik, Wirtschaft und Hochschule, ein "Marketing-Konzept für unsere Stadt" zu entwerfen (vgl. WUPPERTAL 1988). Ein Jahr später verkündet das Bayerische Staatsministerium für Wirtschaft und Verkehr die Förderung von drei öffentlichen Modellprojekten, in denen Citymanagement - ein 1989 synonym zum Stadtmarketing verwendeter Begriff - als dauerhafte Partnerschaft in der Stadt zwischen öffentlichen und privaten Akteuren erprobt werden soll. Kurz darauf zieht das Bundesministerium für Raumordnung, Bauwesen und Städtebau (BMBau) nach und schreibt ebenfalls zwei Projekte aus, in denen Citymanagement als neues Instrument der Stadtentwicklung experimentell erforscht werden soll.

Auch ein Blick in die internationale Szene der Stadtentwicklung zeigt, daß die traditionelle Planungspolitik in Bewegung geraten ist. Großbritannien hat seit 1979, dem Regierungsantritt von M. Thatcher, eine drastische Wende in der lokalen Politik erlebt. Die Modifizierung der Stadtentwicklungspolitik wurde zum Vorzeigeobjekt des konservativen Staatsumbaus. Stadtentwicklungsplanung stand im Großbritannien der 80er Jahre vor allem unter dem Impetus der Förderung des Wirtschaftswachstums, das durch die Reduzierung öffentlicher Ausgaben und die Beschneidung der lokalen Autonomie stimuliert werden sollte. Deregulierung, also die Entformalisierung und Entrechtlichung von Entscheidungsprozessen und Genehmigungsverfahren sowie die Zentralisierung der Entscheidungsstrukturen durch die Zerschlagung der lokalen Autonomie setzten sich gleichermaßen durch. So wurde die Entwicklung innerstädtischer Grundstücke privatwirtschaftlich organisierten Urban Development Corporations (UDC) überantwortet, während parallel dazu die Gestaltungsfreiheit der Kommunen durch zentralstaatliche Finanzzuweisungen drastisch beschnitten wurde. Auch die Privatisierung kommunaler Aufgaben (Müllabfuhr, öffentlicher Nahverkehr usw.) hat zu einer radikalen Umorientierung der städtischen Entwicklungspolitik geführt.

Die Situation in den USA ist ebenfalls seit mehreren Jahren durch den Trend zur "unternehmerischen Stadt" geprägt. Hier beschreibt das Jahr 1974 einen Wendepunkt in der Stadtentwicklungspolitik, als mit der Kürzung staatlicher Subventionen für den Städtebau (urban renewal) die Kommunen zur lokalen Eigenverantwortung gezwungen wurden. Aufgrund des Fehlens öffentlicher Gelder wurde die Aufmerksamkeit der lokalen Politik verstärkt auf die Einsparung bzw. Erwirtschaftung von Kapital gelenkt. Neue Finanzquellen mußten für die Revitalisierung der Downtowns erschlossen werden. Die ökonomische Entwicklung der Stadt trat deshalb gegenüber traditionellen Planungsanliegen in den Vordergrund. Seit 1974, der sogenannten "post 1974-period", hat eine Phase des kreativen Experimentierens mit neuen Finanzierungs- und Steuerungsformen in der Stadtentwicklung eingesetzt (FAINSTEIN/FAINSTEIN 1987, S. 240). Stadtentwicklung in den USA steht dabei vor allem unter dem Stern der Public-Private Partnership. Befreit von den Regularien der staatlichen Förderung erstellen Planer und Developer in Development Corporations gemeinschaftlich U-Bahnen, Hotels, Straßen, Bürokomplexe usw. Der finanzielle Gewinn der Städtebauprojekte wird zwischen Stadt und privaten Investoren geteilt.

Dieser kursorische Rundgang durch die internationale Landschaft der Stadtentwicklungspolitik ist weder vollständig noch analytisch ausreichend. Dennoch wird schon anhand dieses Überblicks deutlich, daß in den letzten Jahren offensichtlich eine Art Kehrtwende in der Diskussion um Stadtentwicklung und Stadtsteuerung zu verzeichnen ist. Trotz der unterschiedlichen bis gegensätzlichen Entwicklungstendenzen in den Vereinigten Staaten, Großbritannien und Deutschland wird vielfach die Tendenz zu einer "Stadtentwicklung am Markt" als gemeinsamer Nenner für die verschiedenen Neuansätze bemüht. Es scheint, als fände der Versuch statt, das traditionell öffentliche Handlungsfeld der Stadtentwicklungspolitik durch privatwirtschaftliche Steuerungselemente zu modernisieren. Die Stadtentwicklung, die seit den 60er und frühen 70er Jahren das vorherrschende Metier von Planungsabteilungen der öffentlichen Verwaltung war, unterliegt somit zumindest rhetorisch einem privatwirtschaftlich geprägten Strukturbruch. An die Stelle der Stadtentwicklungsplanung mit ihren langfristigen Zehn-Jahres-Plänen sind Vorstellungen von Stadtentwicklung durch Public-Private Partnership, Stadtmarketing und Stadtmanagement getreten. In den Augen vieler Experten gilt nach der relativen Erfolglosigkeit der traditionellen Planung, Stadtentwicklung effektiv zu steuern und zu gestalten, die "Verbetriebswirtschaftlichung" der Stadtpolitik als Hoffnungsträger. Die Stadt soll als Unternehmen agieren und sich von den überkommenen bürokratischen Handlungsformen lösen.

Die Diskussion um die "Verbetriebswirtschaftlichung" öffentlicher Planungspolitik wird in Deutschland seit Ende der 80er Jahre vor allem unter dem Begriff "Stadtmarketing" geführt. Dennoch ist derzeit keine einheitliche Definition von Stadtmarketing erkennbar. Stadtmarketing findet selten als wohl definiertes, integriertes Handlungskonzept Anwendung; vielmehr werden in den einzelnen Städten je verschiedene Neuerungen mit unterschiedlichen Akzentuierungen experimentell eingesetzt. Dem entspricht dann auch eine begriffliche Vielfalt, die zur Beschreibung der neuen Steuerungsformen in der Stadtpolitik angewendet wird. Während sich die Begriffe Citymanagement und Citymarketing nach deutscher Terminologie vor allem auf den Innenstadtbereich beschränken und überwiegend einzelhandelsorientierte Konzepte zur Attraktivitätssteigerung der Innenstadt beschreiben, finden daneben auch Termini wie Public-Private Partnership oder Urban Management Anwendung. Es ist also Vielfältiges und Widersprüchliches, was zur Zeit in den Planungsgazetten kursiert. Ursache für diesen unbefriedigenden Diskussionsstand ist nicht zuletzt das Verhältnis von Theorie und Praxis in der gegenwärtigen bundesdeutschen Planungslandschaft. Der proklamierte Wandel von einer planerischen zu einer marktorientierten Stadtentwicklungspolitik ist nicht von seiten der Planungs- oder Stadtentwicklungstheorie eingeleitet worden, sondern das Ergebnis von Unzufriedenheit, Handlungsdruck und Kreativität der Praktiker vor Ort. Kommunalpolitiker, Stadtentwicklerinnen und Wirtschaftsförderer sehen sich angesichts des verschärften Wettbewerbs der Städte und Regionen gezwungen, neue Handlungs-, Organisations- und Steuerungsformen in der Stadtentwicklung zu entdecken. Der Europäische Binnenmarkt ist dabei nur das symbolisch in Anspruch genommene Datum für weitreichende Veränderungen in der Raumentwicklung (z. B. soziale Spaltung der Stadt, Freizeitgesellschaft, Reurbanisierung), die eine Veränderung stadtentwicklungspolitischer Handlungsformen erzwingen.

3

Während nun die Praxis kreativ für sich neue Handlungsfelder entdeckt, gibt es hierzu von seiten der Theorie außer einer oftmals pauschal geäußerten Kritik an den marktorientierten Formen der Stadtentwicklung, die den "Ausverkauf planerischen Handelns" bedeuten würden, kaum systematisch reflektierende Beiträge. Der Kreativitätsaufschwung der Praxis scheint mit einem Bedeutungsniedergang der Theorie einherzugehen. Das Phänomen "Stadtmarketing" ist durch diese doppelte Diskrepanz - Stadtentwicklung zwischen Plan und Markt sowie praktischer Effizienz und mangelnder theoretischer Reflexivität - charakterisiert. Auf diesem ungleichgewichtigen Fundament hat es sich zu Beginn der 90er Jahre zu einem der zentralen Themen der Stadtentwicklungspolitik entwickelt.

Ausgehend von diesem Diskussionsstand verfolgt die Arbeit mehrere Zielsetzungen. Zunächst soll der konzeptionelle Stellenwert von Stadtmarketing als Versuch der Synthese von Staat und Markt geklärt werden: Handelt es sich beim Stadtmarketing wirklich um die direkte Übertragung von Unternehmensführungskonzepten auf die Stadt als Teil der öffentlichen Hand? Oder findet nicht vielmehr, inspiriert durch betriebswirtschaftliche Management- und Marketingmethoden, eine eigenständige Neuinterpretation politischer und planerischer Handlungsformen statt? Praxisorientierter muß gefragt werden, ob Stadtmarketing tatsächlich zu einer effizienteren Steuerung der Stadtentwicklung führt. Lassen sich die gegenwärtigen stadtstrukturellen Probleme wie zum Beispiel die Gefahr der sozialen Spaltung der Städte, der Bedarf nach lokal angepaßten Politikformen sowie die Nutzung endogener Potentiale durch Stadtmarketing lösen? Und schließlich ist planungstheoretisch zu klären, wodurch sich Stadtmarketing von der traditionellen Stadtentwicklungsplanung unterscheidet. Kann Stadtmarketing die traditionelle Stadtentwicklungsplanung ersetzen? Das Thema der Arbeit bewegt sich damit an einer aktuellen Diskussionslinie der deutschen Stadtentwicklungspolitik. Aufgrund der erst kurzen "Reifezeit" von Stadtmarketing sind deshalb weder praktisch noch konzeptionell ausgereifte Modelle zu erwarten.

4

1.2   Aufbau der Arbeit

Trotz der Diffusität der noch jungen Innovation Stadtmarketing ist eine
Beobachtung für Stadtmarketing besonders charakteristisch: Stadt-
marketing scheint die Grenzen zwischen öffentlicher und privater Sphäre
zu verwischen. Zur Einordnung des neuartigen Phänomens der Stadtentwicklungspolitik wird deshalb zunächst der gesellschaftstheoretische
Kontext analysiert (Kap. 2). Stadtmarketing wird anhand der Regulationstheorie als Teilinnovation einer umfassenderen Umbruchsituation der
Gesellschaft bewertet (Kap. 2.1). Der gegenwärtige gesellschaftliche
Wandel wird von Veränderungen in den Raumstrukturen sowie den
Ansprüchen an städtische Entwicklungspolitik begleitet, die eine
wesentliche Ausgangsvoraussetzung für die Innovation Stadtmarketing
darstellen (Kap. 2.2).

Die empirische Untersuchung stützt sich auf Methoden der qualitativen
Sozialforschung (Kap. 3). Zunächst wird ein internationaler Vergleich
der Erfahrungen im Stadtmarketing unternommen, um deutsche Besonderheiten identifizieren, einordnen und bewerten zu können. Die Sichtung
der praktischen Erfahrungen im Stadtmarketing basiert auf Literaturanalysen aus den USA, Großbritannien und Deutschland (Kap. 4). Daran
anschließend werden Projektinhalt, -verlauf, -methodik und -organisation
im Stadtmarketing anhand von Fallstudien untersucht (Kap. 5 u. 6).
Durch die Einordnung der Fallstudien in den übergeordneten, bundesrepublikanischen Zusammenhang wird der Entwurf eines "Grundmodells"
im Stadtmarketing möglich, das die wesentlichen Gemeinsamkeiten der
Stadtmarketingprojekte in Deutschland beschreibt (Kap, 7.1). Die ersten
Schlußfolgerungen zu einer idealtypischen Skizzierung von Stadtmarketing als stadtentwicklungspolitischem Steuerungsansatz werden für
eine weitergehende Bewertung auf theoretische Ansatzpunkte und
Erklärungen hin bezogen. Die Konfrontation der empirischen Ergebnisse
mit gesellschaftstheoretischen Überlegungen zum Wandel des Verhältnisses von Planung, Politik und Gesellschaft (Kap. 7.2) sowie der veränderten Rolle der Stadtentwicklungsplanung (Kap. 7.3.) steht im
Mittelpunkt der konzeptionellen Diskussion. Den Abschluß bilden
Überlegungen zur zukünftigen Entwicklung von Stadtenwicklungsplanung
und Stadtmarketing (7.4).

2   Stadtentwicklungspolitik im Postfordismus

Mit den Diskussionen zum Stadtmarketing werden die bisherigen Formen
kommunaler Entwicklungspolitik grundlegend in Frage gestellt. Stadtentwicklung als öffentliches Handlungsfeld scheint mit dem Profil einer
Stadt als Unternehmen kaum - oder nur um den Preis revolutionärer
Veränderungen im kommunalen Selbstverständnis - vereinbar zu sein.
Inwieweit es sich beim Stadtmarketing um eine "Revolution" staatlichen
Handelns auf kommunaler Ebene oder eine Evolution sich permanent
verändernder Formen gesellschaftlicher Steuerung handelt, oder vielleicht
auch nur um eine argumentative Sackgasse, die sich mehr aus Mode-
trends denn aus ernstzunehmenden Überlegungen speist, läßt sich nur vor
einem weiter aufgespannten Fragehorizont beantworten (vgl. Abb. 1).

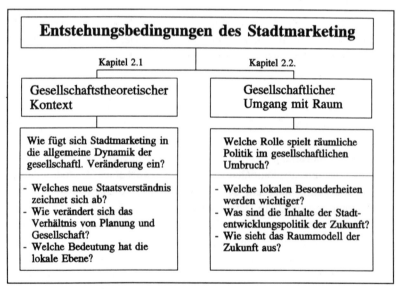

Entwurf: I. Helbrecht

Abb. 1:   Fragen zum Stadtmarketing

So wirft die Innovation Stadtmarketing Fragen im gesellschaftstheoretischen Kontext auf (Kap. 2.1): Liegt Stadtmarketing im Trend oder ist es
nur eine Erscheinung des Zeitgeistes? Wie sehen die zukünftigen Formen
staatlichen Handelns aus? Welche Formen lokalpolitischer Steuerung
entsprechen dem gesellschaftlichen Steuerungsbedarf? Zeichnet sich im
Stadtmarketing eine grundsätzliche Neuordnung des Verhältnisses von

Gesellschaft, Politik und planender Verwaltung ab? Daneben deutet sich im Wandel von der Stadtplanung zum Stadtmarketing ein veränderter gesellschaftlicher Umgang mit dem Raum als Medium politischer Gestaltung an (Kap. 2.2). Welche Rolle spielt räumliche Politik im gesellschaftlichen Umbruch? Wie sehen die neuen Inhalte der Stadtentwicklung aus?

2.1 Gesellschaftstheoretischer Ansatz

2.1.1 Das Konzept der Regulationstheorie

Während die meisten Gesellschaftstheorien Erkenntnisinteressen der allgemeinen Soziologie verfolgen, wie zum Beispiel das Problem komplexer, arbeitsteiliger Gesellschaften unter der Perspektive von System-Umwelt-Beziehungen (Luhmann) oder das emanzipatorische Interesse der Begründung von Vernunft (Habermas), ist in den letzten Jahren für das weitere Arbeitsgebiet der Stadt- und Regionalforschung und damit auch der Geographie ein neuer Ansatz in den Blickpunkt gerückt. Dieser Ansatz, der auf der französischen Regulationsschule basiert, ist für die Regionalwissenschaft und angewandte Geographie besonders fruchtbar, weil er einen historischen und nicht-linearen Zugang zum Phänomen der Gesellschaftsentwicklung wählt. Dadurch wird es möglich, die konkreten Prozesse der Stadt- und Regionalentwicklung im historischen Zusammenhang der Gesellschaftsentwicklung zu begreifen und sie direkt als Gegenstand in die gesellschaftstheoretische Diskussion einzuführen. Es ist ihre historische Konkretheit und Sensibilität für die Phänomene Raum und Zeit, die die Regulationsschule als Interpretationsrahmen für die Einordnung und Bewertung des Themenfeldes Stadtmarketing besonders geeignet erscheinen läßt (vgl. ESSER/HIRSCH 1987, S. 34; PRIGGE 1987, S. 15).

Zentraler Ausgangspunkt der theoretischen Überlegungen ist die historische Beobachtung des Wechsels von Phasen der Stabilität und Labilität innerhalb der Weltwirtschaft des 20. Jahrhunderts. Ausgehend von den empirisch zu beobachtenden Brüchen in der ökonomischen Entwicklung (Weltwirtschaftskrisen 1929, 1973), die schon vorher von WirtschaftswissenschaftlerInnen zum Beispiel als lange Wellen thematisiert worden sind, stellt die Regulationsschule die Frage nach der historischen Diskontinuität und der Konflikthaftigkeit gesellschaftlicher

Entwicklungen in den Vordergrund. Warum treten krisenhafte Veränderungen auf, die über die Wirtschaft hinaus auch das Staatsverständnis, die Sozialstrukturen und kulturellen Deutungsmuster über-
formen?

Der Regulationsansatz begreift die zu beobachtenden Widersprüche,
indem er gesellschaftliche Entwicklung als die spezifische Abfolge unterschiedlicher Entwicklungsstadien konzeptionalisiert (vgl. HIRSCH/ROTH
1986, S. 30). Dadurch grenzt er sich gegenüber eher "kontinuierlichen",
linearen Geschichtsmodellen ab. Der Versuch einer Unterscheidung
solcher Phasen der Entwicklung hat dabei vornehmlich heuristischen
Charakter. In modernen Gesellschaften ist nichts kontinuierlicher als der
Wandel. Aus regulationstheoretischer Sicht wird deshalb nicht der
Versuch einer trennscharfen Epochenbildung unternommen, sondern das
Phänomen einer Gesellschaftsentwicklung in Entwicklungsschüben - auch
aus didaktischen Gründen - auf der Basis einer empirischen Generalisierung theoretisch überspitzt.

Entwicklungsstadien können sich zu einem spezifischen Entwicklungsmodell der Gesellschaft verdichten, wenn Produktions- und Kon-
sumptionsformen, kulturelle Werthaltungen, Sozialstrukturen und
politische Interventionen eine aufeinander abgestimmte Einheit bilden.
Der Begriff "Modell" wird hierbei nicht im Sinne einer theoretischen
Konzeption verwendet, sondern als deskriptive Zusammenschau realer
Entwicklungstrends. Bei der Beschreibung und Benennung solcher
Entwicklungsstadien und -modelle der Gesellschaft ist natürlich zu
berücksichtigen, daß die gesellschaftliche Wirklichkeit nicht immer klare
und eindeutige Konturen hat. Insofern entspringt der Versuch der
Modellbildung sicherlich auch zu einem großen Teil dem theoretischen
Anliegen, "die vielfältige Realität zu vereinfachen und die chaotische
Empirie für ihre (die theoretischen, d. V.) Bedürfnisse zuzuschneiden"
(LIPIETZ 1991, S 78).

Neben dem ersten zentralen Ankerpunkt, der nach historischer Diskon-
tinuität und Stadien der Entwicklung fragt, kennzeichnet die Regulationstheorie zweitens der Versuch einer integrativen Sichtweise. Im Gegensatz
etwa zur Theorie der langen Wellen, die die gesellschaftlichen Zyklen
rein ökonomisch-technologisch thematisiert (vgl. LÄPPLE 1987, S.
66ff), fußt die Regulationstheorie nicht auf der Dominanz des ökonomischen Sektors, sondern geht von der Notwendigkeit integraler, kohärenter
gesellschaftlicher Strukturen aus. Bestimmte Strukturen der wirtschaftlichen Produktion (Massenproduktion) sind auf bestimmte Formen der

8

politischen (Sozialstaat), sozialen (Massenkonsum, Mittelstand), kulturellen (Moderne) und administrativen (zentralistisch-korporativen) Organisation angewiesen und umgekehrt. Ökonomie, Politik, Kultur und Sozialstrukturen sind in einer Gesellschaft stets funktional aufeinander bezogen. Die Gesamtgesellschaft und damit jeder Teilbereich kann nur funktionieren, wenn sich komplementäre Strukturen in den jeweiligen Subsystemen herausbilden. Komplementarität bedeutet dabei nicht, daß es für eine bestimmte Form der Arbeitsorganisation und Produktion nur eine entsprechende Form der politischen Regulierung oder sozialer Lebensweisen gibt. Aber der Offenheit der Gesellschaft sind Grenzen gesetzt, so daß ein Mindestmaß an Konsistenz und funktionaler Aufein-anderbezogenheit erforderlich sind (vgl. LIPIETZ 1991, S. 80). Jede Krise eines der Teilsektoren der Gesellschaft (etwa der Wirtschaft) zieht somit nahezu zwangsläufig eine Restrukturierung der jeweils anderen gesellschaftlichen Funktionsbereiche nach sich. In diesem Sinne gerät niemals nur die Wirtschaft oder nur die Kultur in die Krise, sondern werden mit den Veränderungen in einem Teilbereich auch Innovationen in den anderen Subsystemen der Gesellschaft angestoßen. Krisen sind somit in den meisten Fällen Krisen kohärenter Strukturen der Gesell-schaft (vgl. HIRSCH/ROTH 1986, S. 38). Gesellschaftliche Diskon-tinuität bedeutet zumeist umfassende Restrukturierung. Dabei wird der Übergang von einem Entwicklungsstadium zum nächsten auch von Veränderungen in der Raumstruktur begleitet (vgl. MOU-LAERT/SWYNGEDOUW 1990, S. 90). Raumnutzungsmuster leisten in ihrer spezifischen Ausprägung (z. B. Grad der räumlichen Arbeitsteilung, Hierarchisierung des Städtesystems) einen wesentlichen Beitrag zur Effizienz und Stabilität des Gesellschaftsmodells.

Befindet sich eine Gesellschaft in einer stabilen Entwicklungsphase, in der das ökonomische und politische System, Kultur und Sozialstrukturen gleichermaßen aufeinander bezogen sind, so wird dieses Entwicklungs-modell als historisch einmaliges Arrangement aufgefaßt. Die spezifische integrale Konstellation der Teilbereiche wird als historische Formation bzw. in Anlehnung an A. Gramsci als "historischer Block" bezeichnet. Sie ist durch zwei zentrale Kategorien gekennzeichnet: das Akkumula-tionsregime und die Regulationsweise (vgl. Abb. 2). Das Akkumulations-regime ist die Gesamtheit der Absprachen, Strukturen, Organisations-formen, Machtverhältnisse und Werthaltungen, die den ökonomischen Profit sichern. Hierzu gehören die Organisation der Produktion, Branchen- und Wettbewerbsstrukturen, Lohnverhältnisse, Konsumstile,

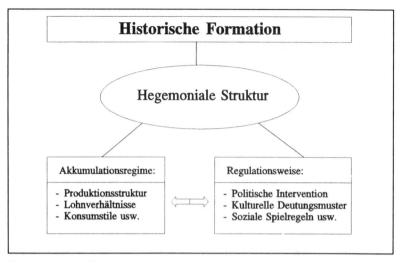

```
┌─────────────────────────────────────────────────────────┐
│              Historische Formation                       │
│                                                          │
│              Hegemoniale Struktur                        │
│                                                          │
│   Akkumulationsregime:          Regulationsweise:        │
│   - Produktionsstruktur         - Politische Intervention│
│   - Lohnverhältnisse            - Kulturelle Deutungsmuster│
│   - Konsumstile usw.            - Soziale Spielregeln usw.│
└─────────────────────────────────────────────────────────┘
```

Entwurf: I. Helbrecht

Abb. 2:   Das regulationstheoretische Entwicklungsmodell

ein bestimmter technologischer Standard usw. Die Regulationsweise umfaßt die Gesamtheit der institutionalisierten und immateriellen Spielregeln, die als kulturelle Praktiken, soziale Rollenmuster und Formen der politischen Intervention sich komplementär auf das Akkumulationsregime beziehen und dieses sozialkulturell und politisch-administrativ absichern (vgl. HIRSCH/ROTH 1986, S. 38; BREMM/DANIELZYK 1991, S. 121). Beide zusammen, Akkumulationsregime und Regulationsweise, bilden als historisch-konkrete Verbindung die hegemoniale Struktur eines spezifischen gesellschaftlichen Entwicklungsmodells (vgl. ESSER/HIRSCH 1987, S. 34). Zwar bedarf jedes Akkumulationsregime der Regulation, diese kann jedoch national unterschiedliche Formen (Regulationsweisen) annehmen.

Das Zustandekommen gesellschaftlicher Arrangements zur Regulationsweise oder dem Akkumulationsregime ist ein historisch offener Prozeß, der in Form permanenter Aushandlungsprozesse und sozialer Konflikte ausgetragen und entschieden wird. Somit bedingen bestimmte Formen technologischer Innovation keinesfalls zwingend eine spezifische Form der Regulation. Die gesellschaftliche Konstellation der Teilbereiche bleibt im Gegensatz zu mechanistischen Modellen immer das Ergebnis eines konkreten, historischen Aushandlungsprozesses (vgl. SOJA 1990, S. 170). Der Vorteil einer solchen Konzeption, die mit "offenen Horizonten" arbeitet (MAYER 1991, S. 34), liegt darin, daß gesellschaftliche Konstellationen als widersprüchliche Kompromißformen und Konfliktfelder zwischen politischen, wirtschaftlichen, sozialen und kulturellen Interessen aufgefaßt werden, innerhalb derer die Akteure um die Bestimmung der angemessenen Formation ringen. Damit rückt der Regulationsansatz die "Problemstellung der Form-Bestimmung sozialer Beziehungen" in den Mittelpunkt (PRIGGE 1987, S. 15). Der Raum ist als materielle Ressource ein gesellschaftliches Dispositiv in der sozialen Auseinandersetzung um die Form-Bestimmung der Gesellschaft.

Durch die Kombination von strukturellen und akteursspezifischen Elementen versucht die Regulationsschule eine Verbindung von Struktur- und Handlungstheorie herzustellen, in der Handlungszwänge und Handlungssubjekte gleichermaßen ihren Ort haben (vgl. HIRSCH/ROTH 1986, S. 43). Allerdings wird an dieser Position zunehmend berechtigte Kritik laut, da die Regulationsschule dem Anspruch einer vermittelnden Position zwischen Handlung und Struktur aufgrund der Überbetonung von Strukturen und kohärenten Entwicklungen nicht umfassend gerecht wird. Deshalb ist zukünftig eine Weiterentwicklung der Regulationstheorie - die erst skizzenhaft vorhanden ist und deshalb kaum als einheitliche "Schule" bezeichnet werden kann - in Richtung eines hermeneutischen Ansatzes der Regulation notwendig, der den sozialen Formen der Regulation (Institutionenanalyse, Akteure) gerade angesichts des Aufkommens des interpretativen Paradigmas verstärkt Aufmerksamkeit schenkt (vgl. MARDEN 1992, S. 752ff). Dieses Desiderat kennzeichnet eine der bedeutendsten Schwächen der Regulationstheorie in ihrer derzeitigen Ausprägung. Ein latenter Ökonomismus der Regulationsschule fußt dabei nicht zuletzt auf dem empirischen Ansatz. Methodologisch betrachtet unternimmt die Regulationsschule zwar den Versuch, "die Spannung zwischen 'abstrakten Theorien' und 'konkreten Tendenzen' einzufangen" (MOULAERT/SWYNGEWOUW 1990, S. 91). Dementsprechend ist der Regulationsansatz keine in sich geschlossene Theorie, sondern vielmehr ein heuristisches Modell. Die Konturen eines neuen, "postfordistischen" Entwicklungsmodells sind jedoch in der Ökonomie - im Gegensatz zum politischen System - zumindest ansatzweise erkennbar, was dementsprechend zu einer konzeptionellen Überbetonung wirtschaftlicher Aspekte in der derzeitigen Diskussion führt. Auch an dieser Stelle ist somit eine Weiterentwicklung und Korrektur des regulationstheoretischen Gedankengutes dringend erforderlich und zukünftig zu erwarten.

Für die Abgrenzung unterschiedlicher Entwicklungsmodelle existiert kein einheitlicher Bezugsrahmen, da den empirischen Beobachtungen und deren Interpretation weitgehend Priorität eingeräumt wird (vgl. KRÄTKE 1990, S. 9). Deshalb ist die Ausgestaltung fordistischer oder postfordistischer Strukturen je nach Ort und Zeit unterschiedlich in Abhängigkeit davon, welches Entwicklungsmodell in welcher Situation gesellschaftlich durchsetzungsfähiger ist (vgl. HARVEY 1989, S. 344). Ein Entwicklungsmodell wird dabei von seiner Reichweite her stets auf die internationale Bühne der Gesellschaftsentwicklung bezogen. Innerhalb einer historischen Formation übernehmen die Länder jedoch unterschiedliche Varianten des hegemonialen Modells, indem sie zu spezifischen Akkumulationsregimes national unterschiedliche Ensembles von Regulationsweisen herausbilden (vgl. LEBORGNE/LIPIETZ 1990, S. 109). Dieser vergleichende Ansatz der Regulationstheorie "eröffnet damit auch Raum für die Rolle (...) lokaler und sublokaler Institutionen" (MAYER 1991, S. 35.). Bei der Rekonstruktion historischer Entwicklungsphasen steht nicht die Entwicklung eines Quasi-Gesetzes der Zyklizität im Mittelpunkt, sondern die Bedeutung national- und regionalspezifischer Ausprägungen für die Herausbildung gesellschaftlicher Kohärenz.

Eine Krise innerhalb der bestehenden historischen Formation kann entstehen, "wenn die Dynamik des ökonomischen Verwertungsprozesses mit den historisch herausgebildeten Formen der politischen und sozialen Regulierung (...) kollidiert" (BREMM/DANIELZYK 1991, S. 121). Dabei wurzelt die Krise in einem gesellschaftlichen Kampf zwischen alten und neuen Formen der Produktion, politischer Steuerung und den Sozialstrukturen (vgl. SOJA 1990, S. 170). Unbeeinflußt davon, welcher gesellschaftliche Teilbereich zuerst ins Wanken gerät, werden die komplementären Funktionsbereiche gleichermaßen zur Anpassung und Restrukturierung gezwungen. Wir befinden uns derzeit in einer solchen Phase der Durchsetzung einer neuen hegemonialen Struktur - wie noch zu zeigen sein wird (vgl. Kap. 2.1.2). Problematisch in solchen Krisenperioden ist dabei nicht zuletzt die Ungleichzeitigkeit, mit der sich die notwendigen Anpassungsleistungen in den gesellschaftlichen Teilbereichen vollziehen. Rein technologische Innovationsschübe verursachen selten säkulare Krisen. Vielmehr ist das tiefer liegende Problem zumeist die Durchsetzung der entsprechenden Gesellschaftsstrukturen und die Integration von Akkumulationsregime und Regulationsweisen (vgl. HIRSCH/ROTH 1986, S. 39).

12

Betrachtet man die regulationstheoretischen Annahmen insgesamt, so werden berechtigte Kritikpunkte deutlich. Theorieimmanent stellt sich die Frage, ob und wie die einzelnen Entwicklungsstadien der Gesellschaft trennscharf voneinander unterschieden werden können. Der erkenntnistheoretische Ansatz einer empirischen, historischen Theorie kann zu problematischen Diskussionen darüber führen, was gesellschaftlich dominante, hegemoniale Strukturen sind. Die empirische Beweisführung hierfür erscheint problematisch, zumal sich die empirischen Untersuchungen, die bisher von RegulationsschülerInnen durchgeführt wurden, zumeist nur auf räumliche und sektorale Ausschnitte der Gesellschaft beziehen. Der Anspruch einer empirisch fundierten Gesellschaftstheorie konnte somit bisher noch nicht eingelöst werden. Darüber hinaus steht die Regulationsschule in der Gefahr, mit dem Fokus "kohärenter Strukturen" die Vielfalt und Widersprüchlichkeit der gesellschaftlichen Entwicklung zu übersehen. Die Überbetonung von Strukturen gegenüber Handlungssubjekten sowie ein latenter Ökonomismus wurden als weitere konzeptionelle Schwächen schon erwähnt (vgl. BREMM/DANIELZYK 1991, S. 123).

Trotz dieser offensichtlichen Defizite soll die Regulationsschule im weiteren verwendet werden, weil sie eine übergreifende Einordnung und Bewertung der Innovation Stadtmarketing ermöglicht. Die Analyse gesellschaftlicher Entwicklung mit der Betonung von kohärenten Strukturen ist für die Bewertung des Phänomens Stadtmarketing sinnvoll, weil sie die Krise lokaler Politikformen zu den ökonomischen und sozialen Umstrukturierungsprozessen in Beziehung setzt. Die Stadt als Unternehmen wird nicht isoliert als planungspolitische Neuerung betrachtet, sondern kann auf ihre gesellschaftliche Funktionalität und Bedeutung hin untersucht werden. Stadtmarketing kann dadurch als Teil einer umfassenden Umbruchsituation der Gesellschaft begriffen werden, die innerhalb des Regulationsansatzes unter dem Stichwort des Wandels vom "Fordismus" zum "Postfordismus" diskutiert wird.

Nach den Annahmen der Regulationstheorie lassen sich erste Antworten und neue Fragen hinsichtlich der Bewertung des Stadtmarketing stellen. So stellt sich die Frage, ob Stadtmarketing tatsächlich als Vorläufer eines neuen, sich abzeichnenden Kontinuitätsbruches der Gesellschaft bewertet werden muß: Inwieweit also fügt sich Stadtmarketing in andere Veränderungstendenzen der Entwicklung spätkapitalistischer Gesellschaften ein? Daran anschließend muß gefragt werden, ob durch Stadtmarketing ein innovatorischer Vorsprung der lokalen Politik gegenüber den

Neuformierungstendenzen in anderen gesellschaftlichen Handlungsbereichen besteht, oder ob es sich eher um eine nachholende Entwicklung gegenüber schon bestehenden Neuorientierungen in anderen Teilbereichen handelt - oder vielleicht eine Mischung aus beidem.

Schließlich bedarf nach den Annahmen der Regulationstheorie jede Form der ökonomischen Akkumulation entsprechender politischer Praktiken der Regulierung. Ökonomische und staatliche Logik sind strikt voneinander zu unterscheiden im Sinne gesellschaftlich differenzierter Funktionsbereiche, auch wenn sie wechselseitig aufeinander bezogen sind. Wenn mit Stadtmarketing der direkte Versuch einer Übertragung privatwirtschaftlicher Konzepte auf die Stadt als Unternehmen stattfindet, so ist dies demnach gesellschaftlich dysfunktional. Die Ökonomie braucht die Politik zur Regulierung und nicht eine wirtschaftliche Konkurrenz durch den Staat. Es wäre somit vielmehr die Aufgabe der lokalen Politik, eine ihrer eigenen, originär politischen Logik folgende Lösung für den Bedarf nach Restrukturierung zu finden. Inwieweit Stadtmarketing also neue ökonomische Tendenzen zur Unternehmensführung am Markt nur unhinterfragt politisch nachvollzieht und auf die Stadt überträgt, oder aber eine eigenständige planungspolitische Innovation darstellt, ist ein wesentlicher Maßstab für die Bewertung der Tragfähigkeit und zukünftigen Entwicklungschancen von Stadtmarketing.

Der Regulationsansatz bietet trotz seiner deutlichen konzeptionellen Defizite (mangelnde Ausdifferenzierung der sozialen und kulturellen Komponente, Bestimmung des Verhältnisses von Handlung und Struktur, Abgrenzung von Entwicklungsstadien, Überbetonung von Ökonomie und kohärenten Strukturen, heuristische Deskription usw.) einen relativ angemessenen, allgemeinen Interpretationsrahmen für das Phänomen Stadtmarketing. Es ist ihre Offenheit (bzw. mangelnde theoretische Geschlossenheit), die die Regulationsschule für die Analyse der Innovation Stadtmarketing fruchtbar macht. Mit rigideren theoretischen Ansätzen würde eine theoretische Vordefinition des empirisch noch ungeklärten Sachverhaltes stattfinden. Konzeptionelle Stringenz wäre so mit Wirklichkeitsblindheit erkauft. Das Dilemma zwischen theoretischer Faßbarkeit und Wirklichkeitsnähe bleibt damit natürlich prinzipiell bestehen. Während der regulationstheoretische Ansatz somit den Frage- und Verständnishorizont für die Betrachtung der Innovation Stadtmarketing liefert, ist eine Analyse des konkreten, gegenwärtigen Entwicklungsschubes vom Fordismus zum Postfordismus notwendig für eine präzisere Charakterisierung der "Unternehmung Stadt".

2.1.2 Vom Fordismus zum Postfordismus

Innerhalb der kapitalistischen Entwicklung der Gesellschaft lassen sich verschiedene historische Formationen unterscheiden. Mit dem Fordismus wird eine hegemoniale Struktur bezeichnet, die sich in Folge der Krise der 20er und 30er Jahre herausgebildet hat. Ihr vorausgegangen war eine Phase extensiver Akkumulation, die vorwiegend auf dem Handwerk, dem Handel und der Manufaktur beruhte. Der Fordismus wird durch drei Merkmale charakterisiert (vgl. LEBORGNE/LIPIETZ 1990, S. 109; OSSENBRÜGGE 1992, S. 122):

- das industrielle Paradigma der Massenproduktion (Autos, Kühlschränke usw.) beinhaltet spezifische Organisationsformen der Arbeit durch die Standardisierung der Produktion und die strikte Trennung und wissenschaftliche Zerlegung der Arbeitsschritte (Taylorismus);

- im makroökonomischen Muster (Akkumulationsregime) werden die Strukturen der Massenproduktion (Grad der Mechanisierung, Produktionsvolumen, Produktivitätsanstieg, räumliche Arbeitsteilung, Wettbewerbsstruktur) durch Massenkonsum (hohe Kaufkraft, Nachfrage) sichergestellt;

- typische Formen sozialstaatlicher Intervention durch keynesianische Gobalsteuerung (deficit spending) sowie gesellschaftlich ausgehandelte Tarifabschlüsse im Triangelsystem zwischen Staat, Unternehmen und Gewerkschaften. Darüber hinaus stellen die kulturellen Traditionen der Moderne sowie die Erwartungshaltungen, Rollenmuster und sozialen Spielregeln der nivellierten Mittelstandsgesellschaft als institutionelles Regelwerk (Regulationsweise) das Funktionieren von Organisationsformen der Arbeit und makroökonomischem Muster sicher.

Der Fordismus ist benannt nach Henry Ford, dem amerikanischen Automobilhersteller. Ihm kam als einem der ersten die Einsicht, daß eine Massenproduktion industrieller Güter, wie zum Beispiel sein Modell T, nur funktionieren würde, wenn eine Massennachfrage besteht. Er führte deshalb in seinen Fabriken den Achtstundentag ein bei einem Fünf-$-Tag, um seinen ArbeiterInnen so den Konsum der eigenen Produkte zu ermöglichen. Der Automobilproduzent steht deshalb stellvertretend für die damaligen Aushandlungsprozessse zwischen den Gewerkschaften und den Arbeitgebern um die Verteilung des gesellschaftlichen Reichtums.

Die im Fordismus ausgebildete reziproke Ermöglichung von Massen-produktion und Massenkonsum ist funktional auf spezifische Formen des Staatshandelns angewiesen. Im europäischen Entwicklungsmodell hat sich dafür der Typus des sozialen Wohlfahrtsstaates herausgebildet. Mit einem umfangreichen sozialen Netz der Alters-, Arbeitslosen- und Krankenver-sicherung werden die entsprechenden sozial- und wirtschaftspolitischen Rahmenbedingungen geschaffen, die die Stabilität der fordistischen Massenkonsum- und Produktionsgesellschaft garantieren. Das Regulie-rungsmodell des Fordismus löste aufgrund seiner fortschrittlichen Wirkungen für breite Bevölkerungsschichten selbst bei kritischen Zeitgenossen bisweilen Begeisterungsstürme aus: so schrieb Kurt Tucholsky "Fordschritt" zeitweise mit "d" (vgl. HIRSCH/ROTH 1986, S. 45). Allerdings wird dabei von den Postfordismus-Theoretikern nur allzu gerne übersehen, daß gerade das industrielle Paradigma der Arbeitsorganisation wesentlich auf der Hausfrauentätigkeit des "anderen Geschlechts" beruhte. Massenkonsum und Massenproduktion im Fordismus waren in ihren sozialen Grundstrukturen nicht geschlechts-neutral, sondern führten zu der Herausbildung einer spezifischen "modernen Geschlechtsständeordnung" (BECK 1986, S. 179). Die Befreiung breiter sozialer Schichten aus feudalen Verhältnissen beruhte auf einer sozialen Rollenteilung der Geschlechter, von denen nur eines - das männliche - umfassend an den Segnungen der Industriegesellschaft (Berufsausbildung, Zugang zum Arbeitsmarkt, finanzielle Unabhängig-keit, selbstbestimmter Konsum) teilhaben konnte.

Stadtentwicklung war ebenfalls am Modell der Massengesellschaft orientiert und konzentrierte sich in der Stadtplanung auf die Ausweisung von Wohn- und Gewerbeflächen sowie die Gewerbesteuerpolitik. Die Bereitstellung von massenhafter Infrastruktur für eine Massennachfrage war eine Hauptaufgabe.

Das Gesellschaftsmodell des Fordismus stößt seit Beginn der 70er Jahre zunehmend an seine immanenten Grenzen.[1] Und es sind (getreu dem Modell der Regulationstheorie) die ökonomischen, politischen, kulturellen und sozialen Bereiche, in denen gleichermaßen Probleme und Brüche im historischen Entwicklungsmodell der Massengesellschaft deutlich werden. Dabei ist derzeit noch unsicher, ob sich, analog zum Fordismus, erneut

---

[1]   An der Tatsache, daß die Krise des Fordismus nun schon zwanzig Jahre währt, läßt sich ablesen, wie schwer und vage die Abgrenzung gesell-schaftlicher Entwicklungsstadien auch für RegulationstheoretikerInnen ist.

16

ein einziges hegemoniales gesellschaftliches Entwicklungsmodell global durchsetzen wird, oder ob wir es zukünftig nicht vielmehr mit mehreren Varianten post-fordistischer Formationen zu tun haben werden. Die unterschiedlichen ökonomischen und politischen Strategien, die in den 80er Jahren in den USA, Großbritannien, Deutschland, Skandinavien und Frankreich beispielsweise verwendet wurden, deuten eine neue Vielfalt gesellschaftlicher Entwicklungsmodelle "nach dem Fordismus" zumindest an (vgl. LIPIETZ 1991, S. 84f). Hier besteht weiterhin ein großer Klärungsbedarf. Dennoch läßt sich der Kern postfordistischer Restrukturierung zumindest holzschnittartig skizzieren. Es sind die postfordistischen Restrukturierungstendenzen, die das Aufkommen von Stadtmarketing plausibel machen. Die mikroelektronische Revolution, deren Zeitzeugen wir gegenwärtig sind, ist solch ein "Kern einer neuen Epoche" des Postfordismus (MOULAERT/SWYNGEDOUW 1990, S. 90). Die Wirtschaft ist in der Phase gegenwärtiger Umstrukturierung die dynamischste Kraft der Gesellschaft. Hier werden zur Zeit nicht nur neue Produktions- und Logistikkonzepte der just-in-time Produktion erprobt, sondern beginnt sich ein grundsätzlich neues Verständnis von innerbetrieblicher Organisation, Beziehungen zwischen den Firmen und Überlebensstrategien im internationalen Wettbewerb auszubreiten.

Die bisherigen Formen der industriellen Massenproduktion mit der tayloristischen Zerlegung des Produktionsprozesses in feinteilige, monotone Arbeitsschritte, erweisen sich als zunehmend uneffektiv. Mit einer weiteren Automatisierung der Produktion können kaum noch zusätzliche Vorteile erwirtschaftet werden, statt dessen steigen Kostenintensität, Störanfälligkeit und geringe Flexibilität an. Die sich verschärfende Weltmarktkonkurrenz zwingt zu weiteren Produktivitätssteigerungen. Gleichzeitig findet eine Veränderung der Nachfragestruktur statt. Während früher Massenprodukte gefragt waren, nimmt heute im Zuge der Individualisierung der Lebensstile die Zahl der Sonderwünsche zu. Der Bedarf nach Sonderanfertigungen zwingt die Produktion zur Förderung von Sonder- und Kleinserienfertigung. Produziert wird am Markt und direkt für den Markt. Unternehmerische Vorteile werden verstärkt durch die logistische Parallelisierung von Nachfrage und Angebot realisiert. Die Folgen der Fixkostensenkung in der Lagerhaltung durch just-in-time sind bekannt. Damit stößt das fordistische Modell der Industrialisierung an seine ökonomischen, sozialen und politischen Grenzen (vgl. HIRSCH 1985, S. 326).

Allerdings warnt Gertler (1988, S. 423f) zurecht davor zu glauben, die Wirtschaft würde sich mit einem Schlag umorientieren. Bisher sind die neuen flexiblen Produktionsstrukturen vor allem am Beispiel der Automobilindustrie empirisch untersucht und belegt worden. Zudem erscheint die Dichotomie zwischen flexibler Fertigung und industrieller Massenproduktion eher eine gedanklich-konzeptionelle Krücke zu sein für das theoretische Verständnis der gegenwärtigen Trendbrüche. Sicherlich gab es auch schon im Fordismus Kleinserienfertigung und wird die Massenproduktion den Postfordismus überleben. Dennoch lassen sich einige herausragende Tendenzen identifizieren, die Leitbildcharakter für die zukünftige Entwicklung haben könnten (vgl. KRÄTKE 1990, S. 10f):

- die Herausbildung eines neuen flexiblen Akkumulationsregimes, indem mit den Mitteln der flexiblen Produktion (programmierbare Werkzeugmaschinen) unabhängig vom Lebenszyklus der Produkte produziert werden kann und segmentierte Märkte mit Kleinserien bedient werden. Bedeutend ist dabei "weniger die Möglichkeit der Automatisierung von Fabriken: Das hat der Fordismus bereits getan. Aber das Wesen der Automation ändert sich" (LE-BORGNE/LIPIETZ 1990, S. 115). Das Schlagwort, mit dem die Veränderungstendenzen beschrieben werden können, ist der Wandel vom Verkäufer- zum Käufermarkt, vom seller zum buyer-market. Es findet eine stringente Ausrichtung der Produktion auf den Markt statt. Der Produktionsprozeß wird praktisch von hinten aufgezogen und die gesamte Logistik, Materialbestimmung, Investitionsplanung usw. auf die Verkaufbarkeit des Produktes ausgerichtet. Hier setzt das Konzept der Unternehmensführung durch Marketing an und beginnt der Aufschwung marketingorientierter Terminologien wie zum Beispiel "Absatzkanäle" oder "Zielgruppenorientierung". Die Innovation Stadtmarketing umschreibt - wie das Wort schon sagt - eine analoge Orientierung der Stadtentwicklung am Markt. Der Versuch, Stadtentwicklung am Markt zu betreiben - eine parallele Ausrichtung kommunalpolitischen Handelns auf Zielgruppen und die dafür nötigen Absatzkanäle - hat hier seinen gedanklichen Ursprung im Innovations- und Ideenreservoir der Wirtschaft.

- Analog zur Produktionsstruktur werden die Arbeits- und Lohnverhältnisse polarisiert. Es entstehen Fragmentierungen, die zu einer Spaltung des Arbeitsmarktes führen. Während einerseits hochqualifizierte Arbeitskräfte die komplizierten Steuerungs- und

18

Regelungstechniken kontrollieren, werden andererseits ungelernte ArbeiterInnen als Dauerarbeitslose oder Jobber an den Rand des Arbeitsmarktes gedrängt. Die veränderten Beschäftigungsstrukturen ziehen eine soziale Spaltung der Gesellschaft nach sich, die durch die Pluralisierung der ehemaligen Massenprodukte, die Herausbildung neuer Konsummodelle und exklusiver Lebensstile verschärft wird. Der "Tod des Sozialen" (HIRSCH/ROTH 1986, S. 103) ist im Postfordismus greifbar nahe, weil die Ideale von Gleichheit, sozialer Sicherheit und wohlfahrtsstaatlicher Fürsorge materiell und immateriell gleichermaßen ins Wanken geraten. Die Postmoderne bietet mit ihren Vorstellungen inkommensurabler Lebenswelten und pluraler Werte den kulturellen Überbau für eine solche heterogene Gesellschaft (vgl. HARVEY 1990, S. 40f).

- Besonders bedeutend im postfordistischen Entwicklungungsmodell ist aus Sicht des Stadtmarketing der sich abzeichnende Wandel im Staatsverständnis. Anstelle eines zentralistischen "bürokratischen Dinosauriers" soll den gestiegenen Anforderungen an Flexibilität mit unternehmerischen Handlungsformen begegnet werden. Das neue Staatsverständnis zielt auf die Ablösung zentraler durch dezentrale Entscheidungsstrukturen, eine engere Verflechtung von Staat und Wirtschaft (Public-Private Partnership) als selektivem Korporatismus, "wenn sich staatliche Akteure nicht gleich als 'Territorialunternehmer' verstehen" (OSSENBRÜGGE 1992, S. 124). Zwar fiel diese Art des Staatsumbaus verglichen mit dem Aufschwung neoliberaler Politik in den USA und Großbritannien in der Bundesrepublik relativ harmlos aus. Dennoch lassen sich auch in Deutschland Parallelen hierzu finden. Der Rückzug des Staates aus der Regional- und Sozialpolitik ist hierfür nur ein Beispiel.

Die zur Zeit noch mehrdeutigen Entwicklungstendenzen in Richtung "eines" Postfordismus sind zudem mit einer Umstrukturierung räumlicher Nutzungsformen, regionaler Strukturen und städtischer Hierarchien verbunden. Erst durch die konkrete Umsetzung in Raum und Zeit können sich neue postfordistische Konstellationen realisieren.

Betrachtet man Stadtmarketing vor dem Hintergrund der gesellschaftlichen Entwicklungstrends, so wird deutlich, daß es sich bei den Vorstellungen der "unternehmerischen Stadt" nur um Teilstrukturen umfassenderer Verwerfungen handelt, die derzeit in Politik, Ökonomie, Kultur und den Sozialstrukturen stattfinden. In der gegenwärtigen

gesellschaftlichen Experimentierphase gewinnen diejenigen lokalpoliti-
schen Regulierungsweisen an Bedeutung, die dem veränderten Bedarf im
Postfordismus gerecht werden. Stadtmarketing ist somit nur dann
überlebensfähig, wenn es sich relativ komplementär in postfordistische
Entwicklungsvorstellungen einfügt.

Rhetorisch und ideell bieten die vorauseilenden Innovationen der
Wirtschaft zwar inhaltliche Motive und ideelle Anstöße für den Aufbau
eines Stadtmarketing-Konzeptes. So entspricht die unternehmerische
Avisierung von Zielgruppen und Teilmärkten der Suche nach Absatz-
kanälen, Zielgruppen und Marketingmixpolitiken in der Stadt. Aus Sicht
einer kritischen Stadt- und Regionalforschung besteht jedoch die Gefahr,
daß im Stadtmarketing eine nachholende Entwicklung von sozialen und
organisatorischen Innovationsprozessen vollzogen wird. Diese zeitigen
zwar in der Wirtschaft erste Erfolge, jedoch darf es aus der Perspektive
des Regulationsansatzes nicht um eine stromlinienförmige Anpassung der
öffentlichen Handlungsformen an privatwirtschaftliche Erfolgsmodelle
gehen. Dabei gerieten angesichts der Tendenzen einer verschärften
sozialen Polarisierung das ohnehin marginalisierte Drittel der Bevölkerung sowie Umweltbelange oder die Interessen des Gemeinwohls allzu
deutlich ins Hintertreffen. Die Tendenzen der Wirtschaft zu Dezentralisierung und Flexibilisierung können allenfalls Anregungs- und
Inspirationscharakter für politische Innovationen haben. Die Politik muß
zwar zur Wirtschaft passen, sie darf jedoch nicht in ihr aufgehen.

Die Gefahr einer allzu großen Analogie zwischen ökonomischer und
politischer Restrukturierung beruht wesentlich auf dem Zeitvorsprung des
Wirtschaftssystems. Während die Vorstellungen von einer postfordistischen Wirtschaft zunehmend konkreter werden, hinkt die Politik der
gesellschaftlichen Entwicklung vollständig hinterher. Es ist deshalb
weniger die theoretische Alternativlosigkeit zu der Idee einer marktgerechten, unternehmerischen Stadt als die Tatsache, daß bisher
überhaupt erst vereinzelte Experimente zu politischen Innovationen in der
Stadtentwicklungspolitik durchgeführt worden sind, die zu der blassen
und wenig durchdachten Rede vom "Unternehmen Stadt" führen. Somit
wird der zeitliche Entwicklungsvorsprung der Wirtschaft in Verbindung
mit der Passivität des politischen Systems zum derzeit größten Engpaß-
faktor für die Entwicklung stadtentwicklungspolitischer Vorbilder. Die
derzeitige säkulare Krise der Gesellschaft ist durch die Ungleichzeitigkeit
zwischen wirtschaftlicher und politischer Innovationsdynamik gekennzeichnet. Hierin liegt das eigentliche Problem der gegenwärtigen

Umstrukturierung: Die Politik "entkoppelt sich von Wirtschaft und Gesellschaft, und sie wird gemessen am Regulierungsbedarf handlungsunfähig. Ihre Regelungsfähigkeit ist erschöpft in einer Situation, in der eine wegweisende Ordnungspolitik dringend geboten wäre" (KRUSE 1990, S. 8). Die Diskussionen zum Staatsversagen (Jähnicke), der Krise des Wohlfahrtsstaates (Habermas) bis hin zur Politikverdrossenheit als Wort des Jahres 1992 verdeutlichen dies.

Der Bedarf nach einer qualitativen Neuorientierung sowie das Fehlen jedweder rezeptartiger Lösungsmuster zwingen - ebenso wie in der Wirtschaft - zu Experimenten. Während der Blick der Stadtentwicklungsplanung im Zuge des postmodernen Historismus der 80er Jahre vor allem der Vergangenheit galt (Stadterhaltung), ist Stadtmarketing der einzige Begriff, der in den 90er Jahren für Ansätze einer Neuorientierung kommunalpolitischer Handlungsformen steht (vgl. Kap. 2.2.3). Konkrete Vorstellungen hierzu existieren derzeit jedoch eher schemen- denn skizzenhaft. Da die Konturen des neuen Entwicklungsmodells noch im Dunkeln liegen oder sich vielleicht auch unterschiedliche Modelle zukünftig herausbilden werden, greift man vorwiegend auf Negativabgrenzungen gegenüber dem fordistischen Regulierungsmodus zurück: Entbürokratisierung, Entrechtlichung, Entpolitisierung, Entformalisierung sind hier die Stichwörter. Eine neue Regulation deutet sich an im liberalistischen Gewand der Deregulation (vgl. HIRSCH 1985, S. 338).

Stadtmarketing ist damit insgesamt weder eine kurzfristige Laune des Zeitgeistes noch eine isolierte Neuorientierung lokaler Politik. Stadtmarketing liegt vielmehr gesellschaftlich "im Trend". Sein Entstehungs- und Wirkungszusammenhang sind die aktuellen Neuformierungsversuche nach dem Fordismus. Fraglich bleibt jedoch, ob es die angemessene Antwort auf die gegenwärtigen Restrukturierungsprobleme darstellt. Zu viele Fragen nach der neuen Rolle des Staates in der Gesellschaft, dem Verbleib der sozial Schwächeren in einer Public-Private Partnership der Stärkeren sowie den konkreten Formen und Zielen der Stadtentwicklung bleiben ungeklärt. Der regulationstheoretische Ansatz vermag eine Antwort auf die Frage nach dem "warum Stadtmarketing", seinem Entstehungs- und Wirkungszusammenhang zu geben. Die Frage nach dem "wie", in welcher Form, mit welchen Verfahren und Inhalten, bleibt offen.

2.1.3 Der lokale Staat

Für die Identifizierung konkreter Konturen einer postfordistischen Stadtentwicklungspolitik müssen folgende Teilfragen beantwortet werden: Welche neuen Aufgaben und Formen des politischen Systems haben wir im Gegensatz zu der zentralstaatlichen, keynesianischen Globalsteuerung des Fordismus zu erwarten? Welche Rolle wird die lokale Ebene dabei spielen?

Der postfordistische Staat muß sich auf die ökonomischen, sozialen und kulturellen Strukturen des neuen gesellschaftlichen Entwicklungsmodells beziehen. Seine Basis ist eine sich zunehmend polarisierende Gesellschaft, die ökonomisch auf Flexibilisierung und Internationalisierung setzt. Den gesellschaftlichen Fragmentierungen ist mit einem zentralstaatlich gesteuerten Regulierungsmodus nur schwer zu begegnen. Divergierende Status- und Interessengruppen machen eine "Politik für alle", wie sie noch im Fordismus avisiert worden war, zunehmend schwieriger. Zentralstaatliche Planung wird notgedrungen unpopulär. Sie wurde ansatzweise auch schon in fordistischen Zeiten kritisiert. Deshalb wird der postfordistische Staat sehr viel dezentraler und segmentierter agieren müssen, als dies zuvor der Fall war (vgl. HIRSCH 1985, S. 336). Die Rücksichtnahme auf Interessengruppen wird auch eine stärkere Einbindung privater Akteure nach sich ziehen. Das ehemals stabile Verhandlungsdreieck von Staat, Unternehmern und Gewerkschaften bekommt Konkurrenz durch Initiativen, neue Lobbyisten und soziale Bewegungen.

Die große Gefahr, die dadurch entsteht, ist eine Politik der selektiven Privilegierung, in der der Staat als selektiver Staat nur noch die privatistischen Interessen der entsolidarisierten Eliten bedient (vgl. KRÄTKE 1990, S. 11). Das Ende der Massengesellschaft könnte zu einem Ende der Idee des Gesellschaftlichen führen, indem die Marginalisierung von Großgruppen oder die Abkoppelung von Teilräumen akzeptiert wird. "'Dezentralisierung', 'Privatinitiative' und 'Selbsthilfe' werden also in doppelter Weise eine Rolle spielen: als pure Existenznotwendigkeit für jene, denen das Überleben anders nicht möglich ist, weil sie aus dem weitmaschiger werdenden 'sozialen Netz' herausfallen, und als privilegierte Form für diejenigen, die dafür bezahlen können" (HIRSCH 1985, S. 336f).

Die Privatisierung öffentlicher Dienstleistungen und die Expansion freiwilliger Organisationen im Bereich der sozialen Fürsorge ist in den

USA schon wesentlich weiter fortgeschritten.[2] Das Schrumpfen öffentlicher Wohlfahrt und die Abwälzung öffentlicher Verantwortung auf private Akteure wird hier als neuer Voluntarismus diskutiert, der die staatlichen Organisationen zunehmend ersetzt. Die Formierung eines solchen "shadow states", eines Schattenstaats, der als para-staatlicher Apparat die ausgewählten Bedürfnisse der Mittelklasse bedient und die verarmten Bevölkerungsschichten außer acht läßt, bedeutet eine Erosion des Sozialstaats (vgl. WOLCH 1989, S. 202). Hauptmotiv der staatlichen Umstrukturierung, die sich im wesentlichen auf lokaler Ebene abspielt, ist die größere Effizienz, Flexibilität, Innovationsfreudigkeit und lokale Angepaßtheit privater Trägerschaften gegenüber den traditionellen staatlichen Organisationen. Den Nachteilen und Gefahren der sozialen Spaltung stehen aber auch positive Aspekte gegenüber wie zum Beispiel die größere Vielfalt des Angebots an Dienstleistungen sowie eine präzisere Zielgruppenorientierung.

Insgesamt dürfte die selektive Privilegierung artikulationsstarker Gruppen zu einem Hauptcharakteristikum des Staates nach der Massengesellschaft werden. Die verstärkte Betonung privater Akteure in der Stadtentwicklung in Form von Public-Private Partnerships fügt sich hier nahtlos ein. Politik verändert damit ihr Verhältnis zur Gesellschaft. Gesamtgesellschaftliche Institutionen verlieren an Bedeutung, an ihre Stelle treten "starke Tendenzen zur Herausbildung eines gesellschaftlichen 'Mikrokorporatismus', geprägt durch die Konkurrenz zersplitterter Individuen, partikularer Statusgruppen, auseinanderdriftender Regionen" (HIRSCH/ROTH 1986, S. 19). Die fordistischen Massenintegrationsmechanismen von kollektiver Wohlfahrt, Fortschritt und Gleichheit werden transformiert in einen Diskurs gesellschaftlicher Fragmentierung, Konkurrenz und Individualisierung. Dadurch findet indirekt eine "Entpolitisierung" der Politik statt, deren Orientierung auf Allgemeinwohl und Öffentlichkeit in eine Betonung partikularer Interessen und Privatisierung umgemünzt wird.

Aufgrund der Zerklüftung des Gesellschaftlichen wird zentrale Politik zunehmend fragmentiert. Der Trend zur lokalen Einbindung außerpolitischer Akteure nimmt zu - was in den empirischen Beispielen zum Stadtmarketing in Reinform deutlich wird (vgl. Kap. 5, 6). Dezentraler

---

[2]   So erbringen beispielsweise in Los Angeles inzwischen ca. 8.500 private Organisationen 41% der öffentlichen Dienst- und Sozialleistungen; vgl. WOLCH 1989, S. 203ff.

Korporatismus ist das geeignete, zentrale Fahnenwort, unter dem sich die neuen Tendenzen im Staatswesen zusammenfassen lassen.

Welche Rolle spielt nun dabei die lokale Politik? Ist Stadtmarketing zentraler Bestandteil des Wandels im Staatsverständnis oder nur peripherer Schauplatz der Konflikte und Bemühungen um eine politische Restrukturierung? Die Debatte um die Bedeutung des Lokalen in der Politik wird auch abseits des regulationstheoretischen Ansatzes seit einigen Jahren intensiv geführt. Tatsache ist, daß es zum Beispiel aufgrund des Anwachsens der Zahl der Bürgerinitiativen, in denen schon 1980 mehr Menschen engagiert waren als in den traditionellen politischen Parteien, zu einem Marsch der BürgerInnen auf die Rathäuser gekommen ist (vgl. HIRSCH/ROTH 1986, S. 220). Gestiegene Partizipations-anforderungen und der Widerstand gegen lokale Projekte haben zu einer Wiederbelebung der Kommunalpolitik geführt. Diese ist zumindestens im alltäglichen common sense als lokale Gestalterin und Entscheiderin über Lebenschancen und Zukunftsperspektiven verstärkt in das Bewußtsein der öffentlichen Meinung gerückt.

Der Bedeutungswandel des Kommunalen wird auch an der Begriffstrias Kommunalpolitik - Stadtpolitik - lokale Politik deutlich. Während der Begriff Kommunalpolitik traditionell mit der grundgesetzlich in Artikel 28, Absatz 2 garantierten Selbstverwaltungshoheit der Gemeinden asso-ziiert ist und dementsprechend die klassischen Aufgabenbereiche der Daseinsvorsorge umreißt, wurde mit dem Begriff Stadtpolitik Anfang der 80er Jahre die territoriale Komponente in den Vordergrund gerückt unter dem Blickwinkel der funktionalen Aufgabenerfüllung der Gemeinden in sektoralen Politikbereichen (vgl. BLANKE/BENZLER 1991, S. 9). Stadtentwicklungspolitik meint dann die räumliche Komponente dieser funktionalen Aufgabenstellung. Die Rede von der Stadtpolitik legt einen größeren Stellenwert auf die "immer stärkere Einpassung in ein System staatlicher, hierarchisch organisierter Arbeitsteilung" (a.a.O., S. 10). Mit dem Begriff lokale Politik wird dieser umfassende Blickwinkel der Stadt als Mikrostaat noch deutlicher prononciert als ein weitgesteckter, diffuser Bereich, der auch die nicht-öffentlichen Akteure miteinschließt. Stadtmarketing bewegt sich innerhalb dieses Trends zur Erweiterung des kommunalpolitischen Verständnisses hin zu einer lokalen Politik.

Offen ist aber die Frage, inwieweit die lokale Politik neben dem populären Imagegewinn auch politisch-systematisch an Bedeutung gewonnen oder verloren hat. Hier stehen sich seit geraumer Zeit zwei theoretische Positionen nahezu unversöhnlich gegenüber. Während der kommunalen Ebene auf der einen Seite ein politischer Potentialgewinn attestiert wird, weist die andere Fraktion den Gemeinden den niederen Stellenwert eines rein ausführenden Organs zentralstaatlicher Weisungen zu. Die Entscheidung für eine dieser beiden Theoriepositionen zieht gewichtige Konsequenzen nach sich hinsichtlich des Stellenwertes, der dem Stadtmarketing als Partikularinnovation im Rahmen einer umfassenderen Neuformierung der Politik zugemessen wird.

Die Argumente für die abhängige Stellung der Kommunen im politischen System beziehen sich auf die Gemeinden als Filialen des Staates, die zwar qua Grundgesetz Körperschaften öffentlichen Rechts seien und somit kein direkter Teil der staatlichen Verwaltung, jedoch faktisch als "mittelbare Staatsverwaltung" auftreten würden (HÄUSSERMANN 1991, S. 39). Sie erfüllen wichtige Puffer- und Filterfunktionen für die Kleinarbeitung und Zersplitterung zentralstaatlich verursachter Konflikte und werden als Vollstrecker und punching ball des Zentralstaates funktionalisiert. Dies wird gegenwärtig besonders deutlich in der Asylpolitik. Die Aufgabenstellung als ausführendes Organ und verlängerter Arm der Zentrale würde gerade angesichts des "Aufbruchs der Teilstaaten" (ESSER/HIRSCH 1987, S. 46), also dem Bedeutungsgewinn der föderalen Ebene, gegenwärtig noch verstärkt. Weder finanziell, inhaltlich noch sonstwie blieben den Kommunen genügend Handlungsspielräume, um eine eigenständige, originär lokale Politik zu gestalten.

Demgegenüber entstammen die Argumente für den Bedeutungsgewinn des Lokalen der Annahme, daß gerade angesichts der globalen Restrukturierungsprozesse die Rückgewinnung der Handlungsfähigkeit und die Anpassung an den Innovationsdruck nur auf lokaler Ebene erfolgen kann. "Die lokale Ebene ist der Ort, an dem die von der Industriegesellschaft aufgeworfenen Probleme kulminieren" (BULLMANN 1991, S. 85). Das Versagen zentralstaatlicher Steuerung führe notwendig zu einer Dezentralisierung akkumulations- und regulationsbezogener Entscheidungen. Die größere Lernfähigkeit und Flexibilität vor Ort ermögliche eine effizientere Anpassung an die Erfordernisse der Restrukturierung. Nur die Kommunen könnten somit eine signifikante Rolle bei der Herausbildung postfordistischer Entwicklungsmodi spielen (vgl. RODENSTEIN 1987, S. 111). Dadurch entstünde ein erweiterter Steuerungsanspruch der Gemeinden, der Bürgeransprüche, gesellschaftliche Konflikte und Lösungsansätze zunehmend eigenständig bearbeiten würde. Auf diese Weise werden die Städte zunehmend autonomer und sind gleichzeitig "konstitutiver Bestandteil gesamtstaatlicher Stabilisierung" (HESSE 1983,

S. 26). Die Raumordnungspolitik hätte sich diesem politischen Potentialgewinn der Gemeinden schon gestellt, indem sie sich zunehmend an der
erweiterten Stadtpolitik (als Stadtentwicklungspolitik) orientieren würde.

Würde man sich einer dieser beiden widerstreitenden Positionen
anschließen, so könnte man lokale Politikmuster eindeutig erklären.
Stadtmarketing würde interpretationsfähig als hilflose lokale Anpassungs-
strategie an neue zentralstaatliche Vorgaben der Deregulierung oder aber
wäre Ausdruck und Produkt eines neuen kommunalen Willens zu
Autonomie und lokaler Gestaltbarkeit. Die einseitig-funktionalistische
Interpretation des Verhältnisses von Zentralstaat und Kommunen durch
eine entweder-oder-Sicht (Filiale des Staates oder autonome Politik-
station) widerspricht jedoch dem regulationstheoretischen Denken in
Arrangements und Konstellationen. Wenn gesellschaftliche Entwicklung
sich in zyklischen Krisen vollzieht, so ist nicht einzusehen, warum
gerade die lokale Ebene von solchen sozialen Aushandlungsprozessen
ausgeschlossen sein soll und per se über eine eigene, konstant definierte
Rolle verfügt.

Politische Regulierung als dynamisches System muß für beide genannten
Optionen offen sein. Sie kann je nach nationaler hegemonialer Strategie
oder auch regionalen Akteurskonflikten unterschiedliche Formen
annehmen. Nur so lassen sich auch die international unterschiedlichen
Ausprägungen des Wohlfahrtsstaates und der lokalen Politik angemessen
erfassen und beschreiben. Ein solches dynamisches Konzept, das der
Analyse von Konstellationen sowie national, regional und lokal unterschiedlichen Arrangements den Vorrang gewährt, wird derzeit unter dem
Begriff des "lokalen Staates" (local state) diskutiert.

Die local state-Theorie, die Ende der 80er Jahre von den britischen
Geographen Duncan und Goodwin (1987) eingebracht worden ist,
begreift Staatshandeln - analog zum Regulationsansatz - als durch soziale
Konflikte ausgehandelte historische Regulierungsform. Zentraler
Ausgangspunkt der Analyse ist, ähnlich dem Postfordismus, die
empirische Beobachtung von drastischen Veränderungen in der britischen
Kommunalpolitik seit 1979, als die konservative Regierungschefin M.
Thatcher in Großbritannien an die Macht kam und fundamentale
Veränderungen im Verhältnis von Zentralstaat und Kommune einleitete.

Die Staatsbildung wird im local state-Ansatz aus dem Konflikt unterschiedlicher sozialer Klassen erklärt. Durch die Staatsform werden
soziale Machtverhältnisse in eine politisch-institutionelle Form gegossen.
Eigendynamik und Stellenwert der lokalen Ebene als spezifischem

politischen Teilsystem können immer nur im Verhältnis zum Zentralstaat verstanden werden. Was nun die lokale Ebene als eigenständigen bzw. besonderen Politikbereich konstituiert, ist die räumlich je unterschiedliche Ausprägung sozialer Kräfteverhältnisse. Sozialstrukturen und Geschlechtsverhältnisse, Arbeits- und Wohnungsmärkte sowie die politische Kultur sind in München anders ausgeprägt als in Mannheim und in Kiel wieder anders als in Köln. Die theoretische Begründung für die Notwendigkeit lokal unterschiedlicher Politiken fußt somit auf dem Vorhandensein räumlich disparitärer Entwicklungen. "Space makes a difference to how social processes work" (DUNCAN/GOODWIN 1987, S. 51). Damit wird regionalen Unterschieden und Besonderheiten und somit räumlichen Strukturen und Prozessen ein zentraler Stellenwert für die Analyse und Erklärung politischer Handlungsmuster eingeräumt. Aus der regionalen Unterschiedlichkeit ergibt sich die Notwendigkeit räumlich differenzierter Politiken. "Local state" bedeutet damit immer auch das Vorhandensein einer "local choice" (a.a.O., S. 6).

Regionale Disparitäten fördern die Herausbildung eines lokalen Staates. Seine Aufgabe ist es, die gesamtgesellschaftlich notwendige Kohärenz anhand örtlich angepaßter, räumlich kohärenter Regulationsweisen im lokalen Bereich sicherzustellen. Die lokale Politikvarianz ist somit Produkt einer räumlichen Differenzierung der Sozialstrukturen, Interessengruppen und Konfliktpotentiale. Deshalb müssen raumspezifische Kohärenzen in Form lokaler Ensembles geschaffen werden als "Typus politischer 'Maßanfertigung'" (MAYER 1990, S. 199). Solche lokalen Arrangements sind nicht nur ein quasi-automatischer Reflex auf räumliche Unterschiede, sondern eigenständige, komplexe Vermittlungen zwischen den verschiedenen gesellschaftlichen Konfliktlinien. "Jeder einzelne Lokalstaat vermittelt zwischen der Sphäre der Arbeit und der Sphäre der civil society" (MAYER 1991, S. 33). Darin liegt seine historische Einmaligkeit. Solche einmaligen Arrangements sind aufgrund des räumlichen Kontinuums von der globalen zur lokalen Ebene auch in anderen Maßstabsbereichen denkbar. Der wiedererwachte Regionalismus der 80er Jahre deutet darauf hin, daß insbesondere der Region eine ähnliche Funktion zukommen kann.

Handlungsspielraum und Abhängigkeit, autonomer Freiheitsgrad oder Vollzug zentralstaatlicher Vorgaben - diese Entscheidungen über die jeweiligen Charakteristika eines lokalen Politikmodells werden sowohl anhand individueller Kräfteverhältnisse vor Ort als auch dem historischen Entwicklungsstand zwischen Zentralstaat und Stadtregierungen gefällt.

Die Vorgaben des Zentralstaates, die über den Finanzspielraum, juristische Rahmenbedingungen in Form von Bundesgesetzen usw. den konkreten Handlungsspielraum der Kommunen definieren, sind hier sicherlich nicht zu unterschätzen. Ein besonders drastisches Beispiel für solche Auseinandersetzungen zwischen Staat und Kommunen sind die Spannungen, die in Landeshauptstädten wie zum Beispiel München oder Wiesbaden entstehen, wo Stadt- und Landesregierung unterschiedlichen Parteien angehören.

Insgesamt gibt es somit zwar gegenwärtig Argumente, die die These von einer verstärkten Autonomie und dezentralen Problembearbeitung im Postfordismus (im Gegensatz zu den fordistisch-zentralistischen Regulierungsmodi) stärken, prinzipiell jedoch muß das Kräfteverhältnis zwischen Zentralstaat und Kommunen immer wieder neu balanciert werden. Der Artikulationsfähigkeit der lokalen Eliten kommt dabei eine entscheidende Rolle zu (vgl. FINCHER 1989, S. 345f). Wenn deshalb im Stadtmarketing private Akteure an der Politikformulierung direkt beteiligt werden, so ist dies nicht nur eine Einflußnahme alter Lobbyisten auf neuen Wegen, sondern auch eine Institutionalisierung und Neuordnung sozialer Machtverhältnisse in Form politischer Regulierung. Welche Gruppen sich dabei wie durchsetzen, bleibt örtlichen Konflikten und Arrangements vorbehalten.

Als Austragungsort sozialer Richtungskämpfe kommen dem lokalen Staat zwei Aufgaben zu. In einer interpretativen Funktion dient der lokale Staat dazu, die Heterogenität lokaler Verhältnisse hinsichtlich der sozialen Machtverhältnisse mit einer lokal angepaßten Politik zu stabilisieren. Der lokale Staat wird wesentlich von den örtlichen Gruppen geschaffen und kann von diesen mit oder gegen den Zentralstaat benutzt werden. In seiner repräsentativen Funktion ist es Aufgabe des lokalen Staates, den verschiedenen sozialen Gruppen einen Zugang zum Staat zu verschaffen und diese in den staatlichen Institutionen zu repräsentieren. Hierdurch bietet sich die Möglichkeit des Widerspruchs gegen nationale Arrangements (vgl. DUNCAN/GOODWIN 1987, S. 41).

Welche Rolle somit der lokalen Politik im Rahmen gesellschaftlicher Restrukturierung zukommt, wird nicht zuletzt in Aushandlungsprozessen vor Ort definiert. Stadtmarketing wird deshalb immer von lokalen Kräftekonstellationen beeinflußt sein. Es reiht sich ein in das Feld lokaler Politikvarianz und muß notgedrungen pluralistische - mehrdeutige und vielgestaltige - Züge aufweisen. Als politische Innovation des lokalen Staates dient Stadtmarketing der Bearbeitung räumlicher Disparitäten in einer sich restrukturierenden Gesellschaft sowie der Neuordnung der Aufgabenteilung zwischen zentralstaatlicher und kommunaler Ebene. Dabei bedient es sich der Motive des neuen Voluntarismus, der Selbsthilfe und Privatisierung. Inwieweit eine politische Regulierung als Mischform zwischen Staat und Markt in Gestalt einer "Stadt als Unternehmen" gelingt, bleibt fraglich. In einer gesellschaftlichen Umbruchsituation ist dabei jedenfalls eine besondere Aufwertung der lokalstaatlichen Dimension als Austragungsort sozialer Konflikte zu erwarten. Dies erhöht die Brisanz der Innovation "Stadtmarketing".

2.2 Die Geographie des Postfordismus

Die Theorie vom lokalen Staat sowie die Regulationsschule sind als gesellschaftstheoretische Ansatzpunkte für die Beleuchtung des Phänomens Stadtmarketing besonders fruchtbar, weil sie der Maßstäblichkeit der Welt und der Unterschiedlichkeit räumlicher Entwicklung gegenüber sozialwissenschaftlich sensibel sind. Das heißt, regionale Differenzierungen, die Verschachtelung von Maßstabsebenen und lokal angepaßte Stadtentwicklungsstrategien stellen eine fundamentale Rahmenbedingung für die politische Innovation Stadtmarketing dar. Aber auch die Grundzüge der Raumentwicklung im Postfordismus mit ihrer inneren Paradoxie zwischen Globalisierung und Lokalisierung (Kap. 2.2.1) sowie dem Bedeutungsgewinn örtlicher Symbolik (Kap. 2.2.2) stellen wesentliche Ansatzpunkte für eine Stadtentwicklung unter "Marketinggesichtspunkten" dar.

2.2.1 Das gesellschaftliche Raummodell: Time-space compression

Wer sich mit Stadt- und Regionalentwicklung beschäftigt, ist gegenwärtig Zeitzeuge tiefgreifender Veränderungen in den Mustern der Raumentwicklung. Neue Konzepte städtischer und regionaler Entwicklung werden derzeit unter den Stichworten der De-, Re- und Neoindustrialisierung, regionaler Produktionsmilieus, der dualen Stadt, global city, citynetworks, Hierarchisierung des Städtesystems, Ausdifferenzierung von Stadtentwicklungstypen, Verlagerung von Wachstumszentren, Re-Regionalisierung der Ökonomie usw. diskutiert. Der gegenwärtige

Umbruch zum Postfordismus ist mit einer massiven Veränderung in den räumlichen Nutzungsstrukturen der Gesellschaft verbunden (vgl. KRÄTKE 1990, S. 7). "Making theoretical and practical sense of this restructuring of capitalist spatiality has become the overriding goal of an emerging postmodern critical human geography" (SOJA 1989, S. 159).

Hinter diesen schon konkret in regionalwissenschaftlicher Terminologie gefaßten Mustern der Raumentwicklung, die ausführlich in der Literatur diskutiert werden (vgl. z. B. BORST 1990), steht ein neues gesellschaftliches "Paradigma des Raumes" im Postfordismus. Es bietet den raumtheoretischen Ansatzpunkt für Stadtentwicklung im Zeichen des Stadtmarketing.

Der Raum ist nicht nur Abbild gesellschaftlicher Beziehungen, sondern ein Feld ökonomischer, politischer, sozialer und ideologischer Auseinandersetzungen (vgl. DEAR/WOLCH 1991, S. 239). Diese "Politik des Raumes" (SOJA 1990, S. 187) wird in Zeiten der Krise verstärkt zur Arena gesellschaftlicher Konflikte. Jede Gesellschaftsform entwickelt dabei spezifische Vorstellungen und soziale Umgangsweisen mit dem Raum. Solch ein "gesellschaftliches Raummodell" muß sich im Gegensatz zum Fordismus gegenwärtig als ein neues postfordistisches Raummodell erst konstituieren. Aus dem vorherrschenden gesellschaftlichen Umgang mit dem Raum ergeben sich für die Stadtentwicklungspolitik, ihre Handlungsschwerpunkte und Instrumente konzeptionelle Konsequenzen.

Der derzeitige Wandel im gesellschaftlichen Umgang mit dem Raum ist von Harvey als "time-space compression" auf den Begriff gebracht worden (HARVEY 1989, S. 284). Raum und Zeit haben niemals eine objektive, sondern immer nur eine gesellschaftliche Bedeutung; sie werden sozial konstruiert. "Each distinctive mode of production or social formation will, in short, embody a distinctive bundle of time and space practices and concepts" (a.a.O., S. 204). Die Zeit war das hochgradige Problem zu Beginn dieses Jahrhunderts, der Raum könnte die Bedeutungsherrschaft gegen Ende übernehmen. In der teleologischen Moderne waren die Kategorien des Fortschritts und Werdens, des Kampfes gegen den Historismus und die Idee der Linearität gesellschaftlicher Entwicklung auf einer Einbahnstraße der Geschichte dominierend. Zeit und Zeitlichkeit, Gegenwart und Zukunft beherrschten die kulturellen Deutungsmuster wie auch die ökonomischen und sozialen Praktiken. Demgegenüber gewinnt gegen Ende des 20. Jahrhunderts die Gleichzeitigkeit des Ungleichzeitigen, die Simultanität von Verschiedenem, das Sein im Hier (Ort) und Jetzt und die Offenheit der Horizonte, Bewertungsmaßstäbe und Zukünfte an Bedeutung. Der Raum ist ein Medium, in dem sich diese Gleichzeitigkeit problemlos vollziehen und ausdrücken kann. Er ist im Gegensatz zur Linearität der Zeit das Medium, in dem sich die Gesellschaft ausdifferenzieren und mehrdeutig vervielfältigen kann (vgl. Abb. 3).

Diese postmodern-philosophische Orientierung sozialer und kultureller Deutungsmuster des Raumes wird von einer time-space compression begleitet (a.a.O., S. 284ff). In den letzten zwei Jahrzehnten hat eine rapide Beschleunigung ökonomischer Prozesse stattgefunden. Die Tugenden der Instantgesellschaft, in denen alles sofort stattfinden muß, haben Konsummuster des Wegwerfens und Vergnügungen der Ereignispolitik gefördert. In der hochgradig wettbewerbsorientierten Welt wird nicht mehr nur mit Produkten, sondern auch dem Image (des Produkts, der Firma, des Standortes) geworben. Dabei werden nicht nur materielle Gegenstände verkauft und vermarktet, sondern zunehmend auch Ereignisse und Symbole. Gleichzeitig kollabiert der globale Raum. Er zerbricht in eine kontingente Serie von an- und abschaltbaren Bildern auf dem Fernsehschirm im eigenen Wohnzimmer (globales Dorf). Die weltweiten Transaktionen und Netzwerke der Unternehmen und Märkte führen zum Verschwinden räumlicher Grenzen. Distanz und Raumüberwindung spielen in einem globalen Städtesystem kaum mehr eine Rolle. Die Vernetzung erdumspannender Aktivitäten läßt den Raum - so scheint es - gänzlich aus dem gesellschaftlichen Blickfeld verschwinden.

"But the collapse of spatial barriers does not mean that the significance of space is decreasing. (...) we find evidence pointing to the converse thesis. (...) As spatial barriers diminish so we become much more sensitized to what the world's spaces contain" (HARVEY 1989, S. 293f). Gerade weil mit den Mitteln der flexiblen Akkumulation und den modernen Transporttechniken von Gütern, Personen und Informationen die Wirtschaft die "Qual der Wahl" hat (footloose industries), an welchem Standort sie sich lokalisiert, wird die Betonung einzelner Standortqualitäten wichtiger. Es ist das Interesse der Ökonomie, das breite Spektrum der Möglichkeiten im Raum zu nutzen. Indem die räumlichen Grenzen "fallen", wird das wichtiger, was sich in den Räumen befindet. Dieser Widerspruch zwischen gesteigerter Raumüberwindungsfähigkeit einerseits und erhöhter Aufmerksamkeit für räumliche Qualitäten andererseits ist die innere Paradoxie im Raummodell des Postfordismus. "The qualities of place stand thereby to be emphasized in the midst of the increasing abstractions of space" (a.a.O., S. 295).

Fordismus	Postfordismus
eonomies of scale Hierarchie, Homogenität, Arbeitsteilung	economies of scope Anarchie, Diversität, soziale Arbeitsteilung
Determination, Universalismus	Indetermination, Lokalismus
Staatsgewalt, Gewerkschaften Wohlfahrtsstaat	Finanzherrschaft, Individualismus, Neokonservativismus
Ethik, Materialismus	Ästhetik, Immaterialismus
Produktion, Autorität, Arbeiter, Avantgarde, Semantik	Reproduktion, Eklekti- zismus, Rhetorik
Zentralisierung, Totalisierung, Kollektiv	Dezentralisierung, Dekonstruktion, lokale Kontraste
Metatheorie, Massenproduktion	Sprachspiele, Kleinserienfertigung
Funktion	Fiktion
Werden, Epistemologie, Regulation, relative Lage	Werden, Ontologie, Deregulierung, Ort
Staatsinterventionismus, Internationalisierung	Laissez-faire, De- industrialisierung
Permanenz, Zeit	Simultanität, Raum

Quelle: *in Anlehnung an HARVEY 1989, S. 340*

Abb. 3:   Vom Fordismus zum Postfordismus

Wenn aber die Räume und deren Inhalte wichtiger werden, so können die lokalen EntscheiderInnen verstärkt Einfluß nehmen auf die Entwicklungs-chancen ihrer Region. Den Städten und Regionen bietet sich die Chance, sich unter veränderten Bedingungen neu zu profilieren. Das Raumpara-doxon im Postfordismus fordert die lokalen Akteure auf, sich neu und verändert für ihren Raum zu engagieren und diesen aktiv zu gestalten. Hierin liegt die raumtheoretische Begründung für das Bemühen um neue

Standortprofile und Positionierungen mittels neuer Politiken wie zum Beispiel Stadtmarketing.

Durch die veränderte Rolle des Raumes, seiner Grenzen und Inhalte, verändern sich auch die Beziehungen zwischen der lokalen und globalen Ebene. Indem die lokalen Entscheidungen über Geschäftsklima, Forschungsförderung, Arbeitsmarktstrukturen, soziale Verhaltensweisen, politische Kultur, Freizeitwert usw. direkt als Strategie zur Einbindung internationalen Kapitals genutzt werden, verstärkt sich die Verflechtung des lokalen mit dem globalen Geschehen. Lokale Entwicklungen haben einen direkteren Einfluß auf globale Prozesse und umgekehrt. "More than ever before, the macro-political economy of the world is becoming contextualized and reproduced in the city" (SOJA 1989, S. 188). Die in der fordistischen Moderne vorherrschende Denkhaltung, das Allgemeine vor das Besondere zu stellen und das Lokale als Produkt des Globalen zu sehen, muß zugunsten einer dialektischen Auffassung der wechselseitigen Durchdringung revidiert werden (vgl. MEYER et al. 1992, S. 201). Auf dieser Einsicht fußt auch der in den letzten Jahren intensiv zu beobachtende Aufschwung einer neuen regionalen Geographie, die sich diesem Vernetzungsproblem stellt.[3] In der neuen Runde der time-space compression eröffnen sich somit Chancen und Gefahren für die Städte und Regionen. Die Renaissance des Raumes als Medium der Vielfalt fördert Fragmentierung, Unsicherheit und ungleiche Entwicklung innerhalb der hochgradig vernetzten Weltwirtschaft. Kaleidoskopartige Mosaiken ergänzen die fordistisch rigiden Einteilungen zwischen Zentrum und Peripherie (vgl. SOJA 1989, S. 162). Zentralisierung und Dezentralisierung, Wachstum und Schrumpfung, finden gleichzeitig statt und bekommen einen neuen Stellenwert im postfordistischen Raummodell.

Die Veränderungen im Raummodell betreffen dabei nicht nur die Metropolen. Auch für Klein- und Mittelstädte ergeben sich neue Chancen der Profilierung am Markt. Auch sie sind gefordert, neue Grundsatzentscheidungen bezüglich des zukünftig einzuschlagenden Entwicklungspfades zu treffen (vgl. BÜHLER et al. 1992, S. 3f). Deshalb kann es nicht verwundern, daß es gerade die kleineren und mittleren Städte sind, die sich derzeit besonders intensiv an der Innovationsfront im "Stadt-

---

3   Hierzu vgl. zum Beispiel SOJA (1989, Kap. 8), der die Region von Los Angeles als paradigmatisches Fallbeispiel ("paradigmatic window"; a.a.O., S. 221) benutzt, um anhand der lokalen Veränderungen globale Tendenzen zu analysieren.

marketing" bewegen. Hier sind Problemdruck und Handlungsbedarf groß und noch viele lokale Potentiale ungenutzt. Nicht zuletzt aber können politische Innovationen aufgrund der überschaubaren Verhältnisse leichter experimentell eingesetzt und modifiziert werden. In den empirischen Untersuchungen werden sie deshalb im Vordergrund stehen (vgl. Kap. 5 und 6).

2.2.2 Der mediale Raum: Die Stadt als Vehikel

Die neue Aufmerksamkeit für den Raum und seine Möglichkeiten der Varianz fördert nicht beliebige, sondern spezifische Strategien lokaler Profilierung. In der klassischen Moderne war die Stadt zentriert und hierarchisch, sie war materielle Substanz. Stets ging es um funktionale und rationale Strukturen - auch in der Planung. Unter den Bedingungen eines postfordistischen Raummodells verändern sich die Voraussetzungen erfolgreicher Stadtentwicklung. Der Stadtraum ist nicht mehr nur als Fläche (für Infrastruktur, Wohngebiete oder Autobahnanschlüsse) relevant. Was zählt, ist vielmehr der Raum als Träger von Bedeutung (vgl. CASTELLS 1986, S. 13). Im postfordistischen Raummodell tritt etwas hinzu, das sich wie eine neue Schicht über die Funktionalität des Städtischen legt. In Form einer hyperrealen Welt von Symbolen, Zeichen und Design "wird der urbane Raum semiotisch 'umgerüstet'" (HASSE 1988, S. 20). Der Raum wird zum Darstellungsmedium lokaler Konstellationen, zum medialen Vehikel. Es geht um lokale Qualitäten, die nie abstrakt oder allgemein sein dürfen, sondern vielmehr Geschichten erzählen, Repräsentationen und Simulationen sind. Die Ästhetisierung des Stadtraumes ist Teil einer umfassenden Ästhetisierung des Alltagslebens in der Erlebnisgesellschaft (vgl. SCHULZE 1992, Kap. 1.6).

Die neue Schicht der Symbolik beruht auf den Umwälzungen in der Sozialstruktur. Aufgrund der Ausbreitung einer breiten Mittelschicht reichen heutzutage rein materielle Merkmale (z. B. Einkommen) nicht mehr aus, um soziale Schichten zu differenzieren und zu charakterisieren. Was als neues gruppenbildendes Merkmal hinzutritt, ist der Lebensstil (vgl. BOURDIEU 1989, S. 182). Der Schichtenbegriff und die Rede vom Lebensstil widersprechen einander nicht. Vielmehr tritt zu der traditionellen Differenzierung nach Einkommensunterschieden und sozialem Status die Dimension des Lebensstils ergänzend hinzu. Unter Lebensstil werden Merkmale des Geschmacks gefaßt (Musik, Literatur, Ernährung usw.), die in enger Wechselwirkung zwischen Präferenz, Erziehung, Bildung und sozialer Herkunft als Bildungskapital und kultureller Kompetenz entstehen. Solche Lebensstile sind in der Gesellschaft unterschiedlich ausgeprägt und entstehen aufgrund erworbener Dispositionen (Sozialisation), die nie unabhängig von der materiellen Basis und dem sozialen Hintergrund des Einzelnen zu sehen sind. "Geschmack klassifiziert" somit auf eine neuartige Weise (BOURDIEU 1989, S. 25). Er stellt als Habitus ein bedeutender werdendes Satisfaktions-, Identifikations- und Unterscheidungskriterium dar. "Ihre besondere Wirksamkeit verdanken die Schemata des Habitus, Urformen der Klassifikation, dem Faktum, daß sie jenseits des Bewußtseins wie des diskursiven Denkens, folglich außerhalb absichtlicher Kontrolle und Prüfung agieren" (a.a.O., S. 727). Soziale Gruppen werden damit durch Sein und Bewußtsein strukturiert.

Mit der Überlagerung klassischer sozialer Schichten durch Lebensstile nimmt zwangsläufig das Interesse an - immer schon stattfindenden - symbolischen Auseinandersetzungen zu. Der Kampf um Symbole, die Definition von Images, die Repräsentation kultureller Praktiken werden wichtiger. Die Städte müssen sich dabei in Zukunft entscheiden, welche Symbolwelten und damit welche sozialen Gruppen sie bedienen wollen. Die symbolischen Auseinandersetzungen sind niemals "nur" kultureller Art, sondern bezeichnen vielmehr eine neue Weise, den alten Wettstreit um materielle Vorteile auszutragen. Die Waffen haben sich sozusagen verändert und sind feinteiliger geworden. Auch in der Ökonomie sind ökonomisches und symbolisches Kapital wechselseitig verbunden, steigert das symbolische Kapital (Vertrauen, Ansehen, Gunst, Prestigegesten) den wirtschaftlichen Erfolg (vgl. BOURDIEU 1987, S. 217).

Die Stadt als Lebensraum wird von diesem Wandel in den Mechanismen sozialer Schichtung massiv berührt. Gepaart mit dem postfordistischen Bedarf nach räumlicher Differenzierung und Besonderheit tritt der Bedarf nach Symbolen und Räumen der Repräsentation komplementär hinzu. Die Städte und Regionen sind somit gegenwärtig nicht gefordert, sich "irgendwie" auf der internationalen Bühne des Wettbewerbs zu profilieren, sondern sie müssen dem spezifischen Bedarf nach Symbolik, Kultur, Bedeutung und Lebensstilen Rechnung tragen. Denn: "Kurzum, es ist der Habitus, der das Habitat macht, in dem Sinne, daß er bestimmte Präferenzen für einen mehr oder weniger adäquaten Gebrauch des Habitats ausbildet" (BOURDIEU 1991, S. 32).

Es besteht somit der Bedarf nach einer neuen Theorie, die die Stadt als Kommunikationssystem und Träger von Bedeutung faßt (vgl. COOKE

1990, S. 340f). Die Stadt als Kollektivsymbol und Interpretationsfolie der Gesellschaft übt wesentliche Funktionen der Identifikation, Unterscheidung und Profilierung in einer internationalisierten Gesellschaft aus. Was eine Stadt zukünftig in besonderem Maße charakterisiert, wird neben der materiellen Struktur immer mehr durch die Vermittlung von Bedeutung, Geschichten, Images und Symbolen im Prozeß der Kommunikation gestaltet. Man spricht über die Stadt - und mit der Rede wird eine eigene Wirklichkeit inszeniert. Nicht mehr nur Distanzen und Flächen stehen im Vordergrund, sondern auch Zeichen und Symbole. In diesem Prozeß der "Diskursivierung des Raumes" (PRIGGE 1988, S. 101) ist die Vermarktung der Stadt mittels Stadtwerbung eine Möglichkeit, symbolisches Kapital herzustellen. Die Gentrifizierung der Innenstädte stellt einen tiefer greifenden, weil strukturellen Eingriff in die Lesbarkeit und Interpretation der Stadt als sozialräumlich-symbolischer Struktur dar (vgl. HASSE 1988, S. 43).

Die gesellschaftliche "Instrumentalität von Raum" (SOJA 1991, S. 85) weist damit im Postfordismus tendenziell in Richtung eines Hyperraumes, der durch Wahrnehmungen und Simulationen zu einem "medialen Vehikel" wird (HASSE 1988, S. 21). Ein extremes Beispiel hierfür ist das größte Einkaufszentrum der Welt in Edmonton (Kanada), wo man in der originalgetreuen Nachbildung der Bourbon Street von New Orleans flanieren kann, gleichzeitig Brandungssurfen betreibt und in der (eigentlich) kaltgemäßigten Zone Tropenbäume sieht. Diese Unwirklichkeit ist real, keine Fiktion, und doch nicht realistisch. "An die Stelle subjektiver Orientierung tritt die Strategie der Verführung, die das Individuum einer Welt der Simulation überantwortet" (HASSE 1989, S. 23). Städte sind somit nicht nur Stätten, an denen die Gesellschaft ihre Funktionen ausübt; sie werden im Postfordismus zunehmend zu einem eigenständigen Träger sozial konstruierter Wirklichkeit. Der Bedeutungsgewinn der "Raumbilder" (IPSEN 1986) zieht eine Ästhetisierung der Politik nach sich. Stadtentwicklungspolitik steht in der Gefahr, mit den Mitteln der Symbolik eine ideelle Entschädigung für real ausgebliebene Verbesserungen zu leisten (vgl. HABERMAS 1988, S. 150). Daß Stadtmarketing angesichts dieser Veränderungen zu einer populären Vokabel geworden ist, auch wenn die konzeptionellen Ansatzpunkte dabei oftmals nur bruchstückhaft verwirklicht werden, kann nicht verwundern. Dennoch wäre es zu kurz gegriffen, die Innovation Stadtmarketing in Zeiten des Hyperraumes vorschnell mit reiner Stadtwerbung zu assoziieren. Die Stadt als mediales Vehikel bedarf nicht nur neuer Imagestrategien, sondern auch veränderter Politikformen, die die Kosum- und Freizeitsucht hedonistischer Lebensentwürfe ebenfalls materiell bedienen. Mit dem Wandel der Images und Symbole geht ein Wandel der Inhalte und Strukturen und damit der materiellen Substanz einher.

2.2.3 Stadtplanung und Stadtmarketing: Konkurrenz oder Komplement?

Die veränderten Inhalte der Stadtentwicklung im Postfordismus (lokale Besonderheiten, Symbole, Geschichten usw.) machen deutlich, daß eine Innovation in der Stadtentwicklungspolitik dringend erforderlich ist. Der Versuch der "Stadtentwicklung am Markt" ist durch die Tendenzen zur Deregulierung, die Einbeziehung privater Akteure, Stadtwerbung und das Aufkommen von Stadtinszenierungen geprägt. Profilierung und Symbole, lokale Potentiale und Identitäts- bzw. Imagebildung, Marktorientierung und Wettbewerbsfähigkeit stellen neuartige Akzente in der Stadtentwicklungspolitik dar. Auch wenn unter dem Begriff "Stadtmarketing" eine bislang vorwiegend diffuse Vielfalt steuerungspolitischer Neuansätze firmiert, so werden damit die bisherigen Formen der Stadtentwicklung durch Stadtplanung doch implizit kritisiert, indem andere Ansatzpunkte (Inhalte, Verfahren, Akteure) gewählt werden. Die Frage nach der zukünftigen Rolle der Planung stellt sich deshalb von selbst. Wird die Stadtplanung langfristig überflüssig werden? Erhält sie wertvolle Schützenhilfe bei dem Bemühen um eine ganzheitliche Stadtentwicklung? Oder entsteht ein Konkurrenzkampf zwischen Planung und den Ansätzen des "Stadtmarketing", die je unterschiedliche Ziele verfolgen?

In der Literatur wird zu diesen Fragen bisher nur sehr wenig gesagt. Zu jung ist die Innovation und zu groß die Aktualität des Themas, als daß umfassende Einschätzungen möglich wären. Im Sinne der Theorie des lokalen Staates sind hierbei zudem lokal unterschiedliche Antworten zu erwarten. Aus Sicht der Angewandten Geographie ist Stadtmarketing in diesem Zusammenhang ambivalent zu bewerten. Während auf der einen Seite eine deutliche Konkurrenz zur traditionellen Stadtplanung entsteht, ist es nicht zuletzt die Planung selbst, die die lokalen Akteure durch ihre immanenten Mängel auffordert, neue Wege zu gehen. Es ist die Misere der gegenwärtigen Planungspraxis, so die zentrale These, die die Innovation "Stadtmarketing" unbewußt und zum Teil auch ungewollt fördert.

Die Stadtplanung ist einen weiten Weg gegangen von den Anfängen der ingenieurwissenschaftlichen Sicherheitsplanung des 19. Jahrhunderts (Anpassungsplanung durch Fluchtlinien, Hygienevorschriften usw.) über die Auffangplanung zu Beginn dieses Jahrhunderts bis hin zur Herausbildung der umfassenden Entwicklungsplanung in den 60er und frühen 70er Jahren (vgl. ALBERS 1969). Das Wesen der Stadtplanung ist es dabei stets gewesen, eine Form staatlichen Krisenmanagements zu sein. Stadt- und Regionalplanung sind historisch entstanden und üben noch heute ihre Funktion als staatliches Krisenmanagement aus. Staatliches Krisenmanagament bedeutet die Sicherung gesellschaftlicher Funktionen durch den Staat, die zur Aufrechterhaltung des Systems notwendig sind, für die jedoch die einzelnen gesellschaftlichen Interessengruppen keine vorausschauende Fürsorge betreiben (vgl. OFFE 1973, S. 206). Stadtplanung ist damit primär Gegenstand und Produkt eines gesellschaftlichen Erfahrungs- und Diskussionsprozesses, der sich weniger an fachlich-disziplinären Vorstellungen orientiert, als an dem gesellschaftlichen Bedarf nach einer staatlichen, raumordnungspolitischen Interventionstätigkeit. Stadt- und Regionalplanung haben sich deshalb stets ebenso diskontinuierlich verändert, wie die Gesellschaft ungeplante Krisen produziert. Das vorherrschende Staatsverständnis und die damit gesellschaftlich zugestandene Form an politisch-planerischer Intervention haben den Handlungsauftrag (planerischer Impetus), den Handlungsbereich und die Instrumente der Planung stets rahmensetzend vorgegeben (vgl. Abb. 4).

Die Funktion des Krisenmanagements wird in vielerlei Hinsicht von der staatlichen und kommunalen Administration ausgeübt (z.B. Bildungsplanung oder Finanzplanung). Kein Bereich der planenden Verwaltung bewegt sich jedoch in einem vergleichbar komplexen, diffusen und mit langfristig-materiellen, aus Stein gebauten Folgen behafteten Handlungsbereich wie Stadt- und Regionalplanung (vgl. a.a.O., S. 205f). Hieraus ergeben sich zwei konstitutive Widersprüche im Wesen räumlicher Planung. Zum einen sind Stadt- und Regionalplanung eine Form des Verwaltungshandelns, in der aufgrund der komplexen und unstrukturierten Problemlagen Entscheidungen getroffen werden, die durch gesetzliche, konditionale Entscheidungsfindungen "nach Vorschrift" nicht zu lösen sind. Die planende Verwaltung muß hier "ihren Handlungsablauf nach Zielen, Mitteln, Fristen, Nebenfolgen, Zuständigkeiten usw. selbst organisieren. (...) Was zu tun sei, mit welchen Mitteln und welcher Priorität was überhaupt machbar ist, - das sind in dieser Situa-

Planungsart Ebenen	Anpassungs- planung 19. Jhdt.	Auffangplanung ca. 1900 - 1960	Entwicklungs- planung ca. 1960 - 1975
Planerischer Impetus	Sicherheit	Ordnung	Integration und Koordination
Handlungs- bereich	technisch	wirtschaftlich sozial	gesamtgesell- schaftlich
Instrumente (for- male Plantypen)	fachliche Einzel- pläne: Kanalisation, Fluchtlinien usw.	Rahmenpläne: Generalbebau- ungsplan usw.	Bauleitpläne Zielsystem kein Plan
Gesellschafts- verständnis	liberaler Nacht- wächterstaat	Rechtsstaat	Sozialstaat

Quelle: *HELBRECHT 1991, S. 39*

Abb. 4:   Struktureller Wandel im Planungsverständnis

tion prinzipiell offene Fragen" (a.a.O., S. 206). Als eine Form admini-
strativer Programme mit (stadt-) politischen Implikationen, ohne die
stetige Legitimität demokratisch abgesicherter Politikentscheidungen,
gerät räumliche Planung in ein "strukturelles Legitimationsproblem"
(a.a.O., S. 203). Zum anderen folgt aus dem Status staatlichen Krisenmanagements die Verantwortung, bei der Gestaltung und Entwicklung
von Stadt und Region administrativ als "ideeller Gesamtkapitalist"
handeln zu müssen. Ein solcher Vertretungsanspruch des Allgemein-
wohles muß jedoch notwendig scheitern (vgl. BÖHME 1989, S. 160).
"Daß keine Städteplanung zureicht, die an partikularen statt an einem
gesamtgesellschaftlichen Zweck sich ausrichtet, bedarf kaum der Erklärung. Die unmittelbaren praktischen Gesichtspunkte von Städteplanung
fallen mit denen einer wahrhaft rationalen, von gesellschaftlichen Irratio-
nalitäten befreiten keineswegs zusammen: es fehlt jenes gesamtgesellschaftliche Subjekt, auf das Städteplanung es absehen müßte; nicht zuletzt
darum droht sie entweder chaotisch auszuarten oder die produktive archi-
tektonische Einzelleistung zu hemmen" (ADORNO 1967, S. 125). Da ein
Subjekt, das allein aus gesamtgesellschaftlicher Verantwortung heraus
Planungsentscheidungen trifft, realiter in pluralistischen Gesellschaften
nicht vorhanden ist, kann räumliche Planung das "unschuldige Selbstbild

einer gesamtgesellschaftlichen Rationalität nicht für sich in Anspruch nehmen" (OFFE 1973, S. 224). F. W. Scharpf bezeichnet dies als die Leerstelle des "souveränen, einheitlichen Entscheiders" in pluralistischen Demokratien. Die mangelnde Einsicht in diese Augangsvoraussetzung sei eine "politisch-strukturelle Naivität" (SCHARPF 1979, S. 23).

Das Defizit eines homogenen sozialen Willens hat fatale Konsequenzen. Es führt entweder zu einer Legitimation durch Autorität und Gewalt in Form von Anordnungen und Befehlen, oder wird durch Entpolitisierung, durch den technokratischen Rückzug auf die "Sache" kompensiert (vgl. SCHELSKY 1969, S. 14). Welche der beiden Entwicklungslinien sich letztlich durchsetzen wird, hängt nach der Auffassung von H. Schelsky von den Charakteristika des Sachbereiches ab: Je enger die Sachbereiche gefaßt sind, umso mehr gewinnt die Entpolitisierung in Form eines technischen Planungsdenkens "von unten" die Oberhand; je umfassender der Sachbereich ist, umso mehr Herrschaft muß ausgeübt werden, und es entsteht ein technisches Planungsverständnis "von oben" (a.a.O., S. 15). Beide Entwicklungslinien, der planungseuphorische Herrschafts-anspruch auf umfassende Entwicklungsplanung und die planungspessi-mistische Entpolitisierung im Rückzug auf enge Sachbereiche (z. B. Wohnumfeld), sind in den letzten 30 Jahren Wirklichkeit geworden. Positiv formuliert bleibt der Versuch der räumlichen Planung, will sie diesen drohenden Gefahren entgehen, immer abhängig von dem reflexiven Umgang mit Konflikt- und Konsensbildungsprozessen (vgl. SCHARPF 1973, S. 181). Wenn dabei weder die integrierte Gesamt-planung noch der Rückzug in eine technisch orientierte Teilplanung als sinnvoll erscheinen, entsteht der Bedarf nach "und politischen Diskussio-nen über die Kriterien der Planungsbedürftigkeit" (a.a.O., S. 179f). Es müssen die Ziele und Handlungsbereiche identifiziert werden, die überhaupt der Planung zugänglich sind.

Staatliches Krisenmanagement und die Gefahren herrschaftlicher Totalisierung bzw. einer entpolitisierten Sachbereichsverwaltung sind das Entstehungs- und Wirkungsdilemma räumlicher Planung, strukturelle Legitimationsprobleme und das Fehlen eines gesamtgesellschaftlichen Subjektes ihre konstitutiven Widersprüche. Diesem Dilemma in der Konstitution räumlicher Planung konnte auch die umfassende Entwick-lungsplanung der 60er und frühen 70er Jahre nicht entgehen. Sie ist letztlich gescheitert an dem Versuch, flächendeckend für das gesamte Stadtgebiet eine komprehensive, also über alle Politikbereiche hinweg integrierende, langfristige Zielorientierung für die Stadtentwicklung zu erarbeiten und umzusetzen (vgl. HÄUSSERMANN/SIEBEL 1993b, S. 2). Sie war autoritär und informationell überfordert. Dennoch sind eine integrierende Gesamtsicht auf das System Stadt und der Versuch einer komprehensiven Steuerung der Stadtentwicklung weiterhin notwendig - angesichts der postfordistischen Restrukturierungstendenzen vielleicht deutlicher denn je. Diesem Bedarf nach integrierten Sichtweisen und Steuerungsformen wird die Stadtplanung "nach der Entwicklungplanung" jedoch nicht mehr gerecht.

Während die Stadtplanung in den 60er und Anfang der 70er Jahre im Zuge der Planungseuphorie noch über eine große Handlungs- und Selbstgewißheit verfügte, ist seit dem Scheitern der umfassenden Ansprüche auf Integration und Koordination - deutlich sichtbar in der Ablehnung der Bauwerke und Fehlplanungen jener Zeit (z. B. Großwohnsiedlungen) - ein Rückzug der Planung aus der Gestaltung beobachtbar (vgl. HELBRECHT 1991). Die 80er Jahre waren planungspolitisch durch eine Strategie des "muddling through" geprägt. Nach dem Scheitern der Reißbrettplanung der 60er und 70er Jahre hat man sich mit Pragmatismus, kleinteiliger Gestaltung und ad hoc-Maßnahmen über die Zeit gerettet. Dabei wurden sicherlich wertvolle Lernerfahrungen in den Bereichen feinkörnigere Planung oder der Ansätze zu einer demokratischen Stadterneuerung gemacht. Dennoch wurde der Versuch einer grundsätzlichen Neuorientierung räumlicher Planung mit Blick auf die nahe Vergangenheit nicht gewagt. Das Gesamtsystem Stadt wurde zugunsten von Detailverbesserungen wie zum Beispiel der Verkehrsberuhigung in den Hintergrund gerückt.

Spätestens ab Mitte der 80er Jahre wurde jedoch zunehmend deutlich, daß dieser Rückzug der Planung aus der Gestaltung dem Handlungsbedarf vor Ort nicht mehr gerecht wird. In den wirtschaftlichen Stagnations- und Krisenjahren war das "muddling through" zwar relativ funktional, indem man sich, getragen von einer Nostalgiewelle des postmodernen Historismus, auf kleinteilige Projekte der Wohnumfeldverbesserung und behutsamen Stadterneuerung beschränkte. Angesichts der tiefgreifenden ökonomischen Umstrukturierungsprozesse, die die Karten regionaler Prosperität aufgrund geänderter Standortanforderungen neu mischen, der neuen Verteilung räumlicher Entwicklungschancen, ist diese Strategie des Durchwurstelns nicht mehr tragfähig. Der Aufschwung der Debatten über eine "neue Urbanität" (HÄUSSERMANN/SIEBEL 1987) zeigt die hilflose Suche nach neuen Leitbildern in der Stadtentwicklung. Zwar sind die Konturen eines neuen Modells der Gesellschaftsentwicklung noch verschwommen, dennoch schärfen sie sich auf lokaler Ebene allmählich, wenn auch in den noch hauptsächlich diffusen Ansätzen zu einer Stadtentwicklung am Markt.

Auch wenn berechtigte Vorsicht geboten ist bei dem Versuch neue Politikansätze mit marktwirtschaftlichen Terminologien, die weitgehend undefiniert und damit auch unklar sind, zu umreissen, so werden mit der Galionsfigur "Stadtmarketing" doch erstmalig seit fast zwanzig Jahren überhaupt wieder neue Konzepte zu einer integrierten lokalen Entwicklungspolitik diskutiert. Stadtmarketing könnte somit den Beginn einer dritten Phase in der Stadtsteuerung der Nachkriegszeit beschreiben. Nach den ebenso umfassenden wie gründlich gescheiterten Hoffnungen auf eine Gesellschaftssteuerung über die Ressource Raum in den 60er und frühen 70er Jahren folgte in einem zweiten planungspolitischen Entwicklungsschritt der Rückzug in die kleinräumige, vergangenheitsbezogene Gestaltung. Mutige Zukunftsentwürfe, Leitbilder und Zielsysteme waren in den 80ern grundlegend außer Mode gekommen. Jetzt, zu Beginn der 90er Jahre, tritt der Gestaltungsanspruch in der Stadtentwicklung unter dem Stichwort Stadtmarketing erstmals wieder mit integrierten Konzepten auf den Plan. Je umfassender der gesellschaftliche Strukturbruch wird und je tiefer die Strudel der Restrukturierung reichen, umso mehr erhöht sich der Bedarf der politischen und ökonomischen Entscheider nach langfristigen, strategischen Konzepten. Aktive Steuerungs- und Koordinationsleistungen sind wieder gefragt. Sie beziehen sich eher assoziativ auf das unternehmerische Handeln als begrifflichem Platzhalter für Engagement und Initiative. Strukturell kann es dabei immer nur - wie die regulationstheoretischen Überlegungen gezeigt haben - um eine originär planungspolitische Innovation gehen.

Die Brisanz und Bedeutung von Stadtmarketing liegt somit insbesondere in seiner Alleinstellung als dem derzeit einzigen Versuch der Erneuerung kommunalpolitischen Handelns. Auch wenn die Begrifflichkeiten, Instrumente und Verfahren noch unklar sind, so muß Stadtmarketing als überfällige Antwort auf die neuen Herausforderungen der Stadtplanung bewertet werden. Dennoch muß gegenwärtig kritisch hinterfragt und beobachtet werden, inwieweit Stadtmarketing dem geänderten Steuerungsbedarf tatsächlich gerecht wird, und die traditionellen Anliegen der öffentlichen Wohlfahrt, sozialstaatlicher Raumentwicklung sowie des Interessenausgleichs im Sinne des Allgemeinwohls auch mit dem neuen Steuerungsansatz bewahrt werden können. Es könnten also planungspolitische Hoffnungen einer modernen Neuorientierung sowie Zerrbilder des Ausverkaufs der Planung an den Markt gleichermaßen mit dem Phänomen Stadtmarketing verbunden sein. Dies läßt die empirische und theoretische Beschäftigung mit dem Thema umso dringlicher erscheinen.

Aus planungstheoretischer Sicht läßt sich somit abschließend feststellen, daß die traditionelle Stadtplanung - ob unter dem Fahnenwort "Stadtmarketing" oder unter anderer Flagge - in jedem Fall zu Anpassungsleistungen an die veränderten Voraussetzungen der Stadtentwicklung gezwungen ist. "Stadtmarketing" kann ebenso wie der Begriff der "marktgerechten Stadt" oder der "Stadt als Unternehmen" als Platzhalter des Innovationsbedarfs interpretiert werden (vgl. HEINZ 1990, S. 9). Dabei zehrt Stadtmarketing derzeit in seiner Kreativität von dem Ressourcenreservoir der Akteure vor Ort, die entscheidend zum Gelingen oder Scheitern der politischen Innovation beitragen werden. Stadtmarketing ist keine "Reform von oben", bei der theoretische VordenkerInnen mit dem Entwurf neuer planungspolitischer Leitlinien voranschreiten, sondern eine "Bewegung von unten", die aus den lokalen Handlungszwängen und Kreativitätsreserven lebt. Dies ist kein Novum in der Geschichte der Planung. Stadtplanung hat historisch stets auf gesellschaftliche Steuerungsbedürfnisse reagiert und sich in Anpassung an den gesellschaftlichen Handlungsbedarf verändert. Dies kennzeichnet ihren Charakter als gesellschaftliches Krisenmanagement. In diesem Sinne könnte sich Stadtmarketing bruchlos in die Geschichte planungspolitischer Innovationen einreihen - allerdings mit der noch ungewissen Frage, ob es eine zukunftsträchtige Form der Neuorientierung der Stadtentwicklungsplanung darstellt.

2.3   Fazit

Stadtmarketing ist eine Neuheit auf dem Gebiet lokaler Entwicklungspolitik, die aus unterschiedlichen konzeptionellen Richtungen betrachtet werden muß (vgl. Abb. 5). Stadtmarketing ist im regulationstheoretischen Kontext der lokalpolitische Ausdruck einer gesellschaftlichen Umbruchsituation, die sich als Wandel vom Fordismus zum Postfordismus beschreiben läßt. Das besondere Risiko der derzeitigen Restrukturierung liegt in dem Innovationsdefizit der Politik, die gegenüber der Dynamik der wirtschaftlichen Veränderung an internen Erstarrungserscheinungen leidet und weitgehend handlungsunfähig geworden ist. Stadtmarketing stellt - auch im planungspolitischen Kontext - einen der wenigen Ansätze zur dringend erforderlichen Anpassung der Politik an die geänderten Rahmenbedingungen dar. Aufgrund seines dezentralen Charakters bewegt sich Stadtmarketing im Kernbereich der derzeitigen Restrukturierung, die wesentlich auf lokaler Ebene stattfindet. Es folgt der Aufforderung zur stadtentwicklungspolitischen Neuorientierung. Sein Erfolg wird entsprechend dem regulationstheoretischen Ansatz entscheidend vom Kriterium der gesellschaftlichen Kohärenz bestimmt. Seine Gefahren liegen in einer allzu direkten Übernahme und Analogie zu den Formen wirtschaftlicher Restrukturierung. Nur wenn Stadtmarketing grundlegend als politische Erneuerung verstanden werden kann, ist es in der Lage, seine Steuerungsfunktion in der Stadtentwicklung zu erfüllen. Organisation, Ziele und Aufbau im Stadtmarketing werden deshalb wesentlich von dem sich wandelnden Staatsverständnis im Postfordismus beeinflußt. Dieses deutet in Richtung Deregulierung, Selbsthilfe, Privatinitiative und Einbindung privater Akteure. Auch wenn Stadtmarketing diesen veränderten Politikmustern nachkommt, bleibt offen, inwieweit es dadurch gelingt, die Gefahr der sozialen Spaltung der Gesellschaft lokalpolitisch angemessen abzuwenden.

Im Rahmen des politischen Systems ist Stadtmarketing Teil des lokalen Staates. Ihm fällt die Rolle zu, Konflikte und Probleme aufgrund der räumlich ungleichen Entwicklung lokal angepaßt zu bearbeiten. Lokal maßgeschneiderte Politiken, örtliche Konstellationen und Arrangements sind hierfür konstitutiv. Sie werden derzeit verstärkt in Form sozialer Auseinandersetzungen hergestellt. Stadtmarketing ist Teil der neuen lokalen Arrangements und wird von seiner Gestalt her grundlegend von lokalen Kräftekonstellationen bestimmt. Es trägt als Bestandteil der lokalen Politikvarianz im lokalen Staat notwendig pluralistische und mehrdeutige Züge.

Die Planungsinhalte im Stadtmarketing erhalten entscheidende Impulse aus dem neuen gesellschaftlichen Raummodell des Postfordismus. Erstens wird die Hervorhebung lokaler Besonderheiten, die Förderung lokaler Potentiale und der Entwurf eines eigenständigen Profils gerade angesichts des Trends zu globaler Vernetzung wichtiger. Die innere Raumparadoxie des Postfordismus enthält eine Aufforderung an die Kommunen, sich verstärkt zu profilieren. Zweitens werden symbolische Politikinhalte, Ereignispolitiken und Rauminszenierungen wichtiger, die sich als interpretative Schicht über die materielle Funktionalität des Städtischen legen. Der Streit um eine neue Urbanität und die Formen des richtigen Lebens in der Stadt gewinnen an Bedeutung. Strukturell bedient

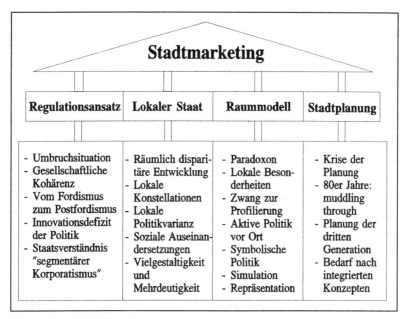

Stadtmarketing			
Regulationsansatz	**Lokaler Staat**	**Raummodell**	**Stadtplanung**
- Umbruchsituation - Gesellschaftliche Kohärenz - Vom Fordismus zum Postfordismus - Innovationsdefizit der Politik - Staatsverständnis "segmentärer Korporatismus"	- Räumlich disparitäre Entwicklung - Lokale Konstellationen - Lokale Politikvarianz - Soziale Auseinandersetzungen - Vielgestaltigkeit und Mehrdeutigkeit	- Paradoxon - Lokale Besonderheiten - Zwang zur Profilierung - Aktive Politik vor Ort - Symbolische Politik - Simulation - Repräsentation	- Krise der Planung - 80er Jahre: muddling through - Planung der dritten Generation - Bedarf nach integrierten Konzepten

Entwurf: *I. Helbrecht*

Abb. 5:   Entstehungsbedingungen von Stadtmarketing

Stadtmarketing damit andere lebensstilorientierte Klientelgruppen im Gegensatz zur flächenorientierten, fordistischen Infrastrukturpolitik. Die Veränderungen in den Sozialstrukturen und in den Standortanforderungen der Wirtschaft fördern den Wandel der Inhalte der Stadtentwicklung. Planungspolitisch könnte Stadtmarketing den Beginn einer Planungsphase der "dritten Generation" markieren, die sich - nach den langen Jahren des muddling through - dem neuen Bedarf nach strategischen Konzepten in der Stadtentwicklung stellt. Inwieweit dies tatsächlich gelingt, ohne originär planerische Aufgaben der Planung dem Markt zu überantworten (und damit der Steuerbarkeit zu entziehen), ist die Kernfrage für die Zukunftsfähigkeit des Stadtmarketing. Damit läßt sich Stadtmarketing als theoretisch überfällige planungspolitische Innovation auf lokaler Ebene einordnen. Die konzeptionellen Leitlinien für die Bewertung von Stadtmarketing sind mit der Regulationsschule, der Theorie vom lokalen Staat und der Geographie des Postfordismus beschreibbar. Ob und inwieweit Stadtmarketing jedoch eine angemessene Form der Stadtentwicklungspolitik im Postfordismus darstellt, läßt sich nur anhand empirischer Untersuchungen entscheiden.

45

3 Forschungsdesign und Methodik

3.1 Aufbau der Untersuchung

Die gesellschafts- und raumtheoretischen Vorüberlegungen liefern ein Verständnis der Entstehungshintergründe der Innovation Stadtmarketing. Mit welchen Instrumenten und Organisationsformen die Stadtentwicklung jedoch durch Stadtmarketing gesteuert wird, kann nur bruchstückhaft aus der Theorie abgeleitet werden (Privatisierung, Selbsthilfe, Deregulierung usw.). Um fundierte Aussagen hierzu zu treffen, sind empirische Untersuchungen notwendig. Die Konzeption eines Forschungsdesigns muß dabei auf die spezifischen Charakteristika des Untersuchungsgegenstands Rücksicht nehmen:

- Es liegen kaum langjährige Erfahrungen vor. Die meisten Ansätze hierzu sind weniger als drei bis vier Jahre alt.
- Viele Projekte sind nicht am Reißbrett entworfen worden, sondern haben sich kontinuierlich entwickelt und lernend von einem Schritt zum nächsten fortbewegt.
- Stadtmarketing ist kein fest definierter Begriff. Unter dem Deckmantel einer marketingorientierten Terminologie verbergen sich die unterschiedlichsten Konzepte.

Zwei alternative Strategien bieten sich angesichts dieser Situation an. Einerseits wäre ein quantitativer Überblick über die bisher vorliegenden Erfahrungen zum Stadtmarketing sinnvoll. Hierdurch könnte in Form einer Breitenschau die Unterschiedlichkeit des gegenwärtigen Spektrums erfaßt werden. Hierzu vorliegende Untersuchungen haben jedoch gezeigt, daß die begrifflichen und konzeptionellen Unsicherheiten zum Stadtmarketing derzeit noch derartig groß sind, daß die Vielfalt und Widersprüchlichkeit der erhobenen Daten nur begrenzt hilfreich ist für eine planungspolitische Auswertung. Untersuchungen dieser Art stehen vor dem Problem, daß der "Mißbrauch" des Begriffs Stadtmarketing für zum Beispiel verkürzte Konzepte der Stadtwerbung zu relativ widersprüchlichen, schlecht interpretierbaren Ergebnissen führt (vgl. TÖPFER 1992). Quantitative Untersuchungen bieten somit einen guten Überblick über das unterschiedliche Meinungsspektrum zum Stadtmarketing in den Kommunen. Sie spiegeln die Vielfalt des Meinungsspektrums in diffusen Datensätzen.

Andererseits liegt jedoch die Relevanz des Themenfeldes angesichts der postfordistischen Restrukturierungstendenzen weniger in seiner gegenwärtigen Mehrdeutigkeit. Unter regulationstheoretischer Perspektive ist vielmehr danach zu fragen, inwieweit Stadtmarketing eine angemessene Antwort auf die gegenwärtigen planerischen, politischen und raumstrukturellen Umbrüche bietet. Mit dem Interesse an einer "verbesserten", integrierten Stadtentwicklungsplanung rückt der strategische Wert der Innovation Stadtmarketing als neuer Form lokaler Entwicklungssteuerung in den Mittelpunkt. Für dieses Erkenntnisinteresse ist jedoch nicht die Breite der bisher gemachten Erfahrungen und Einstellungen zum Stadtmarketing von Bedeutung, sondern vielmehr einzelne, besonders tragfähige Experimente. Es gilt, die Gegenwart nach zukunftsweisenden Modellen abzusuchen, die einen Ausweg aus der Bewegungsunfähigkeit der gegenwärtigen Stadtplanung bieten. Nur wenige Fallbeispiele sind möglich, um an ihnen die Grundzüge des Stadtmarketing der Zukunft zu studieren. Deshalb kommt der Auswahl der Untersuchungsgebiete entscheidende Bedeutung zu. Mit der Festlegung der zu untersuchenden Stadtmarketingexperimente wird die inhaltliche Ergebnisstruktur im wesentlichen vorbestimmt. Für eine begründete Auswahl der Fallbeispiele wurde deshalb die Suche nach diesen Zukunftsmodellen in vier empirische Schritte unterteilt.

In einem ersten Schritt wird ein Vergleich bundesdeutscher mit anderen internationalen Erfahrungen zu Marketingansätzen in der Stadtentwicklung unternommen (Kap. 4). Die USA gelten als Heimatland der Public-Private Partnership. Großbritannien ist regionalwissenschaftlich schon seit vielen Jahren mit dem Gedanken der Privatisierung öffentlicher Dienste verbunden. Deshalb sind die im angloamerikanischen Raum entwickelten "Stadtmarketingstrukturen" als Initialzündungen für deutsche Projekte von großer Bedeutung gewesen. Anhand bestehender Erfahrungen in diesen beiden Ländern werden erste Formen zukünftiger Stadtentwicklungspolitik deutlich. Allerdings sind die nationalen Spezifika derart prägend, daß eine Übertragung auf deutsche Strukturen nur begrenzt möglich ist. Ziel dieses empirischen Schrittes ist der Überblick über den internationalen Stand im Stadtmarketing.

Parallel dazu wurde zur präziseren Einschätzung der bundesrepublikanischen Situation im Frühjahr 1991 eine explorative, offene, schriftliche Anfrage bei denjenigen Gemeinden durchgeführt, bei denen aus der

Literatur bekannt war, daß sie mit dem Begriff Stadtmarketing operieren. Gefragt wurde nach bestehenden Stadtmarketingprojekten, ihren Inhalten und Organisationsstrukturen. Von den 28 angeschriebenen Städten antworteten alle mit der Zusendung von verschiedenstem Informationsmaterial. Bei der Auswertung wurde schnell erkennbar, wie sehr Stadtmarketing zu diesem Zeitpunkt noch mit dem Begriff Stadtwerbung assoziiert war. Es gab nur einige wenige, in der Literatur immer wieder zitierte Beispiele (Schweinfurt, Wuppertal, Frankenthal, Langenfeld), die weitergehende Maßnahmen zur Stadtentwicklung unter dem Begriff Stadtmarketing subsumieren. Die genannten Vier sind allerdings in der Literatur inzwischen so gut beschrieben, daß eine weitere empirische Studie den Neuigkeitswert vermissen lassen würde.

Deshalb waren fünf weitere Gemeinden besonders interessant, die durch Mittel der öffentlichen Förderung den Status von Modellprojekten hatten. Hier bietet sich den Kommunen die einmalige Chance, mit öffentlichen Fördergeldern experimentelle Wege im Stadtmarketing zu beschreiten. Zwei davon, die durch das Bundesministerium für Raumordnung, Bauwesen und Städtebau gefördert werden (Solingen, Velbert), sind jedoch in ihrer räumlichen Reichweite auf die jeweiligen Innenstadtbereiche beschränkt (Citymanagement). Sie greifen als Ansatzpunkt für eine innovative gesamtstädtische Entwicklungsplanung zu kurz. Die übrigen drei, vom Bayerischen Staatsministerium für Wirtschaft und Verkehr geförderten Projekte in Kronach, Mindelheim und Schwandorf waren weder auf die Innenstadt konzentriert, noch reduzierten sie sich auf Stadtwerbung. In ihnen wurde von September 1989 bis Februar 1992 der schwierige Versuch unternommen, neue Verfahren, Instrumente und Inhalte im Stadtmarketing zu entdecken, um die Stadtentwicklung umfassend zu steuern.

In der zweiten empirischen Untersuchungsphase (vgl. Kap. 5) wurden die Erfahrungen und Ergebnisse dieser bayerischen Modellprojekte zum Stadtmarketing analysiert. Da sich die Mehrzahl der regulationstheoretischen Überlegungen derzeit noch auf Großstädte bezieht, besteht dabei sicherlich ein gewisser Bruch zwischen den konkzeptionellen Annahmen (Kap. 2) und den kleinstädtischen Untersuchungsräumen. Denn bei den bayerischen Modellprojekten handelt es sich um Klein- und Mittelstädte. Diese Fraktur zwischen Konzeption und Empirie scheint jedoch kaum anders lösbar. Zum einen nehmen Klein- und Mittelstädte derzeit eine Vorreiterrolle im Stadtmarketing ein. Die meisten Experimente zum Stadtmarketing finden derzeit in dieser Hierarchieebene des Städtesystems statt. Hier sind die räumlichen, sozialen, politischen und ökonomischen Verhältnisse noch überschaubar genug, um bei vermindertem Risiko neue Wege in der Stadtentwicklungspolitik gehen zu können. Zum anderen ist aber auch aus regulationstheoretischer Sicht zu erwarten - die ja mit dem Anspruch einer umfassenden Gesellschaftstheorie auftritt -, daß Klein- und Mittelstädte ebenfalls von den postfordistischen Restrukturierungstendenzen erfaßt werden. Eine fundierte Diskussion der Rolle der Maßstäblichkeit der Untersuchungsgemeinden ist jedoch erst im Anschluß an die empirischen Ergebnisse möglich.

Bei der Untersuchung der bayerischen Modellprojekte stand die Frage nach der Funktionsweise von Stadtmarketing im Vordergrund. Welche Akteure beteiligen sich aus welchen Motiven an diesem Experiment? Wodurch wird der Projektverlauf bestimmt? Wie wird Stadtmarketing von den Beteiligten abschließend bewertet? Gelingt ein direkter Transfer der privatwirtschaftlichen Marketing- und Managementkonzepte auf das Unternehmen Stadt? Welche positiven und negativen Effekte hat Stadtmarketing für die Stadtentwicklung? Für die Beantwortung dieser Fragen wurde nach Abschluß der Projekte im Februar 1992 eine Ex-post-Analyse auf der Basis qualitativer Interviews sowie einer Aktenanalyse durchgeführt. Dabei wurde das Spektrum der beteiligten Akteure (Politik, Verwaltung, Wirtschaft, Bürger, Citymanager) gleichermaßen berücksichtigt.

Die Ergebnisse dieses Untersuchungsschrittes machten aus mehreren Gründden eine veränderte Vorgehensweise in der nächsten empirischen Phase notwendig. Zum einen wurden methodische Probleme und konzeptionelle Grenzen der Projekte erkennbar. Sie beruhten auf der großen Unsicherheit der Beteiligten über die noch ungewissen Wege im Stadtmarketing. Es wurden erste vorläufige Strukturen im Stadtmarketing erkennbar, die noch deutlich unausgegoren waren. Zum anderen stellte sich heraus, daß ein besonderer Schwerpunkt im Stadtmarketing auf dem Prozeßcharakter als planungspolitischer Leitlinie liegt. Dem Zusammenspiel der Akteure kam eine entscheidende Bedeutung für das Gelingen oder den Mißerfolg der jeweiligen Projekte zu. Dieses war jedoch mit dem Mitteln einer Ex-post-Analyse nur schwer einzufangen.

Deshalb wurde in einem dritten empirischen Untersuchungsschritt der Ansatz der Längsschnittanalyse gewählt (vgl. Kap. 6). In einem neuen Projekt, das von der selben privaten Beratungsagentur (CIMA Citymanagement, Gesellschaft für gewerbliches und kommunales Marketing mbH) in Ried im Innkreis (Österreich) durchgeführt wurde, wurde der

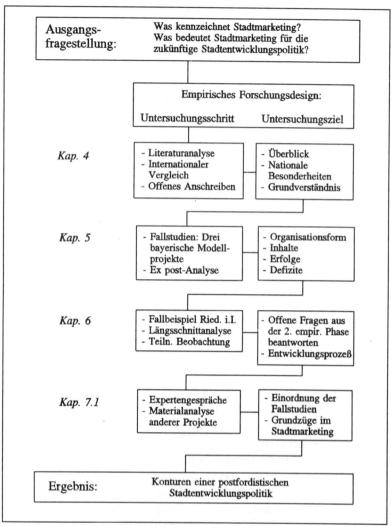

Ausgangs-fragestellung:	Was kennzeichnet Stadtmarketing? Was bedeutet Stadtmarketing für die zukünftige Stadtentwicklungspolitik?	

Empirisches Forschungsdesign:

	Untersuchungsschritt	Untersuchungsziel
Kap. 4	- Literaturanalyse - Internationaler Vergleich - Offenes Anschreiben	- Überblick - Nationale Besonderheiten - Grundverständnis
Kap. 5	- Fallstudien: Drei bayerische Modell-projekte - Ex post-Analyse	- Organisationsform - Inhalte - Erfolge - Defizite
Kap. 6	- Fallbeispiel Ried. i.I. - Längsschnittanalyse - Teiln. Beobachtung	- Offene Fragen aus der 2. empir. Phase beantworten - Entwicklungsprozeß
Kap. 7.1	- Expertengespräche - Materialanalyse anderer Projekte	- Einordnung der Fallstudien - Grundzüge im Stadtmarketing
Ergebnis:	Konturen einer postfordistischen Stadtentwicklungspolitik	

Entwurf: *I. Helbrecht*

Abb. 6:   Empirisches Forschungsdesign

Projektverlauf von Februar 1992 bis Mai 1993 mit den Mitteln der teilnehmenden Beobachtung begleitet. Der Steuerungsprozeß selbst, die Entwicklungsdynamik, Kommunikationsnetze und Entscheidungswege konnten so direkt beobachtet und analysiert werden. Aufgrund der Kontinuität der Projektträgerschaft war der Erfahrungstransfer aus den vorangegangenen Projekten sichergestellt. Die konstruktive Umsetzung von Fehlern aus den vorhergehenden Projekten wurde analysiert und bewertet, so daß offene Fragen aus der zweiten empirischen Phase beantwortet werden konnten. Dabei wurde dem Tätigkeitsgebiet und Aktivitätenprofil des Citymanagers verstärkte Aufmerksamkeit geschenkt. Seine Art der Steuerung und indirekten Einflußnahme stand als wichtige Determinante des Stadtmarketing im Mittelpunkt.

Im einem vierten Arbeitsgang wurde die Untersuchungsperspektive erweitert. Nach der überblicksartigen Gesamtschau im ersten empirischen Schritt und der bewußten Blickverengung in den Phasen zwei und drei mußten die ermittelten Ergebnisse in den größeren Kontext des Stadtmarketing in der Bundesrepublik Deutschland eingebettet werden. Hierfür wurden im Herbst 1992 ausgesuchte Expertengespräche mit Betreibern von Stadtmarketingprojekten in anderen Gemeinden und privaten Beratungsgesellschaften geführt, sowie bis dahin vorliegendes neues schriftliches Material aus anderen Städten vergleichend analysiert (vgl. Kap. 7.1). Damit wurde eine Relativierung, Einordnung und Bewertung der eigenen Ergebnisse erreicht.

Insgesamt ist der Aufbau des empirischen Forschungsdesigns nicht ohne Risiko (vgl. Abb. 6). Selbst die Strukturierung in vier chronologische Phasen mit unterschiedlichen Schwerpunkten und Funktionen kann nicht darüber hinwegtäuschen, daß die Hauptlast der empirischen Beweisführung auf den drei bayerischen Modellprojekten sowie dem anschließenden Stadtmarketingprojekt in Ried i. I. lastet. Dieses spezifische Modell von Stadtmarketing wurde konsequent verfolgt. Repräsentativität ist damit keinesfalls erreicht. Dies schien jedoch ein angemessener Weg zu sein, um die Fragestellung der Arbeit nach zukunftsweisenden Modellen der Stadtsteuerung durch Stadtmarketing zu beantworten. Denn in "Zeiten strukturellen Wandels geht Repräsentativität ein Bündnis mit der Vergangenheit ein und verstellt den Blick auf die Spitzen der Zukunft, die von allen Seiten in den Horizont der Gegenwart hineinragen" (BECK 1986, S. 13). Der Aufbau der Untersuchung ist deshalb bewußt als projektive Empirie konzipiert.

3.2   Methodischer Ansatz: Qualitative Sozialforschung

Die Wahl der Untersuchungsmethode erfolgt in Anpassung an den Untersuchungsgegenstand und das gesetzte Erkenntnisinteresse. Für die Suche
nach zukunftsweisenden Formen des Stadtmarketing sind dabei zwei
Kriterien relevant. Erstens ist für die Erforschung neuartiger, noch
weitgehend unbekannter Strukturen die Offenheit des empirischen
Verfahrens zentral. Nur mit prozessualen Vorgehensweisen, die flexibel
auf Lernerfahrungen im Forschungsprozeß reagieren und nicht in einem
operationalisierten a priori-Modell fixiert sind, wird das Untersuchungs-
ziel der Exploration erreicht. Zweitens stehen die lokalen Akteure und
ihre Handlungen sowie Kommunikationsstrukturen, Kooperationsformen,
Interessen und Entscheidungsprozesse im Mittelpunkt. Hierfür sind
Methoden notwendig, die diese sozialen Interaktionsprozesse analytisch
fokussieren. Beide Untersuchungsziele - die Offenheit des Verfahrens und
die Analyse sozialer Interaktionen - erfordern den Einsatz von Methoden
der qualitativen Sozialforschung.

Während qualitative Sozialforschung noch vor einigen Jahren für viele
Empiriker ein Reizwort war, ist deren Einsatz für die Belange der Stadt-
und Regionalforschung mittlerweile häufiger geworden. Weitgehend hat
sich die Einsicht durchgesetzt, daß quantitative und qualitative Verfahren
über ihre jeweiligen Stärken und Schwächen verfügen und deshalb
"funktionale Äquivalente" sind (BONSS 1982, S. 10). Die langen Jahre
der Abwehrkämpfe gegenüber den Vertretern der "normal science" haben
die Weiterentwicklung der qualitativen Methodologie nicht unbedingt
gefördert. So kommen viele qualitative SozialforscherInnen erst in letzter
Zeit dazu, sich verstärkt um die Ausdifferenzierung bzw. Verein-
heitlichung ihrer methodologischen Standards zu bemühen. Dies ist -
neben grundsätzlichen methodologischen Überlegungen - ein Grund
dafür, warum die Situation in der qualitativen Sozialforschung nach wie
vor durch unterschiedliche bis gegensätzliche Ansätze geprägt ist (vgl.
GARZ/KRAIMER 1991, S. 6).

Wenn man die Varianten qualitativer Sozialforschung dennoch unter dem
"interpretativen Paradigma" zusammenfassen kann, so deshalb, weil sie
alle auf ähnlichen Grundannahmen beruhen. An erster und zentraler
Stelle geht das interpretative Paradigma davon aus, daß es in gesellschaftlichen Zusammenhängen niemals eine objektive, sondern immer nur
eine sozial konstruierte Wirklichkeit gibt. Die "objektive" Außenwelt ist
zwar als solche als objektives Datum gegeben; sie ist jedoch nie als

solche gesellschaftlich wirklich, sondern immer nur in der Form, wie sie die Individuen wahrnehmen. Jede soziale Interaktion ist ein interpretativer Prozeß, bei dem die Akteure aufgrund von Selbst- und Fremdwahrnehmungen handeln. Die methodologische Implikation dieser gesellschaftlichen Konstruktion der Wirklichkeit ist die Analyse der Interaktionen aus der Sicht der Handelnden (vgl. WILSON 1981, S. 58ff). Wenn soziale Wirklichkeit im Alltag interaktiv hergestellt wird, dann müssen die wissenschaftlichen Methoden diesen sozialen Konstruktionsprozeß erfassen. Kommunikative Feldforschung im Medium der Sprache ist hierfür unerläßlich.

Für die Analyse des sozialen Konstruktionsprozesses muß die Wissenschaft die Handlungen der Akteure, ihre Wahrnehmungen und Situationsdeutungen verstehen. Verstehen ist nicht nur eine Forschungsmethode, sondern die Voraussetzung jeder menschlichen Interaktion. Verstehen ist ein "menschliches Grundverhältnis" (DANNER 1979, S. 32). Das wissenschaftliche Verstehen der sozialen Wirklichkeit erfolgt nach dem Prinzip der "doppelten Hermeneutik" (GIDDENS 1984, S. 199). Schon einmal von den Akteuren im Feld interpretierte Denkmuster, Handlungen oder Einstellungen werden von der Sozialforschung nochmals vor dem Hintergrund eines Sinn-Zusammenhangs interpretiert. Sozialwissenschaftliche Theorien sind somit Re-Interpretationen einer immer schon interpretierten Welt (vgl. SCHÜTZE et al. 1981, S. 434).

Der Forschungsprozeß selbst stellt sich im interpretativen Paradigma als Kommunikationsprozeß dar. Da es keine objektive Wirklichkeit gibt, kann der Prozeß der Aushandlung und Verständigung über unterschiedliche Wirklichkeitsdefinitionen zwischen ForscherInnen und Beforschten nur durch Kommunikation erfolgen. Hierdurch wird das traditionelle Verhältnis von Subjekt-Objekt in ein Subjekt-Subjekt-Verhältnis zwischen WissenschaftlerIn und Untersuchungs"objekt" transformiert. Forschen heißt somit immer sich beteiligen, anteilnehmen, mitgestalten ("going native"). Da allgemeingültige Gesetze aufgrund der konstitutiven Subjektivität sozialer Wirklichkeit nicht möglich sind, beschränkt sich qualitative Sozialforschung - auch aus wissenschaftstheoretischen Gründen - auf fallbezogene Untersuchungen.

Darüber hinaus ist ein offener Zugang zur sozialen Wirklichkeit für das interpretative Paradigma prägend. Anstelle vorab entwickelter Erhebungsinstrumente tastet sich die qualitative Methode schrittweise an ihren Untersuchungsgegenstand heran. Sie will nicht nur deuten und entschlüsseln, sondern Neues im Untersuchungsgegenstand entdecken (vgl. KLEINING 1982, S. 228).

Die Regeln für dieses Entdeckungsverfahren orientieren sich am hermeneutischen Zirkel. Hiernach ist alles Verstehen vorläufig und basiert auf einem permanent zu revidierenden Vorverständnis. Die Forscherin ist während der Untersuchung gezwungen, ihre Meinung über den Forschungsgegenstand zu verändern und diesen eigentlich erst im Laufe des Untersuchungsganges zu entdecken. Dies wird erreicht mit einer "maximalen strukturellen Variation der Perspektiven" im Laufe des Interpretationsprozesses (a.a.O., S. 234). Das Verstehen des Untersuchungsgegenstandes ist letztlich auf Gemeinsamkeiten ausgerichtet, indem nach Ähnlichem gesucht wird, das die Wahrnehmungsmuster der Befragten plausibel macht. Das Verhältnis zwischen Theorie und Empirie ist deshalb in der qualitativen Sozialforschung durch eine Zirkelbewegung geprägt. Schrittweise müssen sich theoretisches Vorverständnis und empirisches Material im gemeinsamen Entdeckungsgang annähern (vgl. HOPF 1979, S. 29).

Die Gültigkeit qualitativer Aussagen bezieht sich auf den untersuchten Gegenstandsbereich. Allgemeingültige Aussagen über Zeit und Raum hinweg werden als sozialwissenschaftlich unhaltbar abgelehnt. Die Verallgemeinerbarkeit trägt "weniger merkmalsbezogene als situationsorientierte Züge" (BONSS 1982, S. 115). Kriterium für die Beendigung eines Untersuchungsverfahrens ist die plausible Interpretation der sozialen Wirklichkeit. Oftmals wird dabei im Sinne einer "rollenden Forschungspraxis" (HEINZE 1987, S. 9) auf die gemeinsame, kommunikative Validierung mit den Befragten zurückgegriffen. Dabei bezieht sich die Aussagekraft vor allem auf den exemplarischen Charakter der Fallstudien.

Diese Prinzipien qualitativer Forschung wurden in den empirischen Fallstudien für die Analyse der Stadtmarketingprojekte verwandt. Für die unterschiedlichen Fallstudien wurden verschiedene methodische Ansätze innerhalb des qualitativen Paradigmas gewählt. Während bei der Ex-post-Bewertung der bayerischen Modellprojekte die sozialwissenschaftliche Hermeneutik mit der Durchführung qualitativer Experteninterviews angewandt wurde (vgl. Kap. 5.1), konnten im Rahmen der Längsschnittanalyse in Ried i. I. Methoden der teilnehmenden Beobachtung eingesetzt werden (vgl. Kap. 6.1).

Der letztgenannte Ansatz, bei dem durch die Teilnahme an praktischen Handlungen die Wirklichkeitsnähe wissenschaftlicher Interpretationen erhöht wird, wird im englischen Sprachraum unter dem Begriff "action research" gefaßt. Die action research ist deutlich von der nur auf den ersten Blick verwandten Handlungsforschung zu trennen. Während die Handlungsforschung mit dem aufklärerischen Erkenntnisinteresse antritt, im Laufe des Forschungsprozesses in die Praxis einzugreifen und so eine Emanzipation und Demokratisierung der Untersuchten herbeizuführen (vgl. SCHNEIDER 1980, S. 23f), ist die action research nicht auf eine verbesserte Praxis, sondern auf ein primär wissenschaftliches Erkenntnisinteresse ausgerichtet. Mit der direkten Einbindung in die Praxis soll kein gemeinsamer Lernprozeß zwischen Theorie und Praxis in Gang gesetzt werden, sondern der Realitätsgehalt und die inhaltliche Dichte der wissenschaftlichen Aussagen verbessert werden (vgl. KRAMER/KRAMER/LEHMANN 1979, S. 22).

Im Gegensatz zu dem politischen Konzept der Handlungsforschung wurde in der Prozeßanalyse in Ried i. I. das wissenschaftlich funktionale Konzept der action research verfolgt. Die Teilnahme an praktischen Entscheidungsprozessen - bei denen durchaus Einfluß genommen wurde - erfolgte unter dem Aspekt, die besseren und breiteren Informationen für die wissenschaftliche Untersuchung zu gewinnen. Es fand keine Einflußnahme um der Einflußnahme willen statt, sondern eine Beteiligung um der Information willen.

4 Deutsche und internationale Erfahrungen mit Marketingansätzen in der Stadtentwicklung

4.1 USA: Public-Private Partnership

4.1.1 Entstehungsbedingungen

Schon seit Mitte der 70er Jahre hat sich ein bedeutender Wandel der Stadtentwicklungsplanung in den Vereinigten Staaten vollzogen, der unter den Stichwörtern Public-Private Partnership, die unternehmerische Stadt, Gewinnteilung (profit-sharing), Risikobereitschaft (risk-taking), Aushandlungsprozesse (dealmaking) und strategische Planung diskutiert wird. Public-Private Partnership läßt sich definieren als die "Bildung von Kommissionen oder Institutionen, denen gleichberechtigt Vertreter der privaten Wirtschaft und der öffentlichen Verwaltungen angehören" (HÄUSSERMANN 1992, S. 27). Die Motive für die Versuche, die Grenzen zwischen Markt und Plan zu verwischen und Vorteile beider Steuerungssysteme zu verbinden, sind vor allem pragmatischer Natur. Die spezifische Art der US-amerikanischen Partnerschaft zwischen privater und öffentlicher Hand beruht auf raumstrukturellen, politischen und planerischen Voraussetzungen des amerikanischen Entwicklungsmodells.

Die US-amerikanische Stadtentwicklung ist (schon für den Laien) deutlich erkennbar von europäischen Urbanisationsformen zu unterscheiden. Der massive Niedergang der Innenstädte (urban blight), eine fortschreitende Suburbanisierung (urban sprawl) und extreme Segregationsformen nach Rassen und Klassen (Ghettobildung) machen einen Vergleich mit mitteleuropäischen Verhältnissen nahezu unmöglich (vgl. FEAGIN/SMITH 1990, S. 76; GOTTDIENER 1990, S. 151ff). Übertragungsversuche planungspolitischer Ansätze müssen auf diese raumstrukturellen Besonderheiten Rücksicht nehmen. Aber auch die Stadtentwicklungspolitik selbst ist in den USA von anderen Rahmenbedingungen bestimmt. Während die Stadtplanung in den 60er und frühen 70er Jahren eine große Rolle spielte bei dem Versuch, den Verfall der Innenstädte aufzuhalten und kompakte Stadtstrukturen mithilfe umfassender Planwerke zu schaffen (master plan, comprehensive planning), ist der Einfluß der Planung auf die Gestaltung der Städte inzwischen auf ein Minimum geschrumpft (vgl. PEISER 1990, S. 496). Die Rezession

der traditionellen Planung ist mit einem Bedeutungsgewinn privatwirtschaftlicher Instrumente und Strategien in der Stadtentwicklung verknüpft.

Es war weniger die Einsicht in die Grenzen der traditionellen Stadtplanung, die zu neuen Versuchen lokaler Entwicklungssteuerung geführt
hat, als vielmehr der akute fiskalische Zwang zum Handeln. Seit den
40er Jahren bestand in den USA ein kontinuierliches System zentralstaatlicher Unterstützungen für innerstädtische Entwicklungsvorhaben. In
Form eines klaren, bürokratischen Prozesses wurden den Gemeinden
zwei Drittel aller Kosten für Sanierungs- und Neubauprogramme (urban
renewal) von Washington ersetzt. 1974 wurde dieser Subventionspfad
gekürzt und das urban renewal Programm gestoppt. Für die Kommunen
veränderte sich die Situation mit einem Schlag (vgl. SAGALYN 1990,
S. 429). Es begann die sogenannte "post-1974 period" (FAIN-
STEIN/FAINSTEIN 1987, S. 240).

Aufgrund der Kürzung der staatlichen Förderung mußten die Städte neue
Finanziers für die Revitalisierung der Downtown und die Erstellung
öffentlicher Infrastruktur finden. Da bei einer Erhöhung der kommunalen
Steuern und Gebühren die Gefahr der Abwanderung örtlicher Betriebe
drohte, mußten alternative Einnahmequellen erschlossen werden. Die
ökonomische Entwicklung der Stadt trat gegenüber traditionellen
Planungsanliegen in den Vordergrund. Dieser Ende der 70er Jahre
einsetzende Trend zur lokalen Eigenverantwortung wurde in den 80ern
nochmals von Washington aus gestärkt. Unter dem Stichwort des "New
Federalism" wurden die Regierungen der Bundesstaaten aufgefordert,
selbst aktiv zu werden (vgl. AUDIRAC/SHERMYNEN/SMITH 1990,
S. 473). Da diese jedoch nur unzureichend reagierten, waren die
Kommunen in ihrer lokalen Entwicklungspolitik zunehmend auf sich
allein gestellt. Es begann eine Periode kreativen Experimentierens mit
neuen Finanzierungs- und Steuerungsformen in der Stadtentwicklung. Die
Befreiung von öffentlichen Förderungsregularien erhöhte den Handlungs-
spielraum der Gemeinden und öffnete neuartigen Handlungsformen die
Tür.

4.1.2   Profit-sharing und Public Gain

Während der Finanzengpaß der öffentlichen Hand von kritischer Seite als "Aufgabe des Mandats des Wohlfahrtskapitalismus in den USA" interpretiert wurde (GOTTDIENER 1990, S. 163), blieb den Gemeinden keine Zeit für ideologische Debatten. Sie mußten angesichts des drohenden Bankrotts die effiziente Zielerreichung ökonomischer Vorgaben in den Mitttelpunkt stellen. Die traditionelle Flächennutzungsplanung (zoning), die vor allem technischer Natur war und sich um rationale Raumstrukturen bemühte, wurde in den Hintergrund gedrängt. Statt ihrer versuchten die Gemeinden nun Arbeitsplätze zu erhalten, ihre Steuereinnahmen zu erhöhen und vor allem selbst Profit aus Stadtentwicklungsprojekten zu schlagen.

Bei der Erprobung neuartiger Stadtentwicklungsinstrumente griffen die Städte auf spezifisch amerikanische Politiktraditionen des "check and balance" zurück (SCOTT 1992, S. 24). Anstelle universaler Normen ist das fallspezifische Aushandeln im Rechtssystem kodifiziert. Die Interessenhaftigkeit von Akteuren und die Entwicklung fallspezifischer Lösungen vor Ort sind in den politischen und kulturellen Deutungsmustern der Vereinigten Staaten seit langem verankert. Während Public-Private Partnership in Deutschland auf vielerlei Vorbehalte stößt, sind die mit ihr praktizierten Aushandlungsprozesse zwischen Staat und Wirtschaft in den USA seit längerem erprobt.

Vor diesem Hintergrund vollzogen die Gemeinden einen drastischen Kurswechsel in der Stadtentwicklungspolitik in Anpassung an den örtlichen Handlungsdruck und in Einklang mit den gesellschaftlich sanktionierten Handlungsspielräumen. Die Rolle der Kommunen wandelte sich vom planerisch-politischen Regulator zum Ko-Investor in der Stadtentwicklung. Während das staatliche Programm des urban renewal offziell verbot, öffentliche und private Besitzformen zu mischen, um die Integrität der Politik zu wahren, wurde es im Zuge des finanziell erzwungenen Pragmatismus zur Normalität, die scharfe Dichotomie zwischen öffentlichen und privaten Zielen aufzugeben und Public-Private Partnerships zu installieren.

Die Gemeinden werden dabei von einem zentralen Interesse geleitet: "Using the public 'estate' for public gain" (SAGALYN 1990, S. 438). Während die StadtplanerInnen zu Zeiten des urban renewal Planentwürfe für die Entwicklung städtischer Grundstücke konzipierten und anschließend - nicht immer erfolgreich - einen Bauträger (Developer) für die Verwirklichung suchten, werden jetzt in Form der Public-Private Partnership Planentwurf und -durchführung gemeinsam mit den privaten Immobilienfirmen vollzogen. Die öffentliche Hand übernimmt die Rolle des Risikokapitalgebers, der in frühen Projektphasen bei der Aufbereitung der Flächen vorfinanziert und später am Gewinn beteiligt wird (vgl. ROBERTS/SCHEIN 1993). Indem Stadt und Immobiliengesellschaften gemeinsam als Investoren agieren, können mit öffentlichem oder privatem Kapital alle Arten von Infrastrukturprojekten (Highways, U-Bahnen), Gebäuden (Hotels, Büros, Wohnungen) oder Flächen (Parks) erstellt werden. Die Teilung der Kosten, die Erstellung der Finanzierungspläne sowie der Aufbau des Projektmanagements werden von Projekt zu Projekt individuell zwischen den Partnern ausgehandelt (dealmaking). Die StadtpolitikerInnen werden über den Verlauf der Verhandlungen informiert.

Durch dieses Vorgehen gelingt den Kommunen ein Rückgewinn an Initiative in der Stadtentwicklung. Sie planen nicht nur Stadtentwicklung, sondern setzen selbständig Impulse in der Grundstücksverwertung und betreiben eigene Stadtentwicklungsprojekte. "Rather than administering a standardized program of federal grants, cities learned to put together special packages of aid and to cut deals tailored to the time, the place, the risk, and the nature of the project" (FRIEDEN 1990, S. 425). Die neue Aufgabenteilung durch Public-Private Partnership verändert das lokale Rollenspiel der Akteure drastisch. Anstelle des traditionellen Mißtrauens zwischen Planern und Immobilienmaklern tritt ein partnerschaftliches Verhältnis. "Developers need planners as never before and vice versa" (PEISER 1990, S. 499). Während sich die PolitikerInnen und PlanerInnen aus ökonomischen Gründen mit den Immobiliengesellschaften verbünden, sind die Kooperationsmotive der Bauträger eher politischer Natur. Konnten sie lange Zeit skrupolös vorgehen, so ist ihr Geschäft aufgrund der gestiegenen Sensibilität der Bevölkerung gegenüber Umwelt- und Verkehrsbelangen sowie der wachsenden Prozessierfreude (Gerichtsverfahren) zunehmend schwieriger geworden. Der Trend zur Politisierung der Landnutzung und damit der Planungs- und Bauentscheidungen zwingt auch sie zu einer Bündnispolitik mit der öffentlichen Hand (vgl. a.a.O., S. 499f).

Public-Private Partnership ist in den USA durch eine Vielzahl unterschiedlicher Ansätze (Art, Umfang, Fläche, Instrumente) geprägt. Wesentliche Gemeinsamkeiten bestehen in der Lokomotivfunktion der öffentlichen Hand (public leadership), Strategien der Kostenentlastung von seiten der Kommunen, dem Einsatz öffentlichen Risikokapitals, der frühen und direkten Einbindung privater Akteure in öffentliche Entscheidungsprozesse sowie der Aufteilung des Gewinns zwischen privaten und öffentlichen Investoren. Die räumliche Priorität liegt eindeutig auf den Innenstadtgebieten (vgl. LEITNER 1987, S. 115).

Die Instrumente, die die öffentliche Hand dabei zum Einsatz bringt, sind vor allem Vorfinanzierungen durch Flächenaufbereitungen, die Einrichtung öffentlicher Fonds für Erneuerungsprojekte, die als Risikokapital eingesetzt und durch Gewinne wieder aufgefüllt werden, sowie das Einfrieren der Grundsteuer. Neue Organisationsformen zur Durchführung dieser Partnerschaften entstehen in Form von öffentlichen oder quasi-öffentlichen Gesellschaften (city agencies, development corporations), denen die Verhandlung mit den Bauträgern und die Ausarbeitung der Finanzierungsstrategie obliegt (vgl. a.a.O., S. 115f). Die Gesellschaften übernehmen die Aufgaben des Landkaufs, der Finanzierung und Planung - stets in enger Absprache mit den Immobilienfirmen. Es gibt Redevelopment Agencies, die als Ko-Investoren in privaten Projekten die Verhandlungen zwischen Bauträger und Stadt übernehmen; öffentliche Körperschaften, die selbst als Bauherren agieren (Port Authority von New York und New Jersey); Transportverbände, die in Joint Ventures Bahnhöfe, Highways und ähnliches erstellen; Regierungsgesellschaften, die vorhandene Luft- und Landrechte für private Entwicklungen vermarkten sowie non-profit Sponsoren (Vereine, Verbände), die vor allem Wohngebiete bauen (vgl. FRIEDEN 1990, S. 423).

Während einige Städte dabei eine vorwiegend liberale Wachstumsideologie verfolgen (Los Angeles, Minneapolis) und mit der Begründung, daß durch mehr Wachstum auch mehr soziale Leistungen möglich werden, die aktive, unternehmerische Rolle der Kommune legitimieren, wird andernorts eine zurückhaltendere Wachstumsideologie verfolgt. Hier wird dem lokalen Staat eine passive Rolle zugesprochen, die sich vor allem auf Steuernachlässe reduziert. Lokalspezifische Ideologien verstärken also die Ausdifferenzierung US-amerikanischer Partnerschaften zwischen öffentlicher und privater Hand (vgl. LEITNER 1987, S. 116). Die Beispiele für diese Art der Stadtentwicklung in Public-Private Partnership sind vielgestaltig. So hat beispielsweise Los Angeles, das zu Beginn der 70er Jahre als Regionalmetropole galt, sich - aufbauend auf den positiven Ausgangsvoraussetzungen des sun belts - mit den Mitteln der unternehmerischen Stadt zur Weltstadt am Pacific Rim entwickelt. Bürgermeister Tom Bradley rief 1984 das Motto, "L. A.'s the place" aus und gründete 1985 das Los Angeles 2000 Committee unter Beteiligung der mächtigsten Firmen der Region. In Public-Private Partnership wurde eine Vision für Los Angeles erarbeitet, die 1988 in Form eines Abschlußberichts vorgestellt wurde und zusammen mit der Community Redevelopment Agency (CRA) umfassende Pläne für die Entwicklung der Innenstadt enthielt (vgl. KEIL 1991, S. 196ff).

Die Stadt Houston (Texas) mußte mit dem Ende der NASA-Aktivitäten Mitte der 80er Jahre einen empfindlichen wirtschaftlichen Niedergang hinnehmen. Auch hier entstanden aus der Not heraus Public-Private Partnerships. In Reaktion auf die städtische Krise schuf die Handelskammer zusammen mit Stadtplanern, Bankmanagerinnen und Zeitungsverlegern eine örtliche Wachstumskoalition mit einem Jahresbudget von drei Millionen Dollar. Es wird je zur Hälfte von der öffentlichen und privaten Hand finanziert und vor allem für Stadtwerbung ausgegeben. Gängiger und strukturpolitisch effektiver als eine solche Form werbetechnischer Zusammenarbeit ist das Modell des konkreten Projektmanagements in Public-Private Partnership. Hierin liegt die eigentliche Stärke und das originäre Anliegen der unternehmerischen Stadtentwicklungspolitik. Die neuartige Kooperation basiert auf kurzfristigen Gewinnkalkülen der beteiligten Kooperationspartner wie zum Beispiel beim Bau des Battery Parks oder World Trade Centers in New York oder der neuen Union Station in Washington.

Finanzierungs- und Strategiekooperationen bei konkreten städtebaulichen Projekten finden in großen und kleinen Städten sowie dem Sun- und Frostbelt gleichermaßen statt (z. B. Indianapolis, Tampa, Portland/Maine, York, Fairfield, Shreveport; vgl. DUCKWORTH/SIMMONS/MCNULTY 1986). Das neuartige an diesen Projekten ist weniger die Kapitalbeteiligung der öffentlichen Hand als die Tatsache, daß die Gemeinden direkt als Bauträger agieren. Sie übernehmen die Führung (public leadership) und setzen eigenständig Projekte in Gang. Gerade in altindustrialisierten Regionen (Pittsburgh, Detroit, Pittsfield, South Carolina) sind solche Formen des Initiativwerdens besonders dringlich. Hier bilden sich verstärkt örtliche Wachstumskoalitionen, in denen öffentliche und private Akteure gemeinsam für konkrete Ziele kämpfen (vgl. FEAGIN/SMITH 1990, S. 77).

In New York werden die sozialen Folgen solcher Partnerschaften zwischen öffentlicher und privater Hand besonders deutlich. Hier fiel der Anteil der Bundesmittel für soziale Wohlfahrtsleistungen von 21 Prozent Anfang der 80er Jahre auf 9 Prozent im Jahr 1990 (vgl. WINDHOFF-

HÉRITIER 1992, S. 75). Trotz der steigenden sozialen Polarisierung der Stadt (vgl. VOSS 1992, S. 47) verfolgt diese seit Jahren die Strategie einer intensiven Entwickung der Downtown (vgl. SAVITCH 1987, S. 81). Zur Durchsetzung dieses Ziels dienen die quasi-öffentlichen Gesellschaften der New York State Urban Development Corporation (UDC) zusammen mit der Public Development Corporation (PDC). Sie betreiben in Verbindung mit den örtlichen Geschäftsleuten und Bewohnern ein Projekt zur Revitalisierung der 42nd Street als südlicher Grenze des Time Squares. Zur Vertreibung der an diesem historischen innerstädtischen Ort New Yorks (ehemals Theatervielfalt von Weltruhm) inzwischen angesiedelten Sexshops und zur Reduktion der Kriminalität haben ansässige Geschäftreibende und Bewohner 1991 einen gemeinnützigen Verein gegründet und das Gebiet zum "business improvement district" erklärt. Die Renovierung der Grand Central Station, Sommermusik-Festivals usw. werden von dem privaten Verein organisiert. Solche Vereine werden in den USA inzwischen direkt als "governments" bezeichnet, weil sie in privater Initiative Aufgaben der öffentlichen Verwaltung übernehmen (vgl. FORSTER 1992). Ergänzend betreibt die Stadt durch den verlängerten Arm ihrer Development Corporations (UDC, PDC) die städtebauliche Aufwertung der umliegenden Blöcke. Die endgültigen Pläne für Hotelbauten usw. stammen aus der Hand von Immobiliengesellschaften (vgl. FAINSTEIN/FAINSTEIN 1987, S. 239f).

Das hoffnungsvollste und stadtentwicklungspolitisch interessanteste Public-Private Partnership Projekt existiert in San Francisco. Es zeichnet sich durch eine außergewöhnlich umfassende räumliche Betrachtungsweise sowie langfristig konzeptionelle Entwürfe aus. Die San Francisco Bay Area (SFBA), bestehend aus neun Counties, hat in den letzen 50 Jahren ein enormes Wachstum erlebt. Die sozialen und ethnischen Konflikte ballen sich im Stadtgebiet selbst. Um den Verfall der Downtown zu beenden, haben 300 prominente Firmen der Stadt den Bay Area Council gegründet, um den Exodus namhafter Unternehmen aus der Innenstadt (z. B. Bank of America, Pacific Bell Telephone) aufzuhalten. Sie legten 1988 ein Konzept unter dem Titel "Making Sense of the Region's Growth" vor (BAY AREA COUNCIL 1988), das die Probleme der Region und mögliche Lösungsmuster enthielt. Das Konzept sah die Errichtung eines regionalen Schnellbahnsystems zur Erhöhung der innerstädtischen Zentralität vor. Drei der neun Counties (San Francisco, Alameda, Contra Costa) sind inzwischen an das Schnellbahnnetz angeschlossen.

Hinzu trat die Bay Vision 2020, eine regionalistische Vereinigung von Geschäftsleuten, AkademikerInnen, öffentlichen Dienstleistungsbetrieben, StadtplanerInnen usw., die 1989 auf ihrem Gründungstreffen die Mobilisierung von Public-Private-Partnerships für Belange der Regionalentwicklung in einem Gremium installierten. In dem abschließenden Kommissionsbericht (BAY VISION 2020, 1991) wurde die Installierung einer - für amerikanische Verhältnisse unüblichen - regionalen Entwicklungspolitik in Public-Private Partnership gefordert. Dieser Ansatz ist der weitest gehende unter den vielen Formen der Zusammenarbeit zwischen öffentlichen und privaten Akteuren. Er beschränkt sich nicht auf ein selektives städtebauliches Projekt, sondern widmet sich der umfassenden Aufgabe der Stadt- und Regionalentwicklung. Das gemeinsame Engagement privater und öffentlicher Akteure für die Ziele der Region ist bisher einzigartig. "At no other time, however, has a similar degree of consensus existed between rival interests (e. g. environmentalists, local politicians, government officials, developers, and business representatives) as to the necessity of effective regional problem-solving" (SCOTT 1992, S. 102).

Die San Francisco Bay Area stellt somit einen Sonderfall dar. Es werden mit Hilfe von Public-Private Partnerships erstmals integrierte Entwicklungsprogramme entworfen. Dies hat seine Ursache nicht zuletzt darin, daß hier vor Ort gleichzeitig eine der wenigen lokalen Gegenbewegungen gegen den kommunalen Wachstumskurs nach 1974 entstanden ist. Die schon 1979 gegründete Vereinigung der San Franciscans for Reasonable Growth (SFRG) drängt als Gegenmacht und Gegenöffentlichkeit seit Jahren durch Gerichtsverfahren und Kampagnen auf einen qualitativ ausgewogenen Wachstumsmix in der Region. Wahrscheinlich bedarf es dieses Gegendrucks, um Public-Private Partnership aus der Enge städtebaulicher Entwürfe herauszuführen und für die umfassenden Probleme der Stadt- und Regionalentwicklung zu öffnen.

Solange jedoch die meisten Beispiele US-amerikanischer Partnerschaften in der Stadtentwicklung auf räumlich, sachlich und zeitlich eng definierte Horizonte begrenzt sind, bietet Public-Private Partnership keinen neuen Weg der Stadtentwicklungspolitik (vgl. HÄUSSERMANN/SIEBEL 1993a, S. 221). Auch wenn Ansätze zu einem modernen Stadtmanagement vorhanden sind, bleiben die raumstrukturellen, planerischen und demokratietheoretischen Probleme doch immens. So liegt das Hauptgebiet der Aktivitäten der Public-Private Partnership in der Downtown. "The location and character of these projects says something about the limits of public sector development: it has flourished mostly in projects and places where developers could hope to earn large profits if they were successful" (FRIEDEN 1990, S. 426). Public-Private Partnership ist in den USA - bis auf wenige Ausnahmen - vor allem eine Strategie zur Revitalisierung und Entwicklung profitabler, innerstädtischer Gebiete. Der CBD ist zur "Downtown, Inc." geworden (FRIEDEN/SAGALYN 1989). Auch wenn dies angesichts des massiven innerstädtischen Verfalls positive Effekte für die Revitalisierung der amerikanischen Downtowns nach sich gezogen hat, so können die sozial Schwächeren in der Stadt davon kaum profitieren (vgl. LEITNER 1987, S. 113). Das Kriterium des Profits als Entstehungsbedingung und Erfolgsfaktor von Public-Private Partnership ist deshalb der zentrale Angelpunkt der Kritik. Die Folgen für eine gesamtstädtische Entwicklungspolitik sind gravierend.

Aufgrund der räumlichen und zeitlichen Begrenzung der städtebaulichen Aufgaben besteht die Gefahr, daß ehemals gesamtstädtische Planungshorizonte auf realisierbare Projekte reduziert werden. Die Überführung von Stadtplanung in Grundstücksentwicklung ist das pragmatische Produkt der Finanzkrise amerikanischer Städte (vgl. DOWALL 1990, S. 504). Planungspolitisch bietet sich hierdurch zwar die Chance, Nachhilfeunterricht in privatwirtschaftlichen Methoden des Projektmanagements zu nehmen. StadtplanerInnen können ihre Schlüsselqualifikationen in Richtung von Aushandlungsprozessen, Finanzierungsstrategien, Implementationsorientierung, breiteren Partizipationsformen, Wettbewerbsverhalten, Beobachtung der Konkurrenz und Marktkenntnis verbessern. Die langjährige Forderung der Modernisierung bürokratischer Planungsformen durch Elemente der privatwirtschaftlichen, strategischen Planung findet damit Eingang in öffentliche Planungsprozesse (vgl. BRYSON/ROERING 1987, S. 9). Vielleicht erhalten die amerikanischen PlanerInnen durch diese technisch-instrumentelle Aufrüstung auch die Möglichkeit, ihrer eigenen Disziplin zu einem Revival zu verhelfen (vgl. PEISER 1990, S. 500). "It may be that corporate strategic planning will help turn the discussion from *whether* to do planning to *how* to do planning" (KAUFMANN/JACOBS 1987, S. 31; Herv. i. Orig., d. V.). Ob aber hierdurch die originären Belange der Planung tatsächlich transportiert und gefördert werden, bleibt fraglich.

Auch aus demokratietheoretischer Sicht ist Public-Private Partnership kritisch zu bewerten. Die zentralen Verhandlungen zwischen den quasi-öffentlichen Gesellschaften und den privaten Akteuren finden stets hinter geschlossenen Türen statt. Selbst die PolitikerInnen werden nur noch ex post informiert. "Die Demokratie selbst ist zurückgegangen" (GOTT-DIENER 1990, S. 164). Bei der Weiterentwicklung der Public-Private Partnership muß deshalb der Öffnung und Transparentmachung der Verhandlungen in Zukunft ein verstärktes Augenmerk geschenkt werden.

Selbst wenn eine Demokratisierung gelingen sollte, bleibt fraglich, ob sich die Kommunen mit der Rolle der Territorialunternehmerin nicht übernehmen. Die alten Aufgaben der lokalen Steuerung bleiben bestehen und müssen weiterhin erfüllt werden. Damit droht das kommunale Verhalten an Schizophrenie zu erinnern, indem von Fall zu Fall je unterschiedliche Logiken des Marktes und des Staates verfolgt werden. "Can the city serve as both a partner and a regulator at the same time?" (SAGALYN 1990, S. 438). Das Konfliktpotential zwischen diesen verschiedenen Rollen und Ansprüchen ist groß. Der Interessenwiderspruch innerhalb der PlanerInnen und PolitikerInnen scheint somit vorprogrammiert.

Insgesamt sind die neuen Formen der Public-Private Partnership in ihrer Vielfalt und Mehrdeutigkeit nur begrenzt tragfähig. Sie stehen deutlich in einer pragmatischen amerikanischen Tradition. Erstens kommt den Gemeinden eine große Bedeutung im politischen System zu. In Anlehnung an die "'home rule' tradition" (SCOTT 1992, S. 26) entspricht die Fragmentierung politischer Entscheidungsebenen der liberalen Freiheitsideologie im Land der unbegrenzten Möglichkeiten. Die Unterschiedlichkeit der Ortspolitiken und das Fehlen einheitlicher Maßstäbe der Lokalentwicklung entspricht dem amerikanischen Wertesystem.

Vor allem aber fällt es zweitens den AmerikanerInnen aufgrund nationaler Traditionen wesentlich leichter, die Interessengebundenheit von Akteurshandlungen zu akzeptieren (vgl. PFEIFFER/PFEIFFER 1988, S. 63f). Das Allgemeinwohl ergibt sich nicht - im Gegensatz zur deutschen, hegelianischen Tradition - durch die Aufhebung des gesellschaftlichen Partikularismus im souveränen Handeln des Staates. Im amerikanischen Modell "gibt es nur partikulare Standpunkte aus der Sicht eines jeweiligen Subsystems oder einer jeweiligen Gruppe der Gesellschaft. Zwischen ihnen ist nur der Kompromiß in einem fairen Verfahren möglich" (MÜNCH 1991, S. 170). Hierdurch ist das öffentliche Konfliktpotential bei einer diskursiven Vermischung kommunaler und privater Interessen in den Vereinigten Staaten wesentlich geringer. Verhandeln, aushandeln und vermitteln stehen in Amerika in einer gänzlich anderen politischen Tradition.

Für derartige "multiple advocacy"-Ansätze bereitet Public-Private Partnership als Joint Development in der Stadtentwicklung den Weg. Es bietet hierfür die Organisationsformen, Verfahren und Instrumente. Eine grundlegende Neuorientierung räumlicher Planung gelingt hierdurch nicht. Public-Private Partnership selbst ist in den USA weder etwas völlig Neues, noch kann man es als Königsweg einer modernen Stadtentwicklungsplanung bezeichnen. Es ist eine Teilinnovation des politischen Systems auf dem Gebiet des konkreten, städtebaulichen Projektmanagements. Grundlegend innovative Züge, die die gesamte Stadtentwicklungspolitik betreffen wie zum Beispiel im Fall San Francisco, scheinen nicht wesentlich ausgereifter zu sein als bundesrepublikanische Überlegungen zum Stadtmarketing. Hinzu kommt, daß mit den Einbrüchen auf dem gewerblichen Immobilienmarkt zu Beginn der 90er Jahre auch die ökonomische Profitabilität derartiger Downtownprojekte ins Wanken geraten ist. Die konjunkturelle Lage auf dem Bürogebäudemarkt, die in zyklischer Regelmäßigkeit zu Überangeboten führt, läßt die Möglichkeit einer Verstetigung von Public-Private Partnership als Strategie der Stadtentwicklung auch aus finanzieller Sicht langfristig fraglich erscheinen.

4.2 Großbritannien: Deregulierung und Zentralisierung

4.2.1 Entstehungsbedingungen

Großbritannien ist von seinen raumstrukturellen und planungspolitischen Rahmenbedingungen her besser mit der bundesdeutschen Situation vergleichbar. Als traditionell wohlfahrtsstaatlich organisierte Nation verfügte Großbritannien bis Ende der 70er Jahre über ein ausdifferenziertes Planungssystem. Zwar fehlt im britischen Gewohnheitsrecht ("Verfassung") eine Selbstverwaltungsgarantie der Gemeinden, so daß der Staat theoretisch für diese planen kann, dennoch haben die Städte ihre Pläne stets eigenständig entworfen. Sie wurden den staatlichen Behörden nur zur Genehmigung vorgelegt (vgl. CULLINGWORTH 1985, S. 29). Das Verhältnis zwischen Zentralstaat und lokalem Staat war formalrechtlich durch die Weisungsbefugnis der Zentralregierung in London geprägt. Diese machte jedoch von ihren Befugnissen kaum Gebrauch, so daß die Kommunen in den 60er und frühen 70er Jahren eine Blüte erlebten.

Stadt- und Regionalplanung hatten - ebenso wie in der Bundesrepublik - Konjunktur.

Als klassische Infrastrukturplanung beschäftigte sich die Stadtplanung mit Flächenausweisungen und Nutzungsbestimmungen, während die Wirtschaftsförderung vor allem in Form von Gewerbeflächenpolitik und finanziellen Anreizsystemen betrieben wurde (vgl. PICKVANCE 1992, S. 60). Ein ausreichender finanzieller Rückhalt der Gemeinden war durch die kommunale Festlegung der Vermögenssteuersätze gegeben. Noch 1975 unterstützte die Zentralregierung diesen Freiheitsgrad und erhöhte den Interventionsspielraum der Gemeinden. Im Community Land Act wurden die Gemeinden ermächtigt, den Planungsmehrwert bei der Ausweisung von Bauland nach eigenem Ermessen steuerlich abzuschöpfen (vgl. HUDSON/WILLIAMS 1986, S. 122).

Mit dem Wahlsieg der konservativen Regierung im Jahr 1979 setzt ein gravierender planungspolitischer Wandel ein. Die Förderung des privaten Sektors, die Kürzung der öffentlichen Ausgaben sowie Beschneidungen der lokalen Autonomie stehen auf dem Programm (vgl. a.a.O., S. 123). Um die ökonomische Krise zu überwinden, sollen nach dem Willen der konservativen Zentralregierung bürokratische Strukturen und staatliche Regelungsmechanismen abgebaut werden. M. Thatcher setzt auf den ökonomischen Wettbewerb und das freie Spiel der Kräfte auf dem Markt. Die Polarität zwischen Staat und Markt wird zur zentralen Konfrontationslinie der politischen Auseinandersetzungen.

Die allgemeine politische Diskussion um ein neoliberales versus wohlfahrtsstaatliches Staatsverständnis, monetaristische oder keynesianische Interventionsformen, trifft die lokale Ebene im Kern. Der lokale Staat wird nicht nur zum Objekt dieses Disputs. Seine Umstrukturierung soll beispielhaft werden für das neue Verständnis vom unternehmerischen Staat. Gerade weil die Gemeinden in den 60er und 70er Jahren selbständig sozialstaatliche Politik betrieben haben, steht eine Neudefinition ihrer Aufgaben, Strukturen und Belange an oberster Stelle auf der politischen Agenda der Zentrale. Die in den 80er Jahren folgenden Attacken auf die Entscheidungsfreiheit der Gemeinden sind deshalb weniger auf die Kommunen als Träger lokaler Belange gerichtet, sondern zielen auf generelle Fragen des Staatsverständnisses (vgl. GOLDSMITH 1992, S. 402). Stadtplanung wird nicht planungsimmanent kritisiert, sondern im Zuge der neuen Staatsideologie als Teil des alten bürokratischen, staatlichen Regulierungsapparates entwertet. Hinzu kommt die parteipolitische Strategie der Konservativen. Sie finden in den Stadtparlamenten die schärfste Opposition von seiten der Labour Partei vor und versuchen deshalb, deren Einfluß vor Ort zu minimieren. Während die Thatcheristen den Slogan "TINA" (there is no alternative) propagieren, versuchen kommunale LabourpolitikerInnen den Erfolg eines anderen, wohlfahrtsstaatlich orientierten Staatsverständnisses zu beweisen. Einzelne Gemeinden wie zum Beispiel Sheffield, Greater London oder der Regierungsbezirk West-Midlands profilieren sich als Alternativen zum politischen Kurs der Zentralregierung (vgl. DAME-SICK/WOOD 1987, S. 263). "This is why it has often been said that the 'Socialist Republic' of South Yorkshire, Sheffield City Council and the GLC (Greater London Council; d. V.), as well as other radical left governments, have done more to oppose Thatcherism and show possible alternatives than the official and apparently impotent parliamentary opposition" (DUNCAN/GOODWIN 1987, S. 95).

Die Auseinandersetzung um eine marktorientierte Stadtentwicklung entwickelt sich aufgrund dieser Rahmenbedingungen zu einem Hauptthema der öffentlichen Diskussion in Großbritannien - als Paradebeispiel neokonservativer Staatspolitik. Nur vor diesem Hintergrund werden die neuen Initiativen einer lokalen Politik "am Markt" verständlich. Kaum ein anderes Thema hat der Thatcher-Regierung soviel politische Konflikte und öffentliche Gegnerschaft in den 80er Jahren eingebracht, wie der Aufbau lokaler, unternehmerischer Politikstrukturen. Das Paradoxon, dem die konservative Politik dabei unterliegt, ist die Widersprüchlichkeit von Methode und Ziel. Einerseits setzt die Regierung einen Entbürokratisierungsprozeß in Gang, andererseits verstärkt sie hierfür die zentralistischen Regulierungsformen (vgl. a.a.O., S. 108). Deregulierung und Zentralisierung prägen deshalb das britische "Stadtmarketingmodell" gleichermaßen.

4.2.2 Rolling Back the Local State

Das politische Ziel "Rolling back the local state" wird von der britischen Regierung in zwei Schritten umgesetzt. Von 1979 bis 1985 sind es vor allem veränderte makroökonomische Rahmenbedingungen als finanzpolitische, zentralstaatliche Vorgaben, die die Gemeinden zu einer veränderten Stadtentwicklungspolitik zwingen sollen. Da die Regierung hierbei zunehmend an der eigenen Regelungsdichte erstickt, wird sie ab 1985 selbst in der Stadtentwicklung aktiv. Es entsteht ein "zentraler lokaler Staat" (vgl. DUNCAN/GOODWIN 1987, S. 95).

Die ersten Ansätze zur Entmachtung der Kommunen setzen 1980 ein mit dem Erlaß des Local Government, Planning and Land Act. Mit dem Gesetz wird der Staat ermächtigt, Gemeinden zur Baulandausweisung zu zwingen. Lokale und planungspolitische Bedenken gegen Gewerbe- oder Wohnbauprojekte können so vom Zentralstaat überstimmt werden. Wesentlicher noch ist die Umstrukturierung des staatlichen Förderungssystems. In den vier Bereichen Wohnungswesen, Transport, Erziehung/Bildung und öffentliche Dienstleistungen erstellen die jeweils zuständigen Ministerien einen detaillierten Ausgabenplan, der für jede einzelne Gemeinde das Jahresbudget festlegt. Mehrausgaben seitens der Gemeinden in einem dieser Bereiche, die jenseits einer Toleranzgrenze von zehn Prozent liegen, werden durch Fördermittelkürzungen bestraft (vgl. a.a.O., S. 108f). Die Ministerien der Zentralregierung definieren von nun an die lokalen Bedürfnisse per Finanzplan mit dem Ziel, die öffentlichen Ausgaben zu reduzieren.

Die makroökonomische Kontrolle wird 1982 im Local Government Act weiter verschärft. Zum einen setzt die Regierung Höchstgrenzen für lokale Steuern fest, die nicht überschritten werden dürfen. Zum anderen können Mittel, die nach dem Finanzplan für eine Gemeinde vorgesehen sind, diesen vorenthalten werden. Der finanzielle und damit stadtentwicklungspolitische Handlungsspielraum der Städte ist hierdurch stark eingeschränkt. Die Kommunen sind ähnlich wie in den USA gezwungen, neue Finanzquellen zu erschließen, Einsparungen vorzunehmen und die Kooperation mit der lokalen Wirtschaft zu verstärken. Nur einige wenige Gemeinden widersetzen sich diesen politischen Zielvorgaben und versuchen dennoch, beispielsweise ein billiges öffentliches Nahverkehrssystem aufrecht zu erhalten. Insgesamt aber bahnt sich die Privatisierungswelle auf kommunaler Ebene in Großbritannien ihren Weg. Den Gemeinden bleibt kaum eine andere Wahl, als den Forderungen der

Zentralregierung nachzukommen. So sinkt der Anteil der kommunalen an den öffentlichen Ausgaben von 35% im Jahr 1965 auf 24% im Jahr 1982 (vgl. HUDSON/WILLIAMS 1986, S. 150).[1] Gleichzeitig verschieben sich die Gewichte zwischen den Politikfeldern. Während das Umweltministerium, das in Großbritannien für Raumordnungs- und Stadtentwicklungsfragen zuständig ist, 1979/80 noch zu 51% soziale Projekte unterstützt, sinken die Ausgaben hierfür auf nur noch 36% in den Jahren 1982/83; gleichzeitig steigt der Anteil der Wirtschaftsförderung von 29 auf 37% (vgl. ROBSON 1988, S. 99).

Die komplizierten Verfahren finanzpolitischer Kontrolle erweisen sich dennoch mittelfristig als kontraproduktiv. Sie überfordern die Problemverarbeitungskapazität der Ministerien. Das technokratische Ausgabensystem bricht trotz mehrmaliger Nachbesserungsversuche zusammen und führt zu einem Richtungswechsel in der zentralen Politik. In einem zweiten Anlauf zum Umbau des Wohlfahrtstaates setzt die Regierung nicht mehr bei strukturellen Rahmenbedingungen an, sondern beginnt selbst, eine unternehmerische Stadtentwicklungspolitik zu betreiben. Hierfür setzt sie mehrere neue Steuerungstechniken ein.

So greift die Regierung auf ein stadtentwicklungspolitisches Instrument zurück, das schon 1980 per Gesetz installiert worden ist. Es werden Enterprise Zones eingerichtet, in denen neuangesiedelte Unternehmen für die Dauer von zehn Jahren von Kommunalsteuern befreit sind sowie einen 100%igen Steuernachlaß auf industrielle und gewerbliche Gebäude erhalten (vgl. PICKVANCE 1992, S. 66). Solche Enterprise Zones werden von der Kommune nach Absprache mit der Zentralregierung in einer Größenordnung von ca. 200 bis 300 ha, zum Teil aber auch über 1.000 ha ausgewiesen (vgl. ROBSON 1988, S. 113). Schon 1981 entstehen elf, weitere vierzehn folgen allein in den nächsten beiden Jahren. Ziel der Enterprise Zones ist die Schaffung von Arbeitsplätzen. Sie sollen in Anlehnung an den Freihafen in Hongkong eine lokale Wachstumsspirale in Gang setzen. Tatsächlich bewirken die Enterprise Zones das Gegenteil. Erstens verhindern Mitnahmeeffekte von seiten der Unternehmen echte Neuansiedlungserfolge. Zweitens werden die finanziellen Vergünstigungen der Betriebe von den Landbesitzern als Motiv für erhöhte Pachtgebühren benutzt. Nach Schätzungen wandern ca. 60 % der staatlichen Ermäßigungen auf die Mietkonten der Landlords.

---

[1]   In der Bundesrepublik beträgt der Anteil der Gemeinden an den öffentlichen Ausgaben ca. 60 bis 70 Prozent.

Und drittens hat eine Evaluation der Enterprise Zones im Jahr 1987 ergeben, daß mit den seit 1981 entstandenen öffentlichen Kosten in Höhe von 200 Millionen Pfund nur 12.000 neue Arbeitsplätze geschaffen worden sind - eine verschwindend geringe Erfolgsbilanz. "Enterprise Zones hatten beweisen sollen, daß die Befreiung von staatlicher Kontrolle Arbeitsplätze schaffen kann; tatsächlich zeigten sie aber eher, daß öffentliche Ausgaben Arbeitsplätze schaffen können" (PICKVANCE 1992, S. 677). Das Ziel der Einsparung öffentlicher Gelder wurde hierdurch konterkariert.

Ebenfalls schon 1980 per Dekret installiert sind die sogenannten Urban Development Corporations (UDC). Unter der Vorherrschaft des makroökonomischen Steuerungsmodells werden in den ersten Jahren konservativer Regierung allerdings nur zwei ins Leben gerufen. Die bekannteste ist sicherlich die London Docklands Development Corporation (LDDC). Die Stadtentwicklungsagenturen sind öffentliche Körperschaften, die vom Staat getragen werden und mit einer Vielzahl an Planungskompetenzen und finanziellen Befugnissen ausgestattet sind. Mit ihnen betreibt der Zentralstaat eine eigenständige Stadtentwicklungspolitik - direkt an den Kommunen vorbei. Ziel dieses Instrumentes ist es, den Planungsprozeß zu beschleunigen sowie die Zusammenarbeit mit den privaten Akteuren zu intensivieren (vgl. CULLINGWORTH 1985, S. 114ff). Das Aufgabenfeld der UDC liegt im Bereich der Stadtplanung. Ohne Rücksicht auf Planfeststellungen, komplizierte Genehmigungsverfahren oder Nutzungszuweisungen nehmen zu müssen, betreiben die Stadtentwicklungsagenturen Infrastrukturpolitik, die Aufbereitung von Flächen und deren Inwertsetzung (vgl. DAVEY 1988, S. 2070). Nach amerikanischem Vorbild geschieht dies in enger Zusammenarbeit mit den Bauträgern. Die privaten Bauherren gewinnen hierdurch an Bedeutung. So steigt der Anteil der privat erstellten Gebäude von 56% im Jahr 1978 bis 1988 auf 78% (vgl. TUROK 1992, S. 362). Grundstücksentwicklung wird zu einer Hauptaufgabe der Stadtentwicklungspolitik in der Hoffnung, auf diese Weise ökonomisches Wachstum zu initiieren. Die London Docklands sind dabei nur ein Extrembeispiel für das rigide Vorgehen des Zentralstaates. Da der Regierung die lokale Stadtentwicklungspolitik zu langsam, zu demokratisch und kommerziell ineffektiv erscheint, plant sie hier in Zusammenarbeit mit privaten Immobiliengesellschaften auf einem Gebiet 74 km entlang der Themse den Bau von über 5.000 Gebäuden für Industrie, Handel und Dienstleistungen mit mehr als 100.000 Beschäftigten. Sechs Milliarden Pfund sind seit 1981 in dieses Stadtentwicklungsprojekt geflossen, an dem die Stadt London nur marginal beteiligt ist. Der Erfolg des Projekts wird jedoch aufgrund der mangelnden Integration in die gesamtstädtische Politik sowie konjunktureller Probleme zunehmend in Frage gestellt. Die derzeitigen Leerstände drohen langfristige Investitionsruinen zu werden (vgl. SCHMALS 1992, S. 105ff).

Die gleiche Tendenz zur Entmachtung lokaler Stadtentwicklungspolitik spiegelt sich in den Veränderungen der Städtebauförderung wider. Zwar werden die Ausgaben für Stadtentwicklungsprojekte (urban programme) insbesondere in der Innenstadt nach 1979 nicht wesentlich reduziert. Jedoch wird die Einflußmöglichkeit der Gemeinden auch hier systematisch beschnitten. Während Städtebauförderungsmittel 1982 noch in Form von Urban Development Grants vergeben wurden, bei denen Zentralregierung und Kommune in Form einer Mischfinanzierung (75:25) private Initiativen von Bauträgern im CBD zu 25 Prozent gefördert haben, werden seit 1987 nur noch Urban Renewal Grants vergeben. Diese Mittel, die für zusammenhängende Flächen innerhalb der Stadt vergeben werden, gewährt der Staat den privaten Investoren direkt - ohne jede Absprache mit den Kommunen. In Anlehnung an die Idee der amerikanischen Public-Private Partnership sollen Immobilienfirmen hierdurch ermutigt werden, neue Bauprojekte zu verwirklichen. Im Gegensatz zu den USA findet die Zusammenarbeit zwischen der Wirtschaft und der öffentlichen Hand dabei aber nur zwischen dem Staat und den Bauherren statt. Die Gemeinden werden erneut als Träger lokaler Politik systematisch ausgeschaltet (vgl. ROBSON 1988, S. 118ff).

Der Weg der marktorientierten Stadtentwicklung qua zentraler Politik prägt auch die übrigen planungspolitischen Innovationen. Mit der Gründung von City Action Teams im Jahr 1987 durch die Londoner Ministerien schafft sich die Zentralregierung ein weiteres Instrument zur Umgehung der lokalen Behörden. In mehreren Gemeinden (London, Newcastle, Birmingham, Manchester, Liverpool usw.) entscheiden diese Agenturen, die sich aus Vertretern der regionalen Dezernatsebenen der Ministerien zusammensetzen, über die Prioritäten lokaler Stadtentwicklung. Sie vergeben beispielsweise die Mittel aus dem Urban Renewal Grant. Die hierdurch geförderten Projekte sind hauptsächlich wirtschaftsorientiert und konzentrieren sich auf die Innenstadt. Parallel dazu werden sechzehn Task Forces der Ministerien installiert, die mit lokalen Unternehmen zusammenarbeiten und örtliche Wirtschaftspolitik (Beratung, Subventionen usw.) in Public-Private Partnership betreiben (vgl. a.a.O., S. 134f).

Während der Zentralstaat auf diese Weise zunehmend zum eigentlichen Träger der Stadtentwicklung wird, sind die Kommunen im Großbritannien der 80er Jahre mit der Bewältigung finanzieller Fragen beschäftigt. Privatisierungen werden zentralstaatlich erzwungen und müssen kommunal umgesetzt werden. So wird 1985 der ÖPNV per Gesetz (Transport Act) dereguliert. Die Gemeinden und Landkreise müssen ihre öffentlichen Verkehrsbetriebe entweder privatisieren oder in eine öffentliche GmbH umwandeln. Preiserhöhungen und Ausdünnungen im Liniennetz insbesondere der Städte sind die Folge. Nur im ländlichen Raum subventioniert der Staat sozial notwendige Strecken. Gleichzeitig werden die öffentlichen Wohnungsbestände privatisiert, und es ergeht ein Verbot des öffentlichen Mietwohnungsbaus. Im Education Act 1988 wird das Schulsystem aus der lokalen Hoheit entlassen, und öffentliche Dienstleistungen (Müllabfuhr, Straßenreinigung, Kantinen) werden ebenfalls ab diesem Zeitpunkt entweder privatisiert oder müssen der Konkurrenz durch private Anbieter standhalten. Die Privatisierung in Großbritannien verläuft nach drei unterschiedlichen Mustern (vgl. BELL/CLOKE 1991, S. 140ff).

- Öffentliche Dienste werden nach ihren effektiven Kosten kalkuliert und durch Gebühren von den Kunden bezahlt (z. B. Zahnarzt, Eisenbahn).
- Öffentliche Dienstleistungen werden durch Verträge ("contracting out") von privaten Firmen erbracht (z. B. Straßenreinigung).
- Industriebetriebe werden entstaatlicht (z. B. National Bus Company, Rolls Royce, British Gas).

All dies bedeutet für die Gemeinden den Weg zu einem privaten und damit "non-electoral local government" (GOLDSMITH 1992, S. 408). Die Entscheidungen über Fragen der Daseinsvorsorge - ein historisch originär kommunalpolitisches Anliegen - liegen von nun an weitgehend in den Händen privater Anbieter.

Nicht alle Gemeinden unterwerfen sich jedoch den rigiden Eingriffen. Ein Teil der Städte bildet Bastionen gegen die konservative Stadtentwicklungspolitik. In den 80er Jahren ist Großbritannien geographisch gespalten in jene Städte, in denen Stadtentwicklung vom Staat betrieben wird und andere, die eine eigenständige lokale Stadtentwicklungspolitik verfolgen - was zu einer Verschärfung der Konflikte zwischen Zentralstaat und Gemeinden führt (vgl. ROBSON 1988, S. 91). Neben dem

Greater London Council, der nicht zuletzt aufgrund der untragbar gewordenen Polarisierung der Stadtentwicklungspolitik 1985 aufgelöst wird (vgl. LOCAL GOVERNMENT ACT 1985, S. 1), profiliert sich insbesondere die Gemeinde Sheffield als Alternativmodell einer sozialen und lokal angepaßten Stadtentwicklung am Markt. Als altindustrialisierte Montanstadt mit ca. 600.000 EinwohnerInnen ist Sheffield traditionell labour-regiert. Während bis 1980 noch 45 Prozent der männlichen Beschäftigten in der Stahl- und Maschinenbauindustrie arbeiten, gelingt der lokalen Strukturpolitik eine Erhöhung des Anteils der Gesamtbeschäftigten im tertiären Sektor auf 70 Prozent bis zum Ende des Jahrzehnts (vgl. COCHRANE 1992, S. 119f). Das Erfolgsrezept ist das Produkt einer massiven regionalen Strukturkrise, die die Kommunalregierung zu Beginn der 80er Jahre zu einem drastischen Kurswechsel in der Wirtschaftsförderung zwingt - jenseits der konservativen Stadtentwicklungspolitik. Die Instrumente entstammen dabei dem Ideenpool einer qualifikationsorientierten Beschäftigungspolitik.

1985 wird von seiten der Stadt das Department of Employment and Economic Development (DEED) gegründet. 1987 schließen sich die Geschäftsleute, bei denen sich die Bereitschaft zum lokalen Engagement aufgrund der akuten Krisensituation erhöht, mit der Stadt zu einer partnerschaftlichen Organisation zusammen. Das Sheffield Economic Regeneration Committee (SERC) ist Ausdruck dieser Public-Private Partnership und dient als Forum für Stadtentwicklungsfragen. Aus den gemeinsamen Diskussionen entspringt die Idee, eine Sheffield Development Corporation zu gründen, die Grundstücksflächenerschließung, Infrastrukturentwicklung und Werbung für Stadt und Wirtschaft betreibt. 1988 ist Sheffield die erste Gemeinde Großbritanniens, in der ein Vertrag zwischen dem lokalen Erziehungs- und Bildungswesen sowie der Wirtschaft geschlossen wird. Es entsteht ein Netzwerk zwischen Schulen und Firmen, das Qualifikationsbedarf und Qualifizierungsarbeit zwischen Wirtschaft und Bildungswesen in Teilbereichen lokal aufeinander abstimmt (vgl. a.a.O., S. 131).

Im Sheffielder Modell der Public-Private Partnership wird vom lokalen Staat weiterhin erwartet, daß er infrastrukturelle Vorleistungen erbringt. Die Kommune versteht sich als Dienstleisterin für die Wirtschaft, stellt aber ihrerseits im Gegenzug Forderungen an die Betriebe, die zum Beispiel die Einstellungspraxis, Sozialpläne oder ähnliches betreffen. Sie verfolgt anstelle des flächenorientierten Ansatzes der konservativen Regierung (Grundstücksentwicklung) eine firmenorientierte Strategie, die sich auf den Faktor Arbeit konzentriert (vgl. ROBSON 1988, S. 137). Das Verständnis der Kommune als eigenständigem Arbeitgeber wird betont und die Auftragsvergabe strukturpolitisch gesteuert (vgl. PICK-VANCE 1992, S. 71). Gleichzeitig fragmentiert die Stadt ihre Entscheidungsstrukturen (im Einklang mit postfordistischen Staatsvorstellungen) durch die Gründung von Corporations und Kommittees. Dies reduziert die Zugangsschwelle für die Unternehmen. 1988 jedoch greift auch hier der Zentralstaat ein und gründet eine Urban Development Corporation.

Faßt man die Entwicklungen in Großbritannien zusammen, so ergibt sich ein relativ eindeutiges Bild. Stadt- und Regionalpolitik sind das herausragende Thema im Großbritannien der 80er Jahre. Die Ursache hierfür ist die Ballung des Widerstandes gegen das Projekt des konservativen Staatsumbaus in den vorwiegend labour-regierten Städten. Um politische und soziale Gegnerschaften zu unterminieren, greift die zentrale Regierung auf die Mittel einer räumlich differenzierten Politik zurück. Die Erosion der lokalen Autonomie wurde notwendig, weil die interpretative Rolle des lokalen Staats (vgl. Kap. 2.1.3) in Widerspruch mit seiner Repräsentationsfunktion geriet (vgl. DUNCAN/GOODWIN 1987, S. 2733ff). Der zentralstaatliche Angriff auf die lokale Autonomie prägt deshalb die politische und stadtplanerische Situation.

Die Stadtentwicklungspolitik ist durch einen dramatischen Wandel in der Planungspolitik sowie die Reorganisation der Verfahren und Instrumente gekennzeichnet (vgl. HEALEY 1992, S. 411). "Stadtmarketing" in Großbritannien ist die zentralstaatliche Vorgabe und Durchführung "lokaler" Belange. Örtliche Sachkenntnis, endogene Potentiale und lokal angepaßte Strategien werden hierdurch systematisch entwertet (vgl. HÄUSSERMANN/SIEBEL 1993a, S. 221). Darüber hinaus haben die Deregulierung der Planungsvorgaben und die Öffnung für privatwirtschaftliche Bedürfnisse zu einem Bedeutungsverlust der Stadtplanung geführt. Ebenso sind soziale und ökologische Fragen zugunsten wirtschaftlicher Erfordernisse an den Rand gedrängt worden. Umfassende Konzepte bestehen kaum, statt dessen reduziert sich Stadtentwicklungspolitik - vergleichbar mit den Vereinigten Staaten - vor allem auf die Entwicklung profitträchtiger Grundstücke in Citylagen.

Die Effektivität dieser zentralen Lokalpolitik ist durch die Querelen zwischen der nationalen Regierung und den Kommunen maßgeblich beeinträchtigt worden (vgl. DAMESICK/WOOD 1987, S. 263). Wo Teilerfolge bei der Schaffung von Arbeitsplätzen erzielt worden sind, wie zum Beispiel in den Enterprise Zones, geschah dies vor allem durch massive öffentliche Subventionen. Der Einsatz der öffentlichen Mittel ist jedoch im Verhältnis zu den geschaffenen Arbeitsplätzen viel zu hoch. Zudem waren die Politiken des Zentralstaates kaum aufeinander abgestimmt. Gerade in der ersten Hälfte der 80er Jahre verfügte die Thatcher-Regierung bis auf finanzpolitische Einsparungsmaßnahmen über kein übergreifendes Konzept (vgl. ROBSON 1988, S. 166). Wer somit nach neuen Initiativen einer städtischen Entwicklungspolitik Ausschau hält, sucht in Großbritannien nahezu vergeblich. Lokale Politik als solche existiert kaum mehr. Und selbst das lokale Gegenbeispiel Sheffield ist zu deutlich von der ökonomischen Krise und einer verstärkt wirtschaftlich orientierten Strukturpolitik geprägt (vgl. BIRK 1992, S. 199). Dies gilt auch für andere, hier nicht weiter erwähnte alternative kommunale Vorzeigeprojekte wie zum Beispiel Glasgow oder Birmingham (vgl. DANIELZYK/OSSENBRÜGGE 1993, S. 211).

Die Erkenntnis, daß allein mit zentralstaatlicher Deregulierung und Intervention der kommunalen Entwicklungspolitik nicht geholfen ist, beginnt jedoch, sich auch auf seiten der Zentralregierung in London langsam durchzusetzen. Ohne die Beteiligung und Unterstützung der Kommunen ist eine lokale Politik notwendig ineffizient. Die fehlende Lokalkenntnis der Ministerien führt zu falschen Schwerpunktsetzungen bei der Auswahl und Betreuung von Stadtentwicklungsprojekten. Zudem können lokale Partnerschaften in der Stadtentwicklung für die Konzeption und Umsetzung von Maßnahmen nur mühsam aufgeschlossen werden. Die Nutzung endogener Potentiale in Form von Informationen, Ressourcen und Engagement wird durch die mangelnde Kooperationsbereitschaft der Kommunalverwaltung und -politik strukturell verhindert.

Neue Lösungsansätze, die zu einer Beendigung der britischen Misere führen könnten, werden seit zwei bis drei Jahren unter dem Stichwort "strategic planning" verstärkt diskutiert. Hierunter versteht man aus der Unternehmensführung bekannte Konzepte einer langfristigen Handlungs- und Führungsstrategie. Diese Ansätze stammen dabei - so paradox es scheinen mag - vor allem aus der Kritik der Wirtschaft an den bestehenden Verhältnissen. "The paradox of the later 1980' was, that, while government thought it was encouraging a market-led approach to land-use change, market representatives came to demand *strategic market manangement*" (HEALEY 1992, S. 414; Herv. i. Orig, d. V.). Die pragmatischen Eingriffe in die Stadtentwicklung sowie der Verzicht auf politische Rahmenvorgaben haben den Regelungsbedarf von seiten der

Wirtschaft unterschätzt. In Zeiten strategischer Probleme und Themen werden strategische Antworten wichtiger (vgl. GLASSON 1992, S. 516).

Die Regierung hat hierauf 1991 reagiert und im Planning and Compensation Act die Wiedereinführung von Struktur- und Entwicklungsplänen lokaler und regionaler Gremien bestimmt. Seitdem ist ein Aufschwung der Diskussion um comprehensive und strategic planning zu verzeichnen, der von manchen PlanungstheoretikerInnen euphorisch als die Einleitung eines Wandels bezeichnet wird, der fundamentaler sein könnte als die Versuche zur Restrukturierung in den 80er Jahren (vgl. HEALEY 1992, S. 415). Eine gängige planungspolitische Auffassung in Großbritannien ist deshalb, man habe die Periode der radikalen Privatisierung, des Pragmatismus, der Deregulierung und des Zentralismus überlebt. Deshalb könne man nun wieder an die eigentliche Aufgabe, nämlich die rationale, integrierte und zukunftsorientierte Entwicklung der Städte und Regionen herangehen. Der integrierten Stadtentwicklungsplanung stünde somit in den 90er Jahren eine Blüte bevor (vgl. GLASSON 1992, S. 528).

Diese Wiederkehr der integrierten Stadtentwicklungsplanung trifft Großbritannien allerdings unvorbereiteter als dies in den USA oder der Bundesrepublik der Fall ist. Der rigide Zentralismus, der systematisch jedwede kommunale Initiative verhindert hat, muß langsam zurückgefahren werden. Kommunen und Zentralstaat müssen nach langen Jahren der Auseinandersetzung erst wieder lernen, miteinander zu kooperieren. Der Dualismus zwischen Staat und Markt, der die Konzepte der 80er Jahre geprägt hat, muß zugunsten eines komplementären Verhältnisses revidiert werden. Die selektive Public-Private Partnership zwischen Zentralstaat und Wirtschaft muß auf die lokale Ebene transportiert werden. Damit steht die Stadtentwicklungsplanung in Großbritannien in den 90er Jahren vor großen Aufgaben. Die 80er Jahre jedoch können keinen Vorbildcharakter für deutsche Innovationen in der lokalen Entwicklungspolitik haben. Es sind vielmehr die Briten selbst, die gegenwärtig in Europa und den USA intensiv nach zukunftsweisenden Modellen lokaler Stadtentwicklungspolitik Ausschau halten. Hierbei werden die radikalen Tendenzen zu einer marktorientierten Stadtentwicklung des vorangegangenen Jahrzehnts nur Saatbeetfunktion für zukünftig noch anstehende Experimente haben können (vgl. ROBSON 1988, S. 142).

4.3 BRD: Stadtmarketing und Citymanagement

4.3.1 Entstehungsbedingungen

Die bundesrepublikanische Situation im Stadtmarketing unterscheidet sich deutlich von den Rahmenbedingungen im angloamerikanischen Raum. Sie ist weder durch drastische Kürzungen der öffentlichen Subventionen (USA) noch durch ein Eingreifen des Zentralstaates in lokale Belange (GB) gekennzeichnet. Das nationale Entwicklungsmodell der Bundesrepublik ist - trotz vielfältiger Diskussionen zur Krise des Sozialstaates - weitgehend durch ein Festhalten an den wohlfahrtsstaatlichen Zielen gekennzeichnet. Der Steuerungsbedarf, der in den Gemeinden diskutiert wird, ist komplexer, weil er wohlfahrtsstaatliche Ziele mit den Kriterien der ökonomischen Effizienz verbindet. Eine selektive Stadtentwicklung, die ganz auf die Bedürfnisse von zwei Drittel der Gesellschaft zielt, ist in der Bundesrepublik (noch) nicht durchsetzbar. Stadtmarketing in Deutschland wird deshalb vor allem mit konkreten Veränderungen in der Stadt- und Regionalentwicklung begründet. Es wird als eine planungspolitische Reaktion auf sich verändernde Steuerungsbedürfnisse betrachtet. In diesem Sinne stellt sich die bundesrepublikanische Stadtentwicklungsdiskussion den postfordistischen Restrukturierungstendenzen in einer besonders umfassenden Weise. Es geht sozusagen um die "ganze" Stadtentwicklung.

Die Überlegungen zu einer Stadtentwicklung am Markt werden mit allgemeinen Veränderungen in den Entwicklungstendenzen und Determinanten der Stadt- und Regionalentwicklung begründet. Solche als "Megatrends" identifizierten Veränderungen in den verschiedensten Bereichen - meist additiv und eklektizistisch verwendet - würden eine lokale, planungspolitische Innovation erforderlich machen. Insbesondere die PraktikerInnen in den Kommunen (Wirtschaftsvertreterinnen, Politiker, Planer) formulieren einen konkreten Handlungsdruck, der einen Richtungswechsel in der Stadtentwicklungsplanung erforderlich macht (vgl. HONERT 1991a, S. 394). Diese Trends sind dabei sicherlich keine deutschen Eigenarten, sondern zeigen auch in den USA oder Großbritannien ihre Wirkung. Allerdings werden sie in der Bundesrepublik als Motiv für eine Erneuerung der Stadtentwicklungsplanung verstärkt herangezogen. Acht unterschiedliche Bereiche werden als Entstehungszusammenhang von Stadtmarketing benannt (vgl. HELBRECHT 1992, S. 3f).

- Das Städtesystem polarisiert sich zunehmend in Gewinner- und Verliererregionen angesichts der neuen Voraussetzungen in der Regionalentwicklung (vgl. Kap. 2.2). Hierdurch erhöht sich der Wettbewerbsdruck und gewinnt der Konkurrenzkampf zwischen den Kommunen an Bedeutung. Die Unzulänglichkeiten staatlicher Regionalpolitik bieten den Gemeinden bei der Suche nach neuen Profilierungsstrategien nur begrenzt Hilfestellung. Die Städte sind weitgehend auf sich allein gestellt.

- Der verstärkte ökonomische Konkurrenzkampf der Städte verändert das Aufgabengebiet der kommunalen Wirtschaftsförderung. Initiative Formen der Akquisition und Bestandspflege, innovative Serviceleistungen und eine zielgruppenorientierte Strukturpolitik sind notwendig. Diese neuartigen Anforderungen kommunaler Wirtschaftspolitik sind mit dem klassischen Instrumentarium der öffentlichen Verwaltung kaum zu bewältigen (vgl. MEFFERT 1989, S. 7ff).

- Die Gefahr der Verödung der Innenstädte ist schon länger erkannt worden. Sowohl die immer weiter voranschreitende Uniformität vieler Innenstädte (Filialisten statt lokale Einzelhandesbetriebe) als auch der Wettbewerb mit den Betriebsformen auf der "grünen Wiese" hat den innerstädtischen Handel als einen der ersten Beteiligten aufschrecken lassen (vgl. DIHT 1985, S. 7f; ERNST 1992, S. 8f). Immer mehr EinzelhändlerInnen und Werbegemeinschaften fordern deshalb eine koordinierte Standortpolitik für die Innenstadt, an der sich Wirtschaft und Kommune gleichermaßen beteiligen.

- Die Verschärfung der Haushaltslage in den Gemeinden läßt die bürokratischen Vorgehensweisen in der Planung in einem neuen Licht erscheinen. Für zukünftige lokale Gestaltungsengagements ist ein besseres Kostenmanagement in Form von Management- und Marketingstrategien notwendig (vgl. KÖSTER/SCHMIDT 1992, S. 139).

- Mit der Ausweitung des Dienstleistungssektors und den Veränderungen der industriellen Produktionsstruktur (high-tech, weiße Industrien) geht die Bedeutung traditioneller Standortfaktoren zurück. Rohstoffe, Autobahnanschlüsse und Ansiedlungsflächen werden zu nur schwachen Argumenten im Wettstreit um ansiedlungswillige oder erweiterungsbedürftige Unternehmen. Demgegenüber gewinnen "weiche" Faktoren wie zum Beispiel Image, urbanes Ambiente und lokale Besonderheiten wahrscheinlich an Gewicht (vgl. KRUZEWICZ/SCHUCHARDT 1989, S. 762). Die Städte müssen zukünftig bei der Standortprofilierung verstärkt an lokale Gegebenheiten anknüpfen und örtliche Besonderheiten herausstellen. Stadtmarketing wird als eine Möglichkeit gesehen, solche potentialorientierten Suchstrategien durchzuführen.

- Durch die zunehmende Höherqualifizierung der Beschäftigten verändern sich die Ansprüche der BewohnerInnen an das städtische Umfeld. Umweltbedingungen, Freizeitwert und Lebensqualität werden zu wichtigen Kriterien bei der Auswahl des Arbeits- und Wohnstandortes. Aufgrund des gesellschaftlichen Wertewandels steht die Multifunktionalität der Städte wieder verstärkt im Blickpunkt. Die Steigerung der Lebensqualität durch vernetzte Wirtschafts-, Kultur- und Umweltpolitiken kann nur mit einem komplexen Stadtentwicklungsansatz geleistet werden. Es besteht ein neuer Bedarf nach integrierten Konzepten (vgl. AHRENS-SALZSIEDER 1991, S. 205).

- Die Bürgerinnen und Bürger einer Stadt sind anspruchsvoller geworden. Die Partizipationsanforderungen haben sich im Zuge des gesellschaftlichen Wertewandels erhöht (vgl. LALLI/KARTTE 1992, S. 40). Nur wer sich identifizieren kann und beteiligt fühlt, engagiert sich für seine Stadt. Identifikationsangebote zu schaffen und Beteiligungsmöglichkeiten zu eröffnen, ist eine wesentliche Zukunftsaufgabe. Gesucht werden innovative Ansätze zur Einbindung "außerparlamentarischer" Bevölkerungs- und Interessengruppen in die Entscheidungsprozesse der Stadt.

- In einer sich sozial und kulturell pluralisierenden Gesellschaft wird der Ausgleich der unterschiedlichen Interessen im Wirtschafts- und Lebensraum Stadt immer schwieriger. Um die Ausgewogenheit und Akzeptanz politischer Entscheidungen zu erhöhen, müssen verstärkt direkte Aushandlungsprozesse zwischen den betroffenen Gruppen stattfinden. Neue Wege der gesellschaftlich-lokalen Konsensfindung und Meinungsbildung werden notwendig (vgl. LALLI/PLÖGER 1990, S. 5).

Die genannten Motivstrukturen für die Installation von Stadtmarketing sind eklektizistisch und unstrukturiert. Zudem sind es keine neuen Argumentationslinien. In der Tradition kommunaler Aufgaben ist es immer um Fragen des Gemeinwohls, des Interessenausgleichs und der Daseinsfürsorge gegangen. Nicht die Probleme haben sich geändert, sondern die Sichtweisen und gesellschaftlichen Bewertungsmuster sowie die Instrumente, die zur Lösung eingesetzt werden sollen (vgl. KEMMING 1991a, S. 14). Der wachsende Wettbewerb der Städte erfordert gegenwärtig mehr denn je die bewußte, strategische Gestaltung des "Qualitätsproduktes Stadt". Deshalb wächst das Bewußtsein dafür, daß auch Städte - ähnlich wie Unternehmen - strategische Konzepte brauchen, um konkurrenzfähig zu bleiben.

Die Befürworter des Stadtmarketing sind sich einig, daß "gegenüber den 70er und 80er Jahren die Notwendigkeit eines regionalen Informations-, Entwicklungs-, Koordinations- und Implementationsmanagements" in den 90er Jahren ins Haus steht (MAIER 1990, S. 101). Es besteht ein Konsens darüber, daß Begriffe wie Marktorientierung, Wettbewerb, Konkurrenz und Effizienz Eingang in öffentliche Handlungsformen finden müssen. So wird einhellig konstatiert, daß die steigende Komplexität und Differenzierung kommunaler Handlungsfelder dies erfordere (vgl. KRUZEWICZ/SCHUCHARDT 1989, S. 762; HONERT 1991a, S. 394). Und es wird generell Ausschau gehalten nach fruchtbaren privatwirtschaftlichen Lösungsmustern für kommunale Aufgaben (vgl. PRESSE-AUSSCHUSS 1990, S. 234). Über die konkrete Ausgestaltung all dieser Forderungen und Notwendigkeiten besteht jedoch Uneinigkeit. Pragmatische Aufzählungen der Leistungsfähigkeit und Grenzen im Stadtmarketing gehen mit oftmals widersprüchlichen und noch unausgegorenen Überlegungen einher.

Bei den deutschen Diskussionen zum Stadtmarketing handelt es sich somit nicht nur um begrenzte Public-Private Partnerships im Bereich des Projektmanagements (Grundstücksentwicklung). Es ist eine deutsche Besonderheit, daß die Diskussionen zu einer Stadtentwicklung am Markt darauf gerichtet sind, nach integrierten, ganzheitlichen Konzepten zur Stadtentwicklungspolitik zu suchen. Dieser weiter gespannte Fragenkreis wird durch die prosperierenden Rahmenbedingungen der 80er Jahre, den relativen Konsens zwischen Zentralregierung und Kommunen, die grundgesetzlich verankerte Selbstverwaltungshoheit der Gemeinden sowie das Festhalten an den sozialen Verpflichtungen des Wohlfahrtsstaates ermöglicht (vgl. BIRK 1992, S. 118). Die stabilen gesellschaftlichen Voraussetzungen - im Vergleich zu den US-amerikanischen und britischen Strukturbrüchen - führen dazu, daß das zukunftsweisende Anliegen eines ganzheitlichen Stadtmarketing über die übrigen internationalen Ansätze hinausgeht.

Das Gewicht der gestellten Aufgabe führt jedoch auch zu einer größeren Komplexität der Diskussion. Während die US-Amerikaner oder Briten sehr viel klarer auf abgeschlossene Veränderungen in der Stadtentwicklung seit den 70er oder 80er Jahren zurückblicken und diese bewerten können, entspinnt sich in Deutschland eine anders gelagerte, zukunftsorientierte Debatte um "die" Stadtentwicklungsplanung mittels Stadtmarketing. Dementsprechend besteht eine größere Unsicherheit und Verschwommenheit der Begrifflichkeiten und inhaltlichen Vorstellungen.

Es ist deshalb nicht aus der Luft gegriffen, den deutschen Diskussionen zum Stadtmarketing einen Innovationsvorsprung in Bezug auf die Neuorientierung der Stadtentwicklungsplanung zu attestieren - wohl wissend, daß mit Diskussionen allein noch keine praktischen Erfolge erzielt werden und nationale Varianz zudem ein konstitutives Merkmal regulationstheoretischer Annahmen ist. Trotzdem soll hier die These vertreten werden, daß sich in diesen Diskussionen erste Bedarfsmomente und vorläufige Strukturen einer postfordistischen Stadtentwicklungspolitik andeuten. Die bisher vorgelegten Konzepte sowie die gesammelten empirischen Erfahrungen verdeutlichen dies.

4.3.2 Zwischen Stadtwerbung und ganzheitlichem Marketing

Marketing ist ein Konzept der Unternehmensführung, das in Konkurrenz zu anderen Führungskonzepten, wie zum Beispiel der Liquiditäts- oder Kostenorientierung steht (vgl. HAMMANN 1986, S. 161). Die Auswahl der Führungsstrategie in einem Unternehmen richtet sich nach dem Engpaß, der betriebswirtschaftliche Priorität hat. Die Besonderheit des Marketing gegenüber anderen Führungskonzepten ist die konsequente Ausrichtung des Unternehmens auf die Erfordernisse des Marktes. "Marketingorientiertes Denken und Handeln läßt sich beschreiben als eine Strategie, die das gesamte Instrumentarium eines Unternehmens unter Berücksichtigung von klar umrissenen Unternehmenszielen, orientiert an den Befürfnissen der Kunden (...) koordiniert zur Zielsetzung einsetzt" (HONERT 1991a, S. 396). Es richtet seine Aktivitäten konsequent auf die Absatz- und Abnehmererfordernisse aus (vgl. TÖPFER/MÜLLER 1988, S. 741).

Der Vorteil des Marketingdenkens liegt insbesondere in seinem ganzheitlichen Ansatz. Marketing ist nicht die reine Vermarktung, die Werbung oder der Verkauf eines Produktes, sondern bedeutet, schon bei der Gestaltung eines Produktes, der Führung der MitarbeiterInnen, der Organisation des Betriebes usw., also letztlich allen unternehmensrelevanten Entscheidungen, die Erfordernisse des Marktes an den Anfang zu stellen. Es wird deshalb nicht als eine (technische) Steuerungsmethode, sondern als grundsätzliche Denkhaltung der Orientierung auf Bedürfnisse und Bedarfsstrukturen bezeichnet (vgl. TÖPFER/BRAUN 1989, S. 9).[2]

Die Kennzeichen des Marketing sind neben dem ganzheitlichen Ansatz die Orientierung an Zielgruppen, Marktforschung und Marktanalyse, Kenntnisse über Konkurrenz und Wettbewerbsstrategien, ein koordinierter Planungsprozeß sowie ein Leitbild (vgl. AHRENS-SALZSIEDER 1991, S. 206). Marketing setzt sich zusammen aus einer Marketingphilosophie (der Produkt-Markt-Strategie), einer Marketingkonzeption (Analyse, Planung, Kontrolle und Organisation) sowie dem Marketingmix (Instrumente). Instrumente der Marketingpolitik sind die Produktions-, Distributions-, Preis- und Kommunikationspolitik. Anhand dieser vier Bereiche bestimmt sich der Marketingmix eines Unternehmens (vgl. RÖBER 1992, S. 355). Welches Produkt (Gestaltung, Funktion, Qualität usw.) soll auf welchen Vertriebsschienen (Vertriebskonzepte, Zielgruppen) zu welchem Preis (Herstellungskosten, Verkaufspreis) und mit welchen Mitteln (Werbung, Öffentlichkeitsarbeit) der Kundin angeboten werden?

Hinter dem Terminus Stadtmarketing verbirgt sich nun die Idee, daß eine Stadt ebenso wie ein Automobilhersteller ein Angebot entwickeln muß, das attraktiv, einzigartig und marktfähig ist. Die Stadt wird als ein Produkt gesehen, das strategisch am Markt und für den Markt entwickelt werden muß (vgl. FEHRLAGE/WINTERLING 1991, S. 254). Mit

---

[2] Allerdings gibt es hierzu innerhalb der Betriebswirtschaftslehre durchaus unterschiedliche Positionen. Insbesondere der Führungsanspruch des Marketing über andere Teile des Unternehmens steht zur Diskussion (vgl. HANSEN 1990, S. 2). So wird kritisiert, daß der Absatz durch den Amerikanismus Marketing unzweckmäßig überbetont wird, da tatsächlich eher Finanzierungs- oder Produktionsengpässe das unternehmerische Handeln leiten. Zudem führe ein dergestalt weiter Blickwinkel im Marketingverständnis letztlich zu einem interdisziplinären Ansatz, "in dem Teile der Betriebswirtschaftslehre, der Volkswirtschaftslehre, der Soziologie, der Psychologie und der Verhaltenswissenschaft zusammengefaßt werden" (WÖHE 1981, S. 535). Nur so ließe sich der umfassende Anspruch der Marktanalyse, der Orientierung auf das Verbraucherverhalten usw. einlösen.

dieser Orientierung am Markt sollen die neuen "komplexen und differenzierten" Erfordernisse (Megatrends) in eine bedarfsgerechte, strategische und effiziente Stadtentwicklungsplanung umgesetzt werden. Derzeit lassen sich verschiedene Interpretationsweisen der Stadtentwicklung am Markt unterscheiden.

Eine Reihe von AutorInnen geht sehr direkt auf das Thema Stadtmarketing zu. Sie unternehmen den Versuch eines Pauschaltransfers der Marketingmethodik auf die gesamte Stadt. Die Stadt sei ein Produkt, das auf dem Markt plaziert werden müsse. Stadtmarketing soll diese "Vermarktung der Leistung einer Stadt" effektvoll managen (a.a.O., S. 254). Sicherlich würden bei diesem direkten Transfer einige Übertragungsprobleme entstehen. So seien die Ziele städtischen Handelns komplexer als unternehmerische Handlungsmaximen. Auch ist die Kommune in einer Stadt nicht so einflußreich wie die Unternehmenszentrale in einem Betrieb. All dies hindere aber nicht daran, die Marketinginstrumente auf die Stadt als Produkt zu übertragen. Mit Hilfe der Marketingmixpolitik könne in der Produktpolitik das Leistungsangebot der Stadt strategisch aufgebaut werden, ziele die Preispolitik auf eine kohärente Steuern-, Abgaben- und Gebührenpolitik, würden die Verkaufsstrategien durch die Distributionspolitik bestimmt und schließlich die Information über das Produkt Stadt mit Hilfe der üblichen Kommunikationsstrategien von PR, Öffentlichkeitsarbeit und Werbung gestreut (vgl. a.a.O., S. 254). Der Weg zu diesem Marketingmix müsse in den üblichen Stufen des Marketingprozesses von der Analyse der Situation über die Konzeption bis hin zur Realisierung erfolgen (vgl. KÖSTER/SCHMIDT 1992, S. 141).

Diese Art des Stadtmarketingverständnisses ist häufig, aber unfruchtbar. Mit einem überzogenen Marketingvokabular werden Leerformeln zu einer zukünftigen Stadtentwicklungspolitik produziert, die an keiner Stelle auf die konkreten Ausgangsvoraussetzungen in den Gemeinden bezogen sind. Strukturelle Unterschiede zwischen kommunalen und unternehmerischen Aufgaben, Zielen und Handlungsbereichen werden schlichtweg negiert. Durch die schematische Übernahme der betriebswirtschaftlichen Instrumente findet eher eine Verschleierung denn Aufklärung der Möglichkeiten im Stadtmarketing statt. Es ist nicht zuletzt dieses beschränkte Verständnis von Marketing in der Stadtentwicklung, das bei SkeptikerInnen immer wieder - in diesem Falle vollkommen zurecht - zu Vorbehalten gegenüber der Marketingrhetorik im Zusammenhang mit Planungsfragen führt.

Neben der Pauschaltransformation öffentlichen Handelns in marktwirt-
schaftliches Management bestehen drei weitere inhaltliche Positionen zum
Stadtmarketing, die durch ihre Konkretheit und das Bemühen eines
partiellen Transfers der betriebswirtschaftlichen Konzepte bestechen. Eine
erste Deutungsrichtung betreibt (wenn man Stadtmarketing als ganzheitliches Stadtentwicklungskonzept versteht) dabei allerdings Etiketten-
schwindel. Traditionelle Werbe- und Imagepolitik wird rhetorisch als
Stadtmarketing gepriesen. Hierzu zählen zum Beispiel die Imagekam-
pagnen von Hamburg als "Hoch im Norden", deren jährlicher Werbeetat
von 3,5 Millionen DM als integriertes Kommunikationskonzept unter
Stadtmarketing firmiert (vgl. LALLI/KARTTE 1992, S. 39), oder die
regionale Vermarktung des Standortes Ruhrgebiet durch den Kommunalverband Ruhrgebiet als "Starkes Stück Deutschland" (vgl. RECHMANN
1991, S. 2f). "Ihren Ursprung haben diese plakativen Schlagworte in der
Vorstellung, daß mit den bewährten Methoden und Techniken zur
Vermarktung von Seife, Zigaretten oder Computern auch erfolgreiche
öffentliche Aufgaben oder soziale Probleme gelöst werden können"
(KELLER 1990, S. 70). Diese Art des Stadtmarketing ist aus Sicht einer
integrierten Stadtentwicklung relativ uninteressant. Sie entspricht jedoch
einer auch in der Betriebswirtschaftslehre zum Teil noch weit verbreiteten Verkürzung des Marketinggedankens.

Andere VertreterInnen von Stadtmarketing interpretieren die Notwendigkeit einer Stadtentwicklung am Markt im Sinne der angloamerikanischen
Public-Private Partnership als projektbezogene Kooperation. Vorzeigebei-
spiel hierfür ist die Stadt Köln, in der seit 1984 verschiedene sektorale
Public-Private Partnerships installiert worden sind. So haben sich der
innerstädtische Einzelhandel, die städtische Wirtschaftsförderung sowie
die Industrie- und Handelskammer (IHK) zu einer Kölner Werbegemeinschaft zusammengeschlossen, die Stadtmarketing als Stadtwerbung
betreibt. Hotellerie, Unternehmen und das Verkehrsamt haben eine
Gemeinschaftsinitiative ProKöln gegründet. Das wohl spektakulärste
Beispiel aber ist das 1986 aus der Technologierunde Köln geborene
Projekt des MediaParks (vgl. KÖSTER/SCHMIDT 1992, S. 143). Hier
wird von einer öffentlich-privaten Entwicklungsgesellschaft - nach dem
Vorbild der Urban Development Corporations - zeitlich befristet die
Baubetreuung und Entwicklung des ehemaligen Betriebsbahnhofs Gereon
betrieben, auf dessen 20 ha großem Gelände Medien- und Musik-
produktionen, Kultur- und Kunstbetriebe, Bildungs- und Forschungsein-
richtungen angesiedelt werden sollen, um so den Medienstandort Köln zu

sichern und auszubauen (vgl. UHLIG 1990, S. 107f). Auch das von Bürgermeister Dohnanyi 1983 ausgerufene "Unternehmen Hamburg" profiliert sich mit einer Reihe von projektbezogenen Public-Private Partnerships zur Wirtschaftsförderung und zum Informations- und Wissenstransfer (vgl. DANGSCHAT 1992, S. 179ff). Die Aufwertung der Wirtschaftspolitik steht allerdings auch hier - parallel zu den USA und Großbritannien - in der Gefahr, das umfassendere Anliegen der Stadtentwicklung zu verdrängen.

In Nordrhein-Westfalen besteht ein "inszenierter Korporatismus", indem die Landesregierung von 1987 bis 1992 in ihren staatlichen Förder-programmen (Zukunftsinitiative Montanregionen, Zukunftsinitiative Nordrhein-Westfalen, Regionalkonferenzen) eine Politik der lokalen Kooperation öffentlicher und privater Akteure quasi "von oben" diktiert. Geld gegen Dialog lautet hier die landespolitische Devise, da Kooperatio-nen zum verbindlichen Kriterium für die Vergabe von Fördermitteln gemacht werden (vgl. HEINZE/VOELZKOW 1991b, S. 469f). Die Idee der Public-Private Partnership ist aber auch in der Bundesrepublik keine radikale Neuerung. In der wohlfahrtsstaatlichen Fürsorge (Sozialarbeit, Rettungsdienst) haben Kooperationen zwischen staatlichen und privaten, zumeist konfessionellen Trägern eine lange Tradition (vgl. HEIN-ZE/VOELZKOW 1991a, S. 190). Ihr neuer Einsatz für die Belange der Stadtentwicklung ist oftmals effizient. Hierdurch gelingt eine Bündelung der relevanten Kräfte und Ressourcen auf ein Teilziel (vgl. KRUZE-WICZ/SCHUCHARDT 1989, S. 763). Ein solches "Stadtmarketing" als projektbezogene Public-Private Partnership wird jedoch immer nur den Charakter einer planungspolitischen Teillösung für räumlich und sachlich begrenzte Aufgabengebiete haben.

Andere VertreterInnen des Stadtmarketing rücken deshalb die Rolle der Stadt als Unternehmen in den Mittelpunkt. Demnach sind die Leistungen der Kommunalverwaltung zunehmend Produkte der Dienstleistungswirt-schaft, die sich am Markt behaupten müssen und im Sinne eines Dienstleistungsmarketing bearbeitet werden sollten. Da man nicht die gesamte Kommunalverwaltung dem Kriterium der Marktgängigkeit unterordnen könne, müsse analytisch sauber zwischen solchen Bereichen unterschieden werden, die aufgrund ihres Produktcharakters mit Marketingmethoden bearbeitet werden können und jenen, die der kommunalen Selbstverwaltung als Hüterin des Allgemeinwohls zuzuord-nen sind. Letztere dürften keinesfalls marktwirtschaftlich bearbeitet werden (vgl. GANSEFORTH/JÜTTNER 1991, S. 253f).

Die direkte Übertragung der betriebswirtschaftlichen Marketingmethoden auf die Stadt beschränkt sich in dieser Sichtweise deshalb auf Teilbereiche der städtischen Dienstleistungsverwaltung (vgl. HAMMANN 1986, S. 163). Dazu gehören die Förderung von Tourismus und örtlicher Messegesellschaften oder die Bereiche der Stadtwerke, Krankenhäuser usw. (vgl. MÜLLER 1990, S. 225). Träger von Marketingaktivitäten in der Stadtentwicklung wären demnach Teile der kommunalen Leistungsverwaltung (Museen, Bibliotheken o. ä.), Körperschaften und Anstalten des öffentlichen Rechts (Sparkassen) oder privatrechtsförmige Vereinigungen (vgl. TÖPFER/BRAUN 1989, S. 15). Bei allen weiteren stadtplanerischen Handlungsfeldern, insbesondere der kommunalen Eingriffsverwaltung, sind die Möglichkeiten dieser Form des Stadtmarketing sehr begrenzt (vgl. RÖBER 1992, S. 356). Stadtmarketing als Aufgabenfeld externalisierter Dienstleistungsbetriebe der Kommunen ist von Fragen der allgemeinen Stadtentwicklung noch weit entfernt.

Stadtmarketing als Pauschaltransfer, Stadtwerbung, Projekt-Public-Private Partnership oder Dienstleistungsmarketing kann somit dem umfassenden Bedarf postfordistischer Restrukturierung keinesfalls genügen. Es sind fruchtbare Teilansätze, die im einen oder anderen Bereich der Stadtentwicklung zukünftig verstärkt Verwendung finden werden, den strukturellen Erneuerungsbedarf kommunaler Entwicklungspolitik aber nicht im Kern treffen. Dieses Defizit ist von einer Reihe kommunalpolitischer PraktikerInnen, VordenkerInnen im Deutschen Städtetag sowie einigen wenigen kommunalen Beratungsagenturen erkannt worden. Deshalb besteht eine fünfte Variante im Stadtmarketing, die sich der Aufgabe einer ganzheitlichen Stadtentwicklungsplanung stellt. Sie will eine Neuinterpretation des betriebswirtschaftlichen Marketingansatzes für originär kommunale Aufgabenfelder leisten (vgl. Abb. 7). Anknüpfungspunkt hierfür ist ein ganzheitliches Marketingverständnis, wie es von Teilen der Betriebswirtschaft befürwortet wird. Anstelle einer direkten Orientierung am Markt wird Marketing definiert als die Förderung von Austauschprozessen mit allen Partnern einer Unternehmung (oder Stadt) (vgl. MEFFERT 1989, S. 6). Eine Parallelisierung von Bürgern als Kunden der Stadt oder der Vergleich zwischen Stadtrat und -verwaltung als Unternehmenszentrale wird strikt abgelehnt (vgl. HONERT 1991a, S. 395). Statt dessen wird Stadtmarketing als partnerschaftlicher Ansatz für ein kooperatives Handeln aller relevanten Entscheidungsträger in einer Stadt aufgefaßt (vgl. MÜLLER 1992b, S. 2ff).

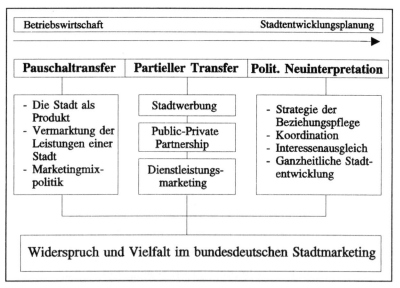

Betriebswirtschaft		Stadtentwicklungsplanung

Pauschaltransfer	**Partieller Transfer**	**Polit. Neuinterpretation**
- Die Stadt als Produkt - Vermarktung der Leistungen einer Stadt - Marketingmix-politik	Stadtwerbung Public-Private Partnership Dienstleistungs-marketing	- Strategie der Beziehungspflege - Koordination - Interessenausgleich - Ganzheitliche Stadt-entwicklung

Widerspruch und Vielfalt im bundesdeutschen Stadtmarketing

Entwurf: I. Helbrecht

Abb. 7:   Formen des Stadtmarketing

"Aus der Beschreibung von Stadtmarketing als eine Koordinationsaufgabe zum Interessenausgleich und als Entscheidungsmethode folgt, daß Stadtmarketing als eine eminent politische Methode und Strategie angesehen werden muß" (HONERT 1991a, S. 397). Damit findet eine grundlegende Neuinterpretation des betriebswirtschaftlichen Marketing-instrumentariums für den öffentlichen Handlungsbereich statt. Die Besonderheit der Stadt als Handlungsfeld (pluralistische Willensbildung, Vielzahl der Akteure und Perspektiven, mehrdimensionale Zielbereiche) wird im Stadtmarketing berücksichtigt (vgl. MEFFERT 1989, S. 12f).

Mit dieser Form des Stadtmarketing sollen die traditionellen Schwächen der Stadtentwicklungsplanung ausgeglichen werden (vgl. MAIER 1991, S. 174). So ist der Ausgleich der Interessengruppen mit Hilfe von Stadtentwicklungsplanung bisher kaum gelungen. Es sind traditionell die PlanerInnen, die am Reißbrett ein Allgemeinwohl qua Expertenrationali-tät konstruierten und auf den Plan der Stadt projiziert haben (vgl. KEMMING 1991a, S. 8). Zudem beschränkt sich diese Form der Angebotsplanung auf die Festschreibung von Möglichkeiten (Gewerbe-flächen, Wohnbauflächen usw.). Sie leistet jedoch keinen Beitrag zu deren Realisierung. Das Implementationsdefizit soll mit Hilfe von Stadtmarketing überwunden werden, indem nicht nur kooperative

Konzepte entwickelt werden, sondern deren Umsetzung in Public-Private Partnership stringent erfolgt. Letztlich aber geht es Stadtmarketing um die gleichen Ziele, wie sie die Stadtentwicklungsplanung lange Jahre verfolgt hat: Um die Gestaltung der Stadt der Zukunft auf der Basis von Analysen, Zielkonflikten und strategischen Entscheidungen.

Stadtmarketing als neue Form kommunaler Entwicklungsplanung wäre somit "ein langfristiges Führungs- und Handlungskonzept, das auf einer Leitidee für die Stadt aufbaut" (PRESSEAUSSCHUSS 1990, S. 233). Hierdurch wird Orientierung und Handlungssicherheit nach innen und außen geschaffen. Es soll ein offener Prozeß in Gang gesetzt werden, in dem die Stadt nach einer Bestandsaufnahme ihrer Stärken und Schwächen ein Leitbild entwickelt, aus dem sich konkrete Maßnahmen der Stadtentwicklung ergeben, die gemeinschaftlich von öffentlicher und privater Hand umgesetzt werden. Mit Stadtmarketing wird ein Instrumentarium in der Stadt aufgebaut, das den KommunalpolitikerInnen taktische und strategische Entscheidungshilfen liefert. Es wäre demnach "eine neue Methode, Ziele für die Stadtpolitik herauszuarbeiten, sie in der Öffentlichkeit zu propagieren und Akzeptanz für sie zu schaffen" (MÜLLER 1992a, S. 1). Da Neuland in der lokalen Gestaltungspolitik betreten wird, ruht die Durchführung des Stadtmarketing zum Teil zurecht auf den Schultern marketingerfahrener BeraterInnen.

Das Interesse an dieser Form von Stadtmarketing ist besonders bei Klein- und Mittelstädten zwischen 50.000 und 100.000 EinwohnerInnen besonders groß (vgl. a.a.O., S. 1). Für Großstädte erscheint das fragile Konzept eines ganzheitlichen Stadtmarketing derzeit noch zu gewagt, da die Komplexität der örtlichen Strukturen Experimente hierzu erschwert und die Verwaltung hier qua Größenstruktur über mehr eigene Kompetenz verfügen. Allerdings gibt es bisher insgesamt kaum Erfahrungen oder erprobte Modelle. Die konkreten Vorstellungen dieser Form von Stadtmarketing als "Strategie der Beziehungspflege" (RATHMAYER 1991, S. 43) gleichen gegenwärtig eher einem Forderungskatalog.

Die Wirklichkeit im Stadtmarketing sieht deshalb anders aus. In einer Untersuchung, bei der im Herbst 1991 281 Städte über 20.000 EinwohnerInnen in Deutschland befragt worden sind und Mehrfachnennungen möglich waren, haben 97% den Begriff Stadtmarketing zwar als bekannt angegeben, fast alle aber haben auf die Frage, was sie mit dem Begriff verbinden, die Antwort "Für eine Stadt werben" gegeben (vgl. TÖPFER 1992, S. 2). Auf den folgenden Plätzen wurden als Aufgabenstellungen des Stadtmarketing die Erreichung von Kostendeckung für städtische Leistungen (96 %), die Öffentlichkeitsarbeit für eine Stadt (95 %), die Optimierung des visuellen Erscheinungsbildes der Stadt (93 %) und das Verständnis der Bürgerin als Kundin ihrer Kommune (93 %) genannt. Hierin spiegelt sich das Verständnis von Stadtmarketing als Stadtwerbung und Dienstleistungsmarketing eindeutig wider. Fast die Hälfte aller bisher unter dem Stichwort Stadtmarketing durchgeführten Maßnahmen beziehen sich deshalb auf Stadtwerbung und Öffentlichkeitsarbeit. Nur 25 % der befragten Gemeinden sehen die Bündelung von Maßnahmen auf ein gemeinsames Ziel als primäre Funktion von Stadtmarketing an (vgl. a.a.O., S. 2). Damit ist der ganzheitliche Stadtmarketing-Ansatz in den bundesdeutschen Gemeinden kaum verbreitet.

Zu ähnlichen Ergebnissen kommt eine im Dezember 1990 durchgeführte Umfrage des Instituts für Landes- und Stadtentwicklungsforschung des Landes Nordrhein-Westfalen (ILS) bei den Gemeinden über 50.000 EinwohnerInnen. Auch hier stehen die Dienstleistungsorientierung sowie eine begrenzte Orientierung auf Fragen der Wirtschaftsförderung in Public-Private Partnership im Vordergrund (vgl. MÜLLER 1991, S. 16).

Gleichartige Erfahrungen werden derzeit mit dem Versuch der Übertragung des Konzeptes der Corporate Identity auf die Stadt gemacht. Während Corporate Identity in der Unternehmensführung ein strategisches Konzept der Selbstdarstellung ist, das sich aus den drei Komponenten Corporate Communications (Kommunikationsmedien, Werbung, Öffentlichkeitsarbeit), Corporate Behavior (Umgang mit Kunden und Mitarbeitern, Preisgestaltung usw.) sowie dem Corporate Design (Produktdesign, Architektur) zusammensetzt - und als solches Teil einer Marketingstrategie ist -, wird auch dieser privatwirtschaftliche Managementansatz in den Kommunen nur bruchstückhaft übernommen. Auch hier kommt eine Bestandsaufnahme bei Städten über 50.000 EinwohnerInnen zu dem Ergebnis, daß anstelle einer abgerundeten Identitätsmixpolitik zur Positionierung am Markt sich fast 90 Prozent der als Corporate Identity-Strategie durchgeführten Konzepte allein auf Maßnahmen des Corporate Designs (z. B. neues Logo) beziehen (vgl. LALLI/KARTTE 1992, S. 45). Ein derartiger Mißbrauch umfassender Begriffe für Briefkopferneuerungen führt nur zu rhetorischen Innovationen im Reden über Stadtentwicklungspolitik.

"Die Aufgabe der Städte liegt also nicht darin, Konzepte aus dem Unternehmensbereich, die im Grunde dem Gegenstand nur zum Teil angemessen erscheinen, noch weiter zu verkürzen, sondern darin, umfassendere Konzeptionen zu entwickeln und praktisch umzusetzen" (LALLI/PLÖGER 1990, S. 42). Experimente hierzu liegen erst in Ansätzen vor. Bei jedem dieser Versuche sind noch spezifische Schwierigkeiten zu beobachten.

Schweinfurt nahm 1987 eine Vorreiterrolle im Stadtmarketing ein, als hier auf Vorschlag des Oberbürgermeisters ein Lenkungsausschuß für Stadtmarketing eingerichtet wurde (vgl. SCHEYTT 1990, S. 199). Die enge Beschränkung auf Wirtschaftsförderung und Öffentlichkeitsarbeit sowie die vorwiegend konzeptionelle Arbeit, die in den Entwurf eines Marketing-Handbuches mündete, haben jedoch nach der Pionierfunktion die Rolle Schweinfurts im Stadtmarketing zunehmend reduziert (vgl. PETZOLD/MÜLLER 1989). Daneben war Wuppertal eine der ersten Städte Deutschlands, die im Juni 1988 die Verwaltung beauftragte, ein Programm zum Standortmarketing zu erarbeiten. Hier fehlte jedoch die politische Unterstützung, so daß das Projekt eigentlich nur auf dem Papier besteht.[3]

Auch Frankenthal hat 1987 begonnen, Stadtmarketing auf der Grundlage einer Imageanalyse zu installieren (vgl. FUNKE/SCHMIDT 1987). Allerdings wird hier die Bevölkerung von der Stabsstelle für Stadtmarketing nur in Form schriftlicher Stellungnahmen beteiligt und befindet sich der Projektstand ebenfalls erst im Stadium der Konzipierung (vgl. FUNKE 1992). In Langenfeld, nahe bei Düsseldorf, wird zwar seit dem Frühjahr 1989 ein relativ erfolgreicher Ansatz ganzheitlicher Stadtentwicklung durch Stadtmarketing verfolgt. Dieser beschäftigt sich jedoch ebenfalls vorwiegend mit Teilfragen der Wirtschaftsförderung und verzichtet auf ein umfassendes Leitbild der Stadtentwicklung, aus dem sich strategische Maßnahmen und Konzepte ableiten lassen.[4]

Die beiden bundesdeutschen Modellprojekte in Solingen und Velbert, die seit 1990 vom Bundesministerium für Raumordnung, Bauwesen und Städtebau gefördert werden,[5] beziehen sich auf den engeren Bereich des Citymarketing bzw. Citymanagement. Hier steht nicht die gesamte Stadt

---

[3]   Vgl. WUPPERTAL 1988; ASW-REPORT 1989, S. 45; AHRENS/ROTH-GANG/SCHNEIDER 1991, S. 80.

[4]   Vgl. HONERT 1991a, S. 393f und 1991b, S. 66; ARBEITSKREIS STADT-MARKETING LANGENFELD 1992.

[5]   Vgl. STADT VELBERT 1989a, 1989b, 1990, 1991; GEWOS 1990a und 1990b; HEIMANN 1991; KELLER 1991a; EXWOST-INFORMATIONEN 1992, S. 8f und 1993, S. 8f.

im Vordergrund, sondern werden allein Fragen der Innenstadtentwicklung thematisiert. Ähnliches gilt für die Erprobungen des Instrumentes Citymanagement in Hamm, deren Ergebnisse noch ausstehen.[6] Auch hier ist eine einfache Übertragung der privatwirtschaftlichen Instrumente und Vorgehensweisen im Centermanagement nicht ausreichend (vgl. TIETZ/ROTHAAR 1991, S. 549f).

Was also bislang in Deutschland fehlt, ist die Integration der verschiedenen Ansätze in ein umfassendes Konzept, das sich nicht auf konzeptionelle Entwürfe, die Beteiligung weniger ExpertInnen, den räumlichen Geltungsbereich der Innenstadt oder auf Fragen der Wirtschaftsförderung und Öffentlichkeitsarbeit beschränkt. Um dieses Desiderat konkret auszufüllen, müssen noch viele Probleme gelöst und offene Fragen beantwortet werden (vgl. KEMMING 1991b, S. 97): Wie verändert sich durch die Einbeziehung privater Akteure in Grundfragen der Stadtentwicklung das Verhältnis von Wirtschaft, BürgerInnen, Verwaltung und Politik? Wer bestimmt dabei letztlich die Leitlinien der Stadtentwicklung? Wird der Lobbyismus der WirtschaftsvertreterInnen hierdurch gestärkt? Kann man kultur-, umwelt- oder sozialpolitische Fragen wirklich mit Marketingmethoden bearbeiten? Welche Funktion kommt dem (Marketing)Leitbild der Stadt anstelle eines Stadtentwicklungsplanes zu? Welche Aufgabenstellung bleibt der traditionellen Stadtentwicklungsplanung? Wie sieht das Qualifikationsprofil der Betreiber von Stadtmarketing (die derzeit noch unglücklich als Citymanager bezeichnet werden) aus? Ist ein Transfer auf komplexere, großstädtische Systeme möglich? In welcher Beziehung steht Stadtmarketing zur Region? Gibt es ein Regionalmarketing? Und nicht zuletzt: Wer finanziert Stadtmarketing? Angesichts dieses Fragenkatalogs wird nicht zuletzt deutlich, wie sehr die Innovation Stadtmarketing in der Bundesrepublik noch in den Kinderschuhen steckt.

---

[6]   Vgl. AHRENS-SALZSIEDER 1991, S. 206ff; JUNKER/MUHLE 1991; HATZFELD/JUNKER 1991; ZECH 1992, S. 3ff.

4.4   Fazit

Die bundesdeutschen Gemeinden beschreiten einen Sonderweg innerhalb der internationalen Erfahrungen mit Marketingansätzen in der Stadtentwicklung. Während die US-amerikanischen und britischen Ansätze der Public-Private Partnership und Urban Development Corporations vor allem auf kleinteilige Projekte in den Innenstädten beschränkt sind, widmet sich die deutsche Diskussion zumindest teilweise dem umfassenderen Problem einer ganzheitlichen Stadtentwicklung. So wird in Großbritannien integrierte Stadtentwicklungsplanung erst in jüngster Zeit wieder diskutiert, während die US-AmerikanerInnen sehr viel pragmatischer mit den gefundenen Lösungsmustern einer "Public-Private Partnership for public gain" zurechtkommen.

Diese Unterschiedlichkeit der internationalen Erfahrungen basiert auf nationalspezifischen Ausprägungen des Umgangs mit dem Wandel vom Fordismus zum Postfordismus. Der Strukturbruch der Gesellschaft wird in den Vereinigten Staaten durch die Vermischung von öffentlichen und privaten Handlungsformen und in Großbritannien durch eine zentral definierte lokale Politik bewältigt. In beiden Ländern stehen Änderungen in den Förderrichtlinien des Zentralstaates bzw. sogar der direkte Eingriff der Zentralregierung in lokale Belange am Beginn der Überlegungen zur Restrukturierung lokaler Entwicklungspolitik. Es sind "von oben" initiierte Veränderungen, die auf kommunaler Ebene zu einer "post-1974" bzw. "post-1979 period" geführt haben. Im Gegensatz dazu ist Stadtmarketing in der Bundesrepublik ein "von unten" initiiertes "Planungsmodell", das durch den konkreten lokalen Handlungsdruck in Verbindung mit allgemeinen Megatrends sowie dem Festhalten an den Handlungsmaximen des Wohlfahrtsstaates entsteht.

Trotz aller Unterschiede besteht eine Konvergenz in den drei verschiedenen Tendenzen zu einer Stadtentwicklung am Markt. Ob Wachstumskoalitionen, Urban Development Corporations, Stadtwerbung, Grundstücksentwicklung, Dienstleistungsmarketing oder neue Formen der Beziehungspflege innerhalb der Stadt: immer geht es um den Rückgewinn an Handlungsfähigkeit, Gestaltungsmöglichkeiten und vor allem Initiative in den Kommunen. Der Versuch, mit neuen Instrumenten eine öffentliche Führerschaft (public leadership) in der Stadtentwicklung zu erlangen und so eigenaktiv Stadtentwicklung zu initiieren, ist die verbindende Gemeinsamkeit, die sich bei aller nationaler Varianz wie ein roter Faden durch die Versuche einer Stadtentwicklung am Markt durchzieht. Lokale Politik vollzieht damit eine Schwerpunktverlagerung von der traditionellen Setzung der Rahmenbedingungen zu einer aktiven Gestaltung der eigenen Entwicklung. Lokale Politik im Postfordismus könnte deshalb trotz Pluralität und internationaler Divergenz strukturell von dem neuen Modell der Gemeinde als "Enabling Authority" geprägt sein (GOLD-SMITH 1992, S. 404).

Immer sind die Diskussionen zum "Stadtmarketing" dabei eingebettet in einen größeren Kontext des aktuellen Staatsverständnisses, traditioneller nationaler Politikmuster und der vorherrschenden politischen Ideologie. Der Blick in die internationale Kulisse unterstreicht somit die regulations-theoretische Annahme, wonach die derzeit noch unterschiedlichsten Facetten "des" Stadtmarketing nicht isoliert als planungspolitische Marotte des Zeitgeistes interpretiert werden dürfen, sondern nur vor dem Hintergrund eines grundlegenden gesellschaftlichen Wandels sowie des daraus abzuleitenden strukturellen Bedarfs an politischen Innovationen verständlich werden.

Anstelle eines vermuteten Innovationsdefizites ist den deutschen Erfahrungen mit Marketing in der Stadtentwicklung zumindest kon-zeptionell ein Innovationsvorsprung zu attestieren, wenn es um ganzheit-liche Stadtentwicklungspolitik geht. Unbefriedigend bleibt der Stand der empirischen Erfahrungen hierzu. Sieht man einmal von der wenig hilfreichen Marketingrhetorik ab, die nur bedingt zu fruchtbaren Ansätzen einer modernisierten Stadtwerbung oder eines Dienstleistungs-marketing führt, so ist auch in Deutschland die Idee einer ganzheitlichen Stadtentwicklung am Markt, die unter Beteiligung aller relevanten Akteure zu neuen Konzepten und Maßnahmen in der Stadtentwicklung führt, nur skizzenhaft ausformuliert - geschweige denn praktisch erprobt. Es ist dieses empirische Desiderat eines gelungenen, komprehensiven Stadtmarketing, das allerorts zwar in seinem Anforderungs- und Leistungsprofil beschrieben und gewünscht wird, jedoch bisher nicht ausgefüllt werden kann. Gesucht wird dabei ein spezifisch deutsches Modell, das mit den hiesigen Wertvorstellungen, Politikmustern, Planungstraditionen und dem Staatsverständnis übereinstimmt. Die normativen Ansprüche, die an solch eine Form des Stadtmarketing gestellt werden müssen, sind vielfältig:

- Es sollen alle relevanten Gruppen einer Stadt eingebunden werden, um nicht nur wirtschaftliche Interessen zu bedienen.
- Der räumliche Schwerpunkt darf sich nicht auf profitable Projekte in der Innenstadt beschränken, sondern muß dem umfassenden Anliegen einer integrierten Stadtentwicklungsplanung genügen.
- Die Inhalte sollen nicht nur auf Flächen und Wirtschaft beschränkt sein, sondern Stadtentwicklung als lokale Politik begreifen.
- Zur Schaffung eines stadtspezifischen Profils muß die lokale Politikvarianz (local choice) gewährleistet sein. Stadtmarketing soll flexibel einsetzbar sein und den lokalen Bedürfnissen und Entwicklungspotentialen dienen.
- Die Förderung von Austauschprozessen zwischen den unterschiedlichen Anspruchsgruppen in der Stadt sollen im Mittelpunkt stehen.

Erst wenn die Erfüllung dieser umfangreichen Vorgaben und Ansprüche gelingt, ist das Ziel eines ganzheitlichen Stadtmarketing als Strategie der Beziehungspflege erreicht. Die empirische Beweislast ist somit groß.

5 Neue Experimente im Stadtmarketing: Die bayerischen Modellprojekte

5.1 Empirisches Vorgehen: Aktenanalyse und offene Interviews

Die empirische Untersuchung orientiert sich an Methoden der qualitativen Sozialforschung (vgl. Kap. 3.2). In einem ersten Schritt wurde eine Aktenanalyse durchgeführt. Sie bezog sich auf sämtliche vom verantwortlichen Citymanager geführten schriftlichen Unterlagen. Durch die Einsicht in den Schriftverkehr mit der Gemeinde, Finanzplanungen, Strategiepapiere, Protokolle, Sitzungsberichte usw. wurde ein erster Überblick über Verlauf, Inhalte und Probleme in den jeweiligen Projekten erreicht. Die Aktenanalyse bot hierbei den Vorteil, daß der Projektverlauf (im Gegensatz zu punktuellen Interviews) über einen längeren Zeitraum erfaßt wurde. Der Entwicklungs- und Entscheidungsprozeß, Akteursbeziehungen, Problempunkte, präzise Hinweise auf erbrachte Leistungen usw. wurden in Grundzügen erkennbar.

Bei der Auswertung der Akten mußte berücksichtigt werden, daß es sich hierbei um nicht-standardisiertes Material handelt. Die Art der Aktenführung ist stets eine entscheidende Determinante für die Interpretationsfähigkeit des Materials. In den Fallstudien wurden die Entscheidungsprozesse und -grundlagen vom Citymanager in einer für ihn praktischen Art und Weise dokumentiert. Sein Betriebswissen lag in schriftlicher Form als Analysematerial vor. Für die Auswertung wurde deshalb ein interpretativer Umgang mit den Akten gewählt (vgl. HELLSTERN 1984, S. 206). Die fragmentierte und unvollständige Wiedergabe des Projektverlaufs, wie sie sich in den Akten niederschlägt, wurde genutzt, um hieraus Fragen, Statements und Argumentationen für die folgenden qualitativen Interviews abzuleiten. Insofern war die Aktenanalyse der erste Schritt auf dem Weg zum Verständnis der Stadtmarketingprojekte.

Nach Abschluß der Aktenanalyse wurden im Januar und Februar 1992 fünfzehn Expertengespräche in den Modellgemeinden geführt. Die Auswahl der Interviewpartner wurde mit dem leitenden Citymanager abgesprochen, darüber hinaus wurden weitere Gesprächspartner im Schneeballsystem von anderen Lokalexperten empfohlen und vermittelt. In jeder Stadt wurden Politiker, Wirtschaftsvertreter wie auch Verwaltungsbeamte neben dem Citymanager befragt. Mehrere Interviews

Speziell zum Stadtmarketing-Modellprojekt

- Wie war die Ausgangssituation in ..., als der Citymanager seine Arbeit aufnahm?
- Wie hat sich der Projektverlauf entwickelt?
  - Welche Veränderungen haben sich im Projektablauf ergeben?
  - Steckt eine Systematik in der Entwicklung des Projektes?
  - Was würden Sie als die wesentlichen Lernschritte des Stadtmarketingprojektes in ... bezeichnen?
- Wie war die Kooperation mit der Kommune? (der örtlichen Wirtschaft, den Interessensverbänden usw.)
- Ist eine weitestmögliche Einbeziehung aller Gruppen der Stadt gelungen?
- Wie schätzen Sie die Rolle des Citymanagers ein? (Hauptaufgabe? Fehler?)
- Wie beurteilen Sie die Akzeptanz und Breitenwirkung des Stadtmarketingprojektes? Was hat sich durch Stadtmarketing in ... verändert?

Allgemein

- Warum entsteht so etwas wie Stadtmarketing?
- Wo setzt Stadtmarketing zentral an?
- Was ist Stadtmarketing? Wie würden Sie es definieren?
- Wie sehen Sie die Rolle der Stadtplanung und der lokalen politischen Kultur?
- Welche Zukunfts- und Leistungserwartungen haben Sie an Stadtmarketing? (Chancen, Probleme, Perspektiven)
- Welche Rolle spielen kleine und mittlere Städte bei der Innovation Stadtmarketing?
- Sehen Sie im Stadtmarketing ein demokratietheoretisches Problem?

Entwurf: *I. Helbrecht*

Abb. 8:   Gesprächsleitfaden der Interviews

fanden als Gruppengespräche statt. Dies geschah immer dann, wenn die Befragten auf eigenen Wunsch noch weitere Kollegen hinzuziehen wollten. Die Gesprächsführung vollzog sich in Form eines offenen, leitfadenorientierten Interviews. Der Gesprächleitfaden diente eher zur Interviewvorbereitung denn zur eigentlichen Gesprächsführung (vgl. Abb. 8). Er bildete die grobe Strukturierung der anzusprechenden Themenblöcke, wurde aber niemals chronologisch abgefragt, so daß der Explorationscharakter der Interviews gewährleistet blieb. Im Anschluß daran wurden die Interviews vollständig transkribiert.

Die eigentliche Problematik qualitativer Interviews beginnt mit der Auswertung. Ein verbindliches Konzept im Sinne einer Theorie der Auswertung existiert nicht (vgl. MEINECKE 1984, S. 159). Während jedoch relativ viele Beispiele für Auswertungsverfahren von lebensgeschichtlichen Interviews vorliegen, ist die Interpretation offener Experteninterviews ein noch weitgehend unbearbeitetes Feld (vgl. MEUSER/NAGEL 1991, S. 441). Hier steht nicht die Gesamtperson im Mittelpunkt, sondern das themenzentrierte Wahrnehmen, Erleben und

Bewerten von professionellen VerantwortungsträgerInnen. Die Aussagen der Interviews beziehen sich damit auf einen mehr oder weniger scharf definierten Ausschnitt aus der Wirklichkeit. Dennoch müssen auch hier die hermeneutischen Regeln zur Anwendung kommen. Teilformalisierte Verfahren mittels Kodierungen eignen sich für das gesetzte Ziel der Spurensuche nicht.

Da jede qualitative Untersuchung andere Fragestellungen und Erkenntnisinteressen verfolgt, ist das Vorherrschen von Interpretationsverfahren Marke "Eigenbau" nicht verwunderlich, sondern entspricht der Anpassung der idiographischen Methodik an den Gegenstand. Für die Untersuchung der Stadtmarketingprojekte wurde eine Kombination verschiedener Modelle aus der Literatur erstellt, die einem modifizierten Schema nach Meuser/Nagel (1991) ähnelt. Ähnliche Schritte lassen sich jedoch bei vielen qualitativen Untersuchungen finden (dort allerdings zumeist in Bezug auf Laieninterviews), die einen spurensuchenden Ansatz der qualitativen Sozialforschung im Sinne eines Entdeckungsgangs verfolgen (vgl. HEINZE 1987, S. 65ff; ARING et al. 1989, Kap. 3.3.2; POHL 1989). Immer geht es bei der Abfolge der Auswertungsschritte um eine systematische Spiralbewegung mit schrittweise gesteigertem Abstraktionsgrad vom Verständnis des einzelnen Interviews bis zum Ergebnis einer Gesamtinterpretation aller Gespräche. In einem schrittweisen Reduktionsvorgang wird die Vielfalt der Aussagen gebündelt, verglichen und zentriert, bis die Struktur des Expertenwissens, deren Regeln der Produktion von Deutungsmustern und damit Handlungen erkennbar werden. Dabei ist die Vorstellung, daß der Sinn eines Textes objektiv in diesem verborgen liegt, eine Illusion. Die Realisierung von Sinn in Form qualitativer Auswertung ist letztlich ein Produkt des Arbeitsvorganges der Interpretation unter Bezugnahme auf die Fragestellung (vgl. SOEFFNER 1979, S. 336). Die Rolle der Theorie im hermeneutischen Zirkel der Interpretation ist die des Vorverständnisses, das durch die empirische Auswertung schrittweise revidiert wird. Die theoretischen Ausgangsvoraussetzungen, wie sie zum Beispiel im Leitfaden zum Ausdruck kommen, werden durch die Interpretation der Interviews abgewandelt. Erst mit fortschreitender Auswertung setzt der Vorgang der Schärfung des Erkenntnisinteresses ein.

Die Auswertung wurde in fünf Schritten vollzogen. Zunächst wurde auf der Ebene des Einzelinterviews eine Paraphrase erstellt. Ziel der Paraphrase ist die virtuelle Perspektivenübernahme (Verstehensprozeß). Es soll ein methodisch abgesichertes Textverständnis erreicht werden.

Der Text wird chronologisch durchgearbeitet und in Sinnabschnitte eingeteilt. Widersprüche zwischen den Aussagen im Text, die bei dem Versuch des Nacherzählens nicht eindeutig geklärt werden können, werden vermerkt.

Den zweiten Auswertungsschritt bildet die Systematisierung und Gewichtung, um so die Erzählungen des Befragten einer systematischen Analyse und Interpretation zugänglich zu machen. Auf der Basis eines inhaltlichen Textverständnisses müssen erste Schritte in Richtung einer Fruchtbarmachung für die theoretische Fragestellung unternommen werden. Hierfür werden thematische Kategorien gebildet. Die Kategorien ergeben sich primär aus dem Interview, das durch die Interviewführung eine thematische Ausrichtung enthält. Zusätzliche Ordnungskategorien entstehen aus dem Erkenntnisinteresse der Forscherin. Das Primat bleibt jedoch bei einer Ordnung und Systematisierung des Interviews aus sich selbst heraus. Dementsprechend erweitert sich der thematische Ordnungskatalog von Interview zu Interview und erfährt im Prozeß der Interpretation eine

Thematische Kategorien

- Warum ist Stadtmarketing entstanden?
- Was ist Stadtmarketing?
- Wie funktioniert Stadtmarketing?
- Welche Probleme treten im Stadtmarketing auf?
- Welche Chancen sind mit Stadtmarketing verbunden?
- Welche Voraussetzungen müssen in einer Stadt gegeben sein, damit es funktioniert?
- Wie sieht die Zukunft des Stadtmarketing aus?
- Welche spezifischen akteursbezogenen Einschätzungen gibt es zum Stadtmarketing?
- Gründe für die Beteiligung am Pilotprojekt
- Projektverlauf
- Gesamtbewertung des Pilotprojektes
- Fazit der Interpretation

Entwurf: *I. Helbrecht*

Abb. 9:   Themenkomplexe der Interpretation

kontinuierliche Abwandlung (vgl. Abb. 9). Anschließend wird ein Gesamtbild der Sichtweisen des Akteurs aus zentralen Textpassagen und interpretierten Kernaussagen formuliert.

Im dritten Interpretationsschritt wird die Ebene der Einzelinterviews verlassen. Anhand thematischer Kategorien werden die Interviews auf ähnliche und unterschiedliche Aussagestrukturen verglichen. Hierdurch können typische Handlungsmaximen und Beurteilungen herausgearbeitet werden. Durch das Verlassen der Einzelinterviewebene wird ein qualitativ neues Abstraktionsniveau der Interpretation erreicht. Die Fragestellung wird direkter als Interpretationsfolie verwendet. Die vierte

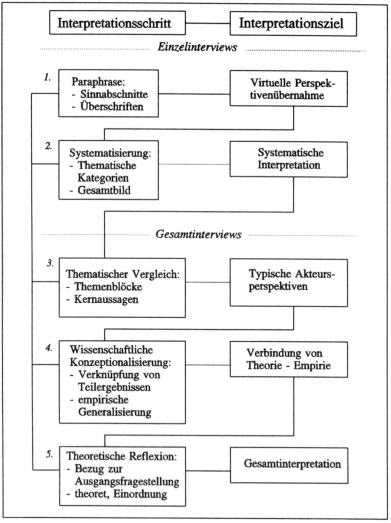

Interpretationsschritt	Interpretationsziel

Einzelinterviews

1. Paraphrase:
- Sinnabschnitte
- Überschriften

Virtuelle Perspektivenübernahme

2. Systematisierung:
- Thematische Kategorien
- Gesamtbild

Systematische Interpretation

Gesamtinterviews

3. Thematischer Vergleich:
- Themenblöcke
- Kernaussagen

Typische Akteursperspektiven

4. Wissenschaftliche Konzeptionalisierung:
- Verknüpfung von Teilergebnissen
- empirische Generalisierung

Verbindung von Theorie - Empirie

5. Theoretische Reflexion:
- Bezug zur Ausgangsfragestellung
- theoret, Einordnung

Gesamtinterpretation

Entwurf: *I. Helbrecht*

Abb. 10:   Interpretationsverfahren

Interpretationsphase dient der Einordnung einzelner Ergebnisse unter Verwendung von wissenschaftlicher Terminologie in Kategoriensysteme. Mit dem Rückgriff auf theoretische Begriffskategorien findet eine forscherinnengeleitete Auswertung statt. An dieser Stelle im Interpretationsprozeß müssen theoretische Ausgangsvoraussetzungen und

100

empirische Befunde dialektisch miteinander verwoben werden. Im fünften und letzten Arbeitsschritt überwiegt das Erkenntnisinteresse vollständig. Die Empirie wird nur noch im Licht der Theorie gedeutet. Hierdurch findet eine Verknüpfung der Teilergebnisse statt. Die subjektiven Sichtweisen der Experten werden kritisiert und in übergeordnete Denksysteme eingeordnet. Die empirischen Erkenntnisse werden anhand der allgemeinen Ausgangsfragestellung reflektiert (vgl. Abb. 10).

Um die Ergebnisse der Fallstudien anschließend in den Kontext der bundesrepublikanischen Entwicklung im Stadtmarketing einzuordnen, wurden ExpertInneninterviews geführt (vgl. Kap. 7.1). Der Gesprächsleitfaden der Fallstudienuntersuchungen wurde hierfür entsprechend abgewandelt. Interviewführung, Transkription und Auswertung wurden in ähnlicher Form wie schon bei der Untersuchung der bayerischen Modellprojekte durchgeführt. Ergänzend hierzu wurden Projektberichte, Angebote von Beratungsfirmen sowie die bestehende Literatur ausgewertet. Bei der Darstellung der Untersuchungsergebnisse wird auf eine Numerierung und Zuordnung der einzelnen Interviewquellen und Aktenbelege verzichtet. Der Anspruch auf Explikation der Interpretationen kann in der qualitativen Sozialforschung niemals vollständig erfüllt werden (vgl. LAMNEK 1988, S. 26), da Interviewzitate keine direkten Belege für die wissenschaftliche Interpretation des Materials im Sinne der doppelten Hermeneutik sein können. Der Nachweis der Angemessenheit der Ergebnisfindung kann deshalb in der qualitativen Sozialforschung grundsätzlich - und damit auch bei den vorliegenden Interpretationen der Projektverläufe - anhand der Plausibilität der Ergebnisse geführt werden.

5.2 Das Konzept der öffentlichen Förderung in Bayern

Angesichts der Unübersichtlichkeit der Situation in der Planungslandschaft wird schon kurz nach dem Aufflammen der Diskussion Ende der 80er Jahre deutlich, daß viele Kommunen mit der neuartigen Aufgabenstellung einer "Stadtentwicklung am Markt" überfordert sind. Im Herbst 1989 ergreift deshalb das Bayerische Staatsministerium für Wirtschaft und Verkehr die Initiative. Die Anregung hierzu stammt vom Landesverband des Bayerischen Einzelhandels e. V., dessen Betriebswirtschaftliche Beratungsstelle für den Einzelhandel (BBE) im Zuge gutachterlicher Tätigkeiten zunehmend mit dem Bedarf nach integrierten, marktwirtschaftlich Konzepten zur Stadtentwicklung konfrontiert wird. Das Modellprojekt "City-Management" wird vom Landesverband im Juli 1989 beantragt und vom Ministerium mit einer Anteilfinanzierung von 680.000,- DM gefördert.

Die Aufgabenstellung des Modell-projektes zielt auf die Erarbeitung von Grundlagen zum Citymanagement und Stadtmarketing. Im Vordergrund steht die Entwicklung eines Gesamtkon-zeptes zur Steigerung der Wirtschafts-kraft und Lebensqualität in den Ge-meinden. Die Pilotprojekte umfassen die Gesamtheit aller kooperativen Maßnahmen und Aktionen zur Stär-kung der Standortqualität der Modell-Städte. Dieses hohe Anspruchsniveau soll mit den Mitteln eines ganzheitli-chen Marketingansatzes verwirklicht werden. In Form einer neuartigen Partnerschaft zwischen Politik, Ver-waltung, Wirtschaft und anderen wichtigen Gruppen einer Stadt sollen innovative Instrumente zur Attraktivi-tätssteigerung der Stadt kritisch ge-

Entwurf: *I. Helbrecht*

Abb. 11:   Lage der bayeri-schen Projekte

prüft werden, um sie im Anschluß an das Modellprojekt zielgerichtet einsetzen zu können. Vom 1. September 1989 bis zum 28. Februar 1992 wird in Kronach (Oberfranken), Mindelheim (Schwaben) und Schwandorf (Oberpfalz) Stadtmarketing als neues Instrument der Kommunalpolitik getestet (vgl. Abb. 11). Jeder Gemeinde stehen 200.000,- DM an För-dergeldern zur Verfügung; 100.000,- DM werden von Stadt und Gewerbe zu gleichen Teilen aufgebracht. Ausschlaggebend für die Auswahl der Städte ist zum einen die Suche nach geeigneten Klein- und Mittelstädten. Die überschaubaren Strukturen, kurze Entscheidungswege, enge Bindungen der lokalen Entscheidungsträger und die geringere Polarisierung der Interessen zwischen Gewerbe und Kommune bieten für die Erprobung des Stadtmarketing geeignete Voraussetzungen. Zum anderen steht die Überlegung im Vordergrund, daß der Modernisierungs-druck in den drei verschiedenen Gebietskulissen benachteiligter Räume besonders hoch ist (vgl. Abb. 12).

		Kronach	Mindelheim	Schwan-dorf	Bayern
Fläche in qkm 1992		67	56,4	123,8	70.554
Einwohner 1991		18.622	12.693	26.538	11.595570
Bevölkerungsveränderung 1970-1991 in Prozent		-1,4	8,7	-6,2	10,7
Sozialvers. Beschäftigte	1991 insges.	12.166	7.751	11.614	4.307358
Land- und Forstwirtschaft	1991 Anteil in Prozent	0,6	1	1,1	1
Produzierendes Gewerbe		59,8	56	47,7	48,6
Handel und Verkehr		14,4	20,1	17,3	17,9
Sonstige		25,2	22,9	33,9	32,5
Erwerbslose 1987 in Prozent der Erwerbstätigen		4,5	3,4	7,5	5,1
Steuereinnahmekraft 1991 pro Einwohner in DM		1.242	1.283	1.284	1.229

Quelle: *BAYERISCHES LANDESAMT 1987, 1992; eigene Berechnungen*

Abb. 12:   Strukturdaten der Modell-Städte im Vergleich

Kronach hat (zu Beginn der öffentlichen Förderung) eine extreme Randlage im Zonenrandgebiet und liegt dennoch außerhalb des Förderungsgebietes der Gemeinschaftsaufgabe "Verbesserung der regionalen Wirtschaftsstruktur". Die Dienstleistungswirtschaft ist hier aufgrund des hohen Industrialisierungsgrades weitgehend unterrepräsentiert. Allerdings eröffnen sich im Projektverlauf durch die veränderte Situation an der ehemaligen innerdeutschen Grenze neue Chancen und Gefahren gleichermaßen. Die Stadt Mindelheim ist sicherlich nicht strukturschwach. Sie ist vielmehr die einzige Bewerberin aus Südbayern und verfügt aufgrund des dichten Siedlungssystems mit einer Vielzahl benachbarter Konkurrenzorte über eine spannungsreiche Lage im ländlichen Raum. Bei einer weitsichtigen Ansiedlungspolitik kann mittelfristig mit Überschwappeffekten aus der Region München gerechnet werden. In Schwandorf bestehen spezifische Strukturprobleme: Die Erwerbslosenquote und Zahl der Abwanderungen sind im Vergleich zum Landesdurchschnitt überproportional hoch. Es gehört deshalb zum Fördergebiet der Gemeinschaftsaufgabe. Regionalpolitisch betrachtet wären aufgrund von Kennziffern wie zum Beispiel Steuereinnahmekraft oder Erwerbslosigkeit dennoch weitaus bedürftigere Orte für die Modellprojekte in Betracht gekommen. Alle drei genannten Gemeinden verfügen zwar über individuelle Problemlagen, dennoch sind sie mittelfristig den aufsteigenden Regionen Bayerns zuzurechnen. Da die Auswahl der Modell-Gemeinden jedoch in den Händen des Ministeriums liegt, spielt neben strukturpolitischen Argumenten vor allem der politische Proporz eine große Rolle - was sich im Verlauf der Modellprojekte als problematische Voraussetzung herausstellt. Mit der Durchführung des Projektes wird die CIMA City-Management, Gesellschaft für gewerbliches und kommunales Marketing mbH (München) beauftragt, eine speziell für diese Aufgabenstellung gegründete Tochter der BBE.

5.3   Kronach in Oberfranken

Der Raum Kronach ist als ehemaliger Peripherraum altindustrialisiert geprägt: Produktivität und Löhne liegen weit unter dem oberfränkischen Niveau; aufgrund der Anbindung an die Automobilindustrie sind die industriellen Strukturen auch heute noch dominant (vgl. MAIER/TROEGER-WEISS 1989, S. 137). Die regionale Wanderungsbilanz war während der 60er und 70er Jahre durch massive Abwanderungen geprägt (vgl. WEBER/MAIER 1982, S. 122). Dennoch zeichnet sich in den letzten Jahren ein Aufwärtstrend in der Regionalentwicklung ab, der von einigen Unternehmen im Glas- und Keramikbereich sowie der aufstrebenden Dienstleistungswirtschaft getragen wird. Seit der Grenzöffnung im November 1989 wird die periphere Lage im Zonenrandgebiet gemildert, es ergibt sich jedoch gleichzeitig eine veränderte Konkurrenzsituation durch das Wiedererwachen des historisch bedeutenderen Coburg/Neustadt/Sonneberger Raumes (vgl. BLUM et al. 1991, S. 459).

Die widersprüchliche regionalpolitische Ausgangssituation erfordert in Kronach eine aktive Potentialstrategie. Das Mittelzentrum hat 18.622 EinwohnerInnen (1991) und verfügt mit der Festung Rosenberg über eine der größten Festungsanlagen Deutschlands (Grundfläche 23 ha). Es ist der wirtschaftliche Mittelpunkt des Landkreises. 6.600 Beschäftigte pendeln aus den umliegenden Wohngemeinden des Frankenwalds täglich in die Stadt ein. Die Verkehrsanbindung ist gekenzeichnet durch die Lage an der Bundesbahnstrecke München - Berlin sowie den Kreuzungspunkt der Bundesstraßen B 85, B 173 und B 303. Kronach ist Standort der durch extravagantes Design bundesweit bekannten Firma Loewe-Opta (Fernseher) sowie des Porzellanherstellers Rosenthal (vgl. Abb. 13). Bei dem Versuch, den positiven Entwicklungstrend der letzten Jahre zu stärken, kann die Kreisstadt des gleichnamigen Landkreises auf den Attraktivitätsfaktor der reich gegliederten mittelalterlichen Altstadt bauen. Die fast 1000-jährige Stadtgeschichte hat in Verbindung mit der interessanten topographischen Struktur zur Herausbildung einer Oberen und Unteren Stadt geführt. Letztere bildet heute die den zentralen Geschäftsbereich.

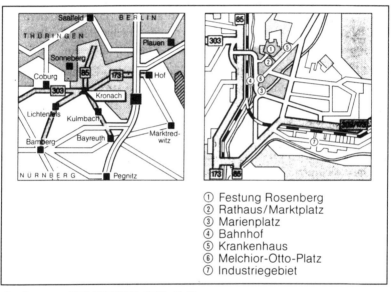

① Festung Rosenberg
② Rathaus/Marktplatz
③ Marienplatz
④ Bahnhof
⑤ Krankenhaus
⑥ Melchior-Otto-Platz
⑦ Industriegebiet

Quelle: *HELBRECHT 1992, S. 7*
Abb. 13:   Lage und Stadtstruktur Kronachs

5.3.1   Ausgangssituation

Die Ausgangssituation in Kronach zu Beginn des Modellprojektes ist zwiespältig. Es besteht eine lange Tradition der Kritik an den üblichen Formen der Stadtentwicklungspolitik. Insbesondere die örtlichen Wirtschaftsvertreter sind schon seit Jahren unzufrieden mit den bestehenden Akzenten in der Kommunalpolitik und engagieren sich für die Belange der Stadt. Zugleich besteht jedoch aufgrund dieser weitreichenden Geschichte der Verbesserungsversuche und -fehlschläge eine Frustration und Verkrampfung, wenn es um neuere Überlegungen zu einer gemeinsamen Standortpolitik von öffentlicher und privater Hand geht.

Zentraler Motor früherer Initiativen waren stets die Kronacher Einzelhändler, die als Aktionsgemeinschaft organisiert in den 70er und 80er Jahren immer wieder Versuche starteten, die Kommunalpolitik und Bürgerschaft zu einer gemeinsamen Standortpolitik zu bewegen. Es wurden Gutachten zu Struktur und Entwicklungschancen Kronachs in Auftrag gegeben, die jedoch folgenlos in den Schubladen der Gemeinde verschwanden. Die einseitige Schubkraft aus dem Handel blockierte die Kooperationsbereitschaft der Stadtspitze. Sie brachte den Händlern den Vorwurf des Interessenegoismus und der Klientelpolitik ein.

1988 wird mit der Gründung des "Förderkreises Kronach und sein Umland e.V." als Kind der Aktionsgemeinschaft versucht, das Anliegen der lokalen Kooperation und Standortprofilierung auf eine breitere Basis zu stellen. Der Förderkreis, dessen Mitglieder sich vorwiegend aus Dienstleistungsbetrieben (Apotheker, Gastwirte, Rechtsanwälte, Ärzte) zusammensetzen, versteht sich als Diskussionsforum für Fragen der Stadtentwicklung. Er kann aber an der verkrusteten Situation nur wenig ändern. Zuviel Parteipolitik und zuwenig Sachentscheidungen verhindern die Umsetzung der vielfältigen Vorschläge aus Förderkreis und Aktionsgemeinschaft. Zudem haben die Kommunalpolitiker kein Verständnis dafür, warum die lokale Wirtschaft beginnt, sich für gesamtstädtische Belange zu interessieren. Während die Politiker darauf beharren, dies sei "ihre" Aufgabe, entgegnen die Wirtschaftsvertreter, es seien "unsere" Probleme. Es kommt zu einer Konfrontation zwischen Politik und lokaler Wirtschaft, bei der das Engagement der Unternehmer für die Gesamtbelange der Stadt immer mehr zu einem Ärgernis und ungeliebten Einmischung aus Sicht der städtischen Führungsspitze wird.

Die Wirtschaftsvertreter setzen aufgrund der Vorgeschichte große Hoffnungen in das Modellprojekt. Während der Boden für ein professionelles Stadtmarketing von seiten der Unternehmer aufgrund ihrer Bereitschaft, sich für den Standort zu engagieren, relativ gut bereitet ist, ist die Haltung der Stadt ausgesprochen problematisch. Die Erwartungshaltung der Kommune ist durch eine Art "Blockade" gekennzeichnet. Es besteht die Befürchtung, der Citymanager könne zu einer "Gegenregierung" und Konkurrenz des Bürgermeisters werden. Der Vertragsabschluß durch den Bügermeister ist deshalb weniger der eigenen

Einsicht in die Notwendigkeit lokaler Partnerschaften als vielmehr der öffentlichen Förderung durch den Freistaat zuzurechnen. Hier erweist sich die Auswahl der Modell-Gemeinde nach Kriterien der landespolitischen Opportuinität als ausgesprochen problematisch. Im Falle Kronachs ist somit ein Stadtmarketing notwendig, das der Verschlossenheit der Gemeinde gegenüber die nötige Sensibilität aufbringt und die Vermittlung der lange schon bestehenden Konflikte zwischen Wirtschaft und Stadt leistet. Die Aufgabenstellung von Stadtmarketing als Strategie der Beziehungspflege trifft damit den Kern der Kronacher Situation.

5.3.2   Projektverlauf 1989/90: Der Citymanager als Dauerberater

Am 1. September 1989 gründen die Gemeinde Kronach, die Aktionsgemeinschaft der Einzelhändler sowie die CIMA die "Arbeitsgemeinschaft Kronach" als Gesellschaft Bürgerlichen Rechts. Die Gesellschaft gewährleistet die ordnungsgemäße Abwicklung der Finanzen des Modellprojektes und gibt dem Stadtmarketing einen institutionellen Rahmen. Die Gründung einer solchen Organisation ist in allen drei Modell-Städten der Startschuß für das Pilotprojekt. Gleichzeitig wird eine Marktuntersuchung durchgeführt, in der Kaufkraftabflüsse, Sortimentslücken im Einzelhandel sowie das Image des Wirtschaftsstandortes Kronach bei Unternehmern und Konsumenten untersucht werden. Die Stärken-Schwächen-Bilanz des Wirtschaftsstandortes Kronach dient als Analysebasis der Projektarbeit. Der Citymanager ist mit einem Büro im Rathaus verankert und nimmt seine Tätigkeit auf. Von September bis Dezember 1989 hat die Arbeit des Citymanagers drei Schwerpunkte.

Öffentlichkeitsarbeit: In der Einstiegsphase des Projektes sind Öffentlichkeitsarbeit und die Sensibilisierung der Kooperationspartner vor Ort ein wesentliches Ziel. Durch eine Pressekonferenz und ein Interview mit dem Citymanager im Radio wird der Bekanntheitsgrad des Projektes erhöht.

Weihnachtsaktion: Nach der Grenzöffnung zur DDR im November 1989 steigt das Verkehrsaufkommen in Kronach drastisch an. Die deutlich erhöhte Kundenfrequenz zur Weihnachtszeit verschärft die problematische Situation. Der Citymanager muß sofort bei Projektbeginn aktiv werden und Lösungswege finden. Um das Problem zu bewältigen, werden zwei Aktionen durchgeführt. Beide verfolgen das Ziel, die Benutzung des ÖPNV zu steigern und das Verkehrsaufkommen in der Stadt zu reduzieren. Erstens wird ein Park and Ride-System eingeführt. Die Kronacher KundInnen können auf einem stadtextern gelegenen Parkplatz parken und kostenlos im zehn-Minuten-Takt von 8.00 bis 18.00 Uhr mit einem Pendelbus in das Stadtzentrum fahren. Zweitens wird die "Kronacher-Taler-Aktion" initiiert. In den Geschäften werden Wertgutscheine (0,50 DM) ausgelegt, die beim Kauf einer Fahrkarte für den ÖPNV als Zahlungsmittel akzeptiert werden.

Konzeption: Während die Weihnachtsaktion als Feuerwehrmaßnahme mit kurzfristiger Wirkung durchgeführt wird, ist die Entwicklung eines strategischen Gesamtkonzeptes für das Stadtmarketing die Hauptaufgabe bei Projektbeginn. Der Citymanager versucht, selbständig einen Vorschlag zum Aufbau des Projektes zu erarbeiten. Sein Konzept sieht eine Imagestrategie auf drei Säulen vor: Erstens soll PR-Arbeit durch die Entwicklung von Logos, Slogans und Anzeigenkampagnen geleistet werden. Zweitens soll die Innenstadt durch Werbeaktionen in Kooperation mit der Aktionsgemeinschaft an Attraktivität gewinnen. Durch Handels-Aktionen wie etwa Seminare zur Schaufenstergestaltung, VerkäuferInnenschulung und Beleuchtungstechnik soll drittens der örtliche Einzelhandel einen Beitrag zur Verbesserung des Stadtbildes leisten.

Anhand der drei Säulen wird deutlich, daß das Kronacher Modellprojekt zunächst mit einem begrenzten Stadtmarketingverständnis operiert. Der Citymanager konzentriert sich aus eigenem Antrieb auf die Belange des Handels. Hier kommt die Entstehungsgeschichte der CIMA als Tochtergesellschaft der BBE negativ zum Tragen. Da auch die CIMA zu Projektbeginn kein fertiges Rezept zum Stadtmarketing parat haben kann, orientiert sich der Citymanager gewohnheitsmäßig an Vertrautem. Der Projekteinstieg über die Belange des Einzelhandels verläuft in den beiden anderen Modellstädten ähnlich.

Langfristig unheilvoller ist jedoch die problematische Grundhaltung des Citymanagers, die - wie sich bei dem Entwurf der Konzeption schon andeutet - kaum kooperativ ist. Anstelle des Versuchs, auf der Basis einer breiten Meinungsbildung in der Stadt die wesentlichen Handlungsbereiche der Stadtentwicklung herauszufiltern, entstehen die Projektideen (Drei-Säulen-Strategie) im expertokratischen Alleingang. Der Citymanager versteht sich als kommunaler Dauerberater, der mit geschultem Blick und Sachkompetenz die Strukturen der Stadt analysiert und Ratschläge formuliert. Anstatt die lokalen Gruppen zu beteiligen, verteilt er schriftliche Fragebögen, auf denen die KronacherInnen ankreuzen können, ob sie a) den Citymanager persönlich sprechen möchten, b) eigene Wünsche an den Citymanager haben oder c) Anregungen für das Stadtmarketing geben möchten. Diese Befragung ist in ihrer Wirkung eine (zwar so nicht intendierte) gekonnte diplomatische Ausladung. In der Folgezeit häufen sich deshalb die Beschwerden, wonach der Citymanager selten erreichbar und ansprechbar sei. Die wenigen lokalen Kooperationspartner, mit denen der Citymanager vor Ort im Gespräch ist, rekrutieren sich vor allem aus der Vorstandschaft der Aktionsgemeinschaft. Das Ziel einer breiten lokalen Kooperationsbasis und Vermittlungsfunktion im Stadtmarketing wird in den ersten Monaten des Projektes überhaupt nicht erreicht.

Im Jahr 1990 öffnet sich das Handlungsfeld des Stadtmarketing in Richtung allgemeiner Fragen der Stadtentwicklung. Neue thematische Schwerpunkte werden gesetzt. In Form eines breit gestreuten, inhaltlichen Suchprozesses werden unterschiedliche Maßnahmen zur Attraktivitätssteigerung Kronachs angedacht. Der Citymanager versucht, Ideen zu entwickeln und Hilfestellung bei der Planung von Maßnahmen zu geben. Seine Aktivitäten beziehen sich auf folgende Bereiche:

Verkehr: In Kronach gibt es Probleme im Bereich des ruhenden und fließenden Verkehrs. Zur Verbesserung der Parkplatzsuche in der Innenstadt wird ein veralteter Parkplan ergänzt und aktualisiert. Um dem Problem des ruhenden Verkehrs an die Wurzel zu gehen, wird in Zusammenarbeit mit der Stadt Kronach der Bau eines Parkhauses geprüft. Durch die Grenzöffnung ist das hohe Verkehrsaufkommen im Durchgangsverkehr sprunghaft gestiegen. Die mittelalterlichen Stadtstrukturen mit ihren engen Straßen und Nadelöhren erschweren einen zügigen Verkehrsfluß. Der Citymanager erarbeitet in Zusammenarbeit mit der Stadt Kronach, dem Landratsamt, dem Förderkreis sowie der Aktionsgemeinschaft ein Verkehrskonzept für den fließenden Verkehr. Ziel ist die Schaffung einer durchgängigen Umgehungsstraße. Darüber hinaus erarbeitet der Citymanager mit dem Bürgermeister eine Checkliste für die erfolgreiche Errichtung der Fußgängerzone.

Werbekonzeption: Durch eine Werbekonzeption, eine der drei Säulen der Imagestrategie des Citymanagers, soll Sympathie bei den BewohnerInnen der Stadt und den KundInnen aus dem Einzugsgebiet geschaffen werden. Der Citymanager beauftragt im Januar 1990 eine Werbeagentur, die durchgängige Jahreswerbekonzeption hierfür zu erarbeiten.

Schulungsveranstaltungen: Im Frühjahr 1990 erhöht sich die Ladendiebstahlquote rapide. Der Citymanager organisiert im März 1990 ein zweitägiges Seminar hierzu, das bei den Händlern regen Anklang findet. Um weitere Impulse in den Kronacher Einzelhandel zu bringen, wird im Juli 1990 ein Seminar zur Schaufensterdekoration durchgeführt.

Kultur: Kronach ist Geburtsort von Lucas Cranach, einem Hauptmeister der deutschen Renaissancemalerei. Um das Ziel einer hervorstechenden Profilierung Kronachs auf kulturellem Gebiet zu erreichen, bietet die Figur Lucas Cranachs einen positiven Anknüpfungspunkt. In Zusammenarbeit mit der Kulturdezernentin des Landkreises wird ein Jahreskulturplan erarbeitet.

Stadthalle: Im kulturellen und tagungstechnischen Bereich weist Kronach ein strukturelles Defizit auf. Es fehlt an Räumlichkeiten zur Durchführung von Veranstaltungen. Das Projekt Stadthalle wird auf seine Realisierbarkeit hin überprüft. Der Citymanager führt Gespräche und Betriebsbesichtigungen durch. Fragen der Dimensionierung, Verträglichkeit und Nutzungsmöglichkeiten der Stadthalle werden unter Beratung des Citymanagers diskutiert.

Melchior-Otto-Platz: Die Verlagerung der gewerblichen Aktivitäten aus der Oberen Stadt in die Untere Stadt sowie auf die "grüne Wiese" hat die Attraktivität der Oberen Stadt in einem schleichenden Entwertungsprozeß ausgehöhlt. Obwohl der Melchior-Otto-Platz ein städtebauliches Kleinod ist, liegt sein Potential als Attraktivitätsfaktor der Stadt brach. Im Rahmen des Stadtmarketing wird deshalb das stadtentwicklungspolitische Ziel der Revitalisierung der Oberen Stadt formuliert. Die Obere Stadt soll als Versorgungszentrum und attraktiver Stadtteil zurückgewonnen werden. Hierfür finden Gespräche mit der Gastronomie über mögliche Problemlösungen statt.

Dienstleistungsabend: Die Einführung des langen Donnerstags im Oktober 1989 erweist sich in Kronach in den folgenden Monaten als zunehmend problematisch. Obwohl die Kundenfrequenz in den Anfangsmonaten zufriedenstellend war, ist der Besucherstrom nach Weihnachten rapide zurückgegangen. Das Resultat ist die sinkende Bereitschaft der Händler, ihre Geschäfte am Donnerstag länger zu öffnen. Hier versucht der Citymanager gegenzusteuern. Er initiiert unter dem Slogan "Kronach hat mehr Zeit für Sie" am 5. April 1990 einen großen Dienstleistungsabend, an dem sich städtische Behörden (Straßenbauamt, Arbeitsamt, Finanzamt) und drei Banken beteiligen. Ergänzend hierzu finden PR- und Werbeaktionen statt. Um den Bekanntheitsgrad Kronachs zu erhöhen, organisiert der Citymanager zudem im August 1990 eine Aktion mit dem

110

lokalen Rundfunksender Radio Plassenburg. Vier Tage berichtet ein Rundfunkteam über Kronach und sein Umland.

Weihnachtsmarkt: Der Kronacher Weihnachtsmarkt erfüllt 1989 seine Funktion als verkaufsförderndes und imagebildendes Ereignis nicht. Das Stadtmarketingprojekt bildet in Kooperation mit der Stadt, der Aktionsgemeinschaft, dem Förderkreis, dem Gewerbeverband und anderen Experten einen Ausschuß zum Entwurf eines neuen Konzeptes. Es wird eine einheitliche Standbeleuchtung angeschafft und die Anzahl der Stände erhöht.

Koordination der Partner vor Ort: In Kronach ändern sich mit der Kommunalwahl im ersten Halbjahr 1990 die politischen Verhältnisse. Hierdurch wandeln sich auch die Voraussetzungen für die Zusammenarbeit mit den politischen Entscheidungsträgern. Der neue Bürgermeister ist offener und verhält sich kooperativ. Um das Ziel der Bündelung aller Kräfte zu erreichen, gründet der Citymanager einen "Runden Tisch Kronach" auf oberster Ebene. Teilnehmer des Workshops sind der Landrat, der Bürgermeister, die Vorsitzenden der Aktionsgemeinschaft und des Förderkreises sowie ihre Vertreter. Ziel der Arbeitsgruppe ist die Aufstellung eines einheitlichen Marketing-Konzeptes für die Stadt. Sie tagt allerdings nur einmal.

Obwohl somit eine Reihe von wichtigen Themen diskutiert und aufgegriffen worden sind, besteht am Ende der ersten Projekthälfte im Dezember 1990 auf seiten der Wirtschaftsvertreter eine große Unzufriedenheit mit dem Instrument Stadtmarketing. Auch 1990 gelingt es dem Citymanager nicht, die notwendige Vermittlungsfunktion zwischen Wirtschaft und Stadt zu leisten. Die "Handelslastigkeit" des Citymanagers wird zwar durch die Erweiterung des Themenspektrums in Richtung Verkehr, Gastronomie, Ökologie usw. tendenziell aufgebrochen. Es gelingt jedoch nicht, die hierfür relevanten VertreterInnen der Kronacher Interessengruppen in den Entscheidungs- und Diskussionsprozeß mit einzubinden. Der Citymanager spricht mit vielen Einzelnen; er führt die lokalen Akteure jedoch nicht zusammen. Die Beratungsgespräche finden hinter verschlossenen Türen statt. Hierdurch hat der Citymanager zwar einen relativ breiten Überblick über die Themen und Probleme der Stadtentwicklung. Er beschränkt sich jedoch weder auf einige wenige, realisierungsfähige Projekte, noch gelingt es ihm, innerhalb der lokalen Guppen einen Entscheidungsprozeß über zukünftige Schwerpunkte der Stadtentwicklung herbeizuführen. Es kommt deshalb zu keiner Konkretisierung der Ideen. Aus Sicht der Kronacher passiert somit nichts im

Stadtmarketingprojekt. Es entsteht der Vorwurf der mangelnden Öffentlichkeitsarbeit; zuwenig von dem, was eigentlich geleistet würde, dringe nach außen. In diesem Zusammenhang spielen auch die Entscheidungsstrukturen der Stadt eine wesentliche Rolle. Die Kooperationsbereitschaft des Bürgermeisters ist bis zum Wechsel nach den Kommunalwahlen im Frühjahr 1990 sehr gering. Diese Einschätzung wird von den Kronacher Gruppen geteilt. Sie konstatieren, daß der Citymanager es bei seinem Versuch einer koordinierten Standortpolitik in der Stadt nicht leicht habe.

Damit befindet sich das Kronacher Stadtmarketingprojekt nach der ersten Projekthälfte in einer paradoxen Situation: Die inhaltlichen Schwerpunkte sind vernünftig gesetzt; der gewählte Weg als methodisches Konzept führt jedoch nicht zum gewünschten Erfolg. Hierbei ist die übermäßige Breite der angestoßenen Themen oder die mangelnde Öffentlichkeitsarbeit nur von geringerer Bedeutung. Das Hauptproblem besteht nach wie vor in der Arbeitsweise des Citymanagers. Das Ziel einer neuartigen Partnerschaft in der Stadt wird nicht erreicht, weil der Citymanager den hierfür notwendigen Kontakt mit den Kooperationspartnern nach deren eigener Einschätzung nicht intensiv genug sucht. Er geht weder offen auf die Akteure zu, noch besitzt er - so das Urteil vor Ort - die Fähigkeit, zuzuhören. In der Konsequenz entstehen gegenseitige Schuldzuweisungen, mit denen die Beteiligten das Fehlschlagen des Projektes zu erklären suchen: Während die Kronacher dem Citymanager persönliche Arroganz, mangelndes Einfühlungsvermögen in kleinstädtische Kommunikationsstrukturen und fachliche Unfähigkeit vorwerfen, bewertet der Citymanager die Kronacher im Gegenzug als kollektiv kooperationsunfähig.

Obwohl insbesondere die politischen Verhältnisse schwierig sind, scheitert Stadtmarketing in Kronach in der ersten Projekthälfte - so der Konsens der lokalen Akteure - vor allem an dem persönlichen Fehlverhalten des Citymanagers. Sämtliche Aktivitäten des Citymanagers, die in den Akten aufwendig dokumentiert sind, verpuffen in ihrer Wirkung vor Ort. Sie sind in den Wahrnehmungen der Gruppen nicht präsent. Nicht die aufgegriffenen Themen waren falsch, sondern die Vorgehensweise. Der Citymanager ist der unbekannte Experte in der Stadt, den niemand zu Gesicht bekommt, jedoch eine Unmenge an Aktenvermerken produziert. Mit einem solchen Ansätz läßt sich sicherlich keine Strategie der Beziehungspflege in der Stadt verwirklichen.

5.3.3 Projektverlauf 1991/92: Der Weihnachtsmarkt

Die bis Ende 1990 entstandene Verärgerung und Enttäuschung über den bisherigen Projektverlauf sowie die personelle Fehlbesetzung machen einen personellen Neuanfang zwingend notwendig. Im gegenseitigen Einvernehmen über die Sinnlosigkeit einer weiteren Kooperation trennen sich die Wege des Citymanagers und der Stadt Kronach. Am 3. März 1991 nimmt ein neuer Citymanager seine Arbeit in Kronach auf. In einem veränderten Arbeitsstil geht er offensiv auf die Experten vor Ort zu, erfragt sich im Schneeballsystem das lokale Umfeld und verschafft sich ein genaues Bild der Stimmungslage und Entscheidungsstrukturen in der Stadt. Der neue Citymanager verfügt über Rhetorik und Überzeugungskraft. Es gelingt ihm relativ schnell, das negative Meinungsbild zum Stadtmarketing positiv zu wenden. Er setzt mit seiner motivatorischen Begabung neue Energien frei. Dadurch wird ein wirklicher Neuanfang für die Kronacher möglich.

Die Situation ist für den neuen Citymanager dennoch diffizil. Er steht vor der schwierigen Aufgabe, aus dem bisher bearbeiteten Themenspektrum diejenige Maßnahme herauszufiltern, mit der in der verbleibenden Zeit noch am meisten im Sinne des Stadtmarketing erreicht werden kann. Eine Konzentration auf nur wenige, dafür aber bis Ende des Jahres realisierbare Maßnahmen erscheint notwendig. Da die meisten Projekte nur langfristig verwirklicht werden können (Stadthalle, Verkehrskonzept), bietet sich die Neukonzipierung des Weihnachtsmarktes als realisierbare und imageträchtige Maßnahme an. Aufgrund seiner großen Ausstrahlung innerhalb der Stadt gelingt es dem Citymanager, nach zwei Monaten der Entscheidungsvorbereitung und Überzeugung am 14. Mai 1991 einen Konsens bei den VertreterInnen der Stadt, des Landkreises, der Aktionsgemeinschaft und des Förderkreises herbeizuführen. Alle Beteiligten einigen sich auf eine Neugestaltung des Kronacher Weihnachtsmarktes als stadtentwicklungspolitischem Großziel 1991. Einstimmig beschließen die Stadtväter die Neukonzeption.

Die entscheidende Leistung des Citymanagers setzt sich dabei aus drei Komponenten zusammen. Aufgrund seiner Sachkompetenz als Unternehmens- und Kommunalberater stellt er erstens sein Expertenwissen und seine Kontakte für die Organisation und Strategieentwicklung zur Verfügung. Zweitens gelingt ihm die für Kronach wesentliche Moderationsfunktion zwischen den Gruppen in der Stadt. Er moderiert die unterschiedlichen Ansprüche an den Weihnachtsmarkt und führt sie zu einem integrierten Konzept zusammen. Hierdurch wird erstmalig eine gemeinsame Standortpolitik zwischen öffentlicher und privater Hand möglich. Drittens motiviert der Citymanager als Motor des Projektes die lokalen Gruppen zur Mitarbeit und setzt lokale Kräfte und Ressourcen frei. Durch die Mobilisierung aller auf ein gemeinsames Ziel wird eine Veränderung der Rahmenbedingungen der Stadtentwicklung erreicht, die vorher undenkbar war. So besteht in Kronach eine umständliche Marktsatzung, die Organisation, Struktur und Verlauf von Märkten in der Stadt bürokratisch regelt. Schon mehrmals haben Förderkreis und Aktionsgemeinschaft den Versuch gestartet, die überkommene Marktsatzung zu ändern, um flexibel Bauern- und Antiquitätenmärkte veranstalten zu können. Die Veränderung der Satzung war innerhalb der lokalen Denkschemata stets undenkbar. Auch bei dem Versuch der Neukonzipierung des Weihnachtsmarktes wird die bestehende Satzung erneut als vorhandenes aber unumgängliches Hindernis von allen Beteiligten identifiziert. Der Citymanager, unvorbelastet in dieser Hinsicht, stellt die Veränderung der Marktsatzung als Selbstverständlichkeit in den Raum. Seine Neutralität als Externer und anerkannter Fachmann kann die bestehende Haltung zur Marktsatzung in Kommunalverwaltung und -politik überwinden: Die Marktsatzung wird reformiert und den Bedürfnissen flexibler Märkte als Ereignispolitiken angepaßt.

Der Weihnachtsmarkt verfolgt mehrere stadtentwicklungspolitische Ziele: Der Kronacher Weihnachtsmarkt wird ein durchgängiger Weihnachtsmarkt in der historischen Oberen Stadt, der das alte Zentrum der Stadt aufwertet; während der Dauer des Marktes finden attraktive Veranstaltungen statt, die den Besuchern neben Kommerz und Konsum auch Kunst und Kultur bieten; der Kronacher Weihnachtsmarkt wird erlebnisorientiert eröffnet und beendet, um die Signalwirkung des Ereignisses zu erhöhen. Für die Zielerreichung wird ein umfangreiches Maßnahmenpaket beschlossen. Der Citymanager sammelt die Anregungen hierfür, liefert neue Ideen und moderiert den Entscheidungsprozeß zwischen den Gruppen. Die "eigentliche" Arbeit wird an die lokalen Experten delegiert. Hier kann der Citymanager an das außergewöhnlich hohe Engagement der Wirtschaftsvertreter anknüpfen, die nach Dienstschluß die vielfältigen Management- und Organisationsleistungen für den Weihnachtsmarkt erbringen. Sie bilden einen Arbeitskreis "Weihnachtsmarkt" und treffen sich auch ohne den Citymanager regelmäßig zur Vorbereitung des Ereignisses. Die Verselbständigung der Arbeit vor Ort ist vom Citymanager intendiert. Er will nicht die Abhängigkeit der Stadt von einem externen Experten provozieren, sondern die vorhanden lokalen Gestaltungs- und Organisationspotentiale mobilisieren und stärken.

Der Weihnachtsmarkt erfordert während des gesamten Jahres 1991 einen großen Kraftakt von allen Beteiligten. Er wird zu einem spektakulären Ereignis, dessen Neukonzeption sich aus mehreren Komponenten zusammensetzt:

- Die Anzahl der Hütten wird auf über 60 gesteigert. Die Hütten werden neu konstruiert (z. B. mit fränkischen Giebeln) und angekauft.
- Die Belegung wird durch Anbieter aus dem Erzgebirge, dem Spreewald und Thüringen erweitert.
- Begleitend zum Weihnachtsmarkt findet ein Kulturprogramm statt.
- Der Weihnachtsmarkt wird überregional mit DB-Sonderfahrten, Busreisen, Pressearbeit und Anzeigen-Werbung vermarktet.
- Jeder Tag erhält ein Motto und spricht eine andere Zielgruppe an (Tag der Betriebe, der Vereine, der Kinder usw.).
- Treffpunkte werden eingerichtet in Form einer Weinstube, Märchenstube, Christkindl-Café usw.
- Es gibt eine Kinderbetreuung.
- Eine Krippenausstellung mit Wettbewerb und Abstimmung über die schönste "Hauskrippe" findet statt. Mit 12.544 Besuchern ist sie die am besten besuchte Ausstellung, die je in Kronach veranstaltet wurde.
- Radio Antenne Bayern berichtet drei Stunden live vom Weihnachtsmarkt.
- Im Rathaus findet die erste Kunstmesse "ART kronach" statt.
- Ein kostenloser Buspendelverkehr im 30 Minuten Rhythmus wird zur Anbindung der Innenstadt organisiert.

Der Weihnachtsmarkt wird zu einem solchen Publikumserfolg, daß er kurzfristig um einen Tag verlängert wird. Die Konzentration des Stadtmarketing auf das Projekt Weihnachtsmarkt im Jahr 1991 hat einen zweifachen Effekt. Die positive Wirkung als imagebildende Maßnahme der Stadt Kronach nach innen und außen findet ihren Niederschlag in der großen Nachfrage bei Reiseunternehmen und der durchweg guten Berichterstattung in der lokalen und überregionalen Presse. Die Bettenkapazitäten der Hotels im Landkreis sind während der gesamten Veranstaltungsdauer ausgebucht. Das überregional vermarktete Ereignis erhöht den Bekanntheitsgrad Kronachs. Zum anderen und vielleicht bedeutenderen Teil wird den KronacherInnen ein neues Bewußtsein im

Umgang mit sich und ihrer Stadt vermittelt. Niemand hätte sich vor Beginn des Stadtmarketing vorstellen können, daß ein derartiges Großereignis in Kronach mit Erfolg organisiert und durchgeführt werden kann. Durch die Überzeugungsarbeit des Citymanagers und seine organisatorische Erfahrung wird den KronacherInnen ein in der Stadtgeschichte relativ einmaliges Ereignis bereitet. Die Stadt hat erlebt, daß sie es kann. Damit ist ein Wechsel im politischen Klima erreicht, der eine gute Ausgangsbasis für weitere Kooperationen bildet. Es ist unter der Zielsetzung "Bündelung aller Kräfte" zumindest in einem sektoralen Politikfeld gelungen, bei den Kronacher Interessengruppen eine breite Zustimmung zu finden und die Bereitschaft zur Mitarbeit zu initiieren. Damit ist zumindestens von der Grundstimmung her das erreicht, was die lokalen Wirtschaftsvertreter sich von Beginn an im Stadtmarketing gewünscht haben: Die gemeinsame Durchführung von standortprofilieren-den Maßnahmen durch Kommune und private Akteure.

5.3.4   Lernerfahrungen

Stadtmarketing in Kronach ist durch das widersprüchliche Verhältnis zwischen Inhalt und Methode gekennzeichnet. Während das Modell-projekt in der ersten Phase 1989/90 trotz der richtig gewählten thematischen Schwerpunkte scheitert, verläuft die zweite Phase wesentlich erfolgreicher, in der letztlich nur ein einziges Thema, der Weihnachtsmarkt, bearbeitet wird. Es ist die veränderte Vorgehensweise des zweiten Citymanagers, die in der zweiten Phase 1991/92 den relativen Erfolg hervorruft. Stadtmarketing als Strategie der Beziehungspflege gelingt in Kronach nicht durch den Einsatz eines spezifischen Marketinginstrumen-tariums, sondern durch die geschickte Gesprächsmoderation des Citymanagers im Wechsel zwischen Einzel- und Gruppengesprächen innerhalb der Verantwortungsträger in der Stadt. Aufgrund dieses moderierenden Arbeitsstils sind neue Kooperationen zwischen Wirtschaft und Stadt entstanden. "Marketing in der Stadt" ist in Kronach kein methodisches Programm, sondern eine intuitive Grundhaltung der Kommunikation und des Austausches.

Durch das veränderte Vorgehen bei der Abstimmung zwischen den Anspruchsgruppen in der Stadt ist zumindest partiell die Basis für eine gemeinsame Standortpolitik geschaffen worden. Es wird ein neues Niveau der Kommunikation und Verständigung zwischen den VertreterInnen der Kommune und der Wirtschaft erreicht, das augenscheinlich ohne die Moderation durch den Citymanager nicht zustande gekommen wäre. Der Citymanager fungiert als neutrale Vermittlungsstelle, um die gewachsenen gegenseitigen Vorbehalte zu neutralisieren und einer auch von parteipolitischen Zwängen befreiten Sachdiskussion zuzuführen. Stadtmarketing basiert in Kronach im wesentlichen auf der Kommunikation zwischen den Gruppen.

Dennoch ist das umfassende Ziel einer ganzheitlichen Stadtentwicklungsplanung in Kronach nicht erreicht worden. Aufgrund der verlorenen Zeit in der ersten Hälfte des Projektes blieb nur der Weihnachtsmarkt als kurzfristig effektive Maßnahme, um innerhalb der verbliebenen Monate zu vorzeigbaren Ergebnissen zu gelangen. Damit wurde die Ereignispolitik vor die Strukturpolitik gestellt. Die Festivalisierung des Stadterlebnisses als Stadtereignis greift stadtentwicklungspolitisch jedoch deutlich zu kurz. Über das Defizit, wonach die "eigentlichen" Probleme der Stadtentwicklung weder thematisiert noch gelöst sind (Verkehr, Obere Stadt, Wohnungsbau usw.), sind sich auch die verschiedenen Gruppen in Kronach einig.

Zudem ist der Weihnachtsmarkt eine letztlich wirtschaftsbezogene Maßnahme, die zu einer nur selektiven Beteiligung lokaler Gruppen im Stadtmarketing führt. Eine breite Beteiligung verschiedener Interessengruppen in der Stadt gelingt nicht. Dennoch ist das überaus hohe Engagement der Wirtschaftsvertreter - nicht nur der Einzelhändler - für die Belange der Gesamtstadt bemerkenswert. Während den Wirtschaftsvertretern normalerweiser, wie anderen Interessengruppen auch, ein partielles Lobbyinteresse unterstellt wird, haben die Kronacher Unternehmer in den Gesprächen immer wieder betont, es gehe ihnen nicht nur um direkt wirtschaftsbezogene oder innerstädtische Maßnahmen, sondern um die gesamte Stadt. Dies scheint zunächst wenig plausibel zu sein. Gemeinwohl ist eine Denkkategorie, die sich nicht bruchlos mit den Zielen der freien Wirtschaft verträgt. Der Interessenegoismus ist eigentlich gerade bei Unternehmern zu erwarten, die eindeutige Handlungsziele verfolgen (Gewinn, Umsatz, Markterweiterung).

Dennoch ist es gerade dieser Interessenegoismus, der das Engagement der Wirtschaftsvertreter für die Belange der Gesamtstadt - so paradox es klingen mag - plausibel macht. In Kronach hat sich die Einsicht weitgehend durchgesetzt, daß jeder einzelne Betrieb zunehmend von der Attraktivität des Standortumfeldes abhängt. Ob Industrieller, Einzelhändler oder Rechtsanwältin, sie alle können nur bestehen, wenn ein gewisses

Kaufkraftpotential, qualifizierte Arbeitskräfte, attraktive Freizeitbedingungen usw. vorhanden sind. Nur wenn der Gesamtstandort funktioniert, kann sich der einzelne Betrieb entfalten. Es ist deshalb das eigene Interesse, das die Wirtschaftsvertreter zu einer Diskussion von Verkehrsprojekten, dem Bemühen um eine Hotelansiedlung mit Spaßbad oder dem Entwurf von historischen Rundwanderwegen in der Stadt führt. Nur so wird auch das Ausmaß des Engagements verständlich, in dem zum Beispiel die Einzelhändler der Stadt bereit sind, einen Großteil ihres gemeinsamen Werbeetats in das Gehalt eines Citymanagers umzumünzen. Diese Einsicht in die Abhängigkeit der Eigenentwicklung von der Funktionsfähigkeit der anderen läßt die Wirtschaftsvertreter zu einem glaubwürdigen Partner der Stadtentwicklungsplanung in Kronach werden. Sie sind es auch, die nach Beendigung des Modellprojektes über die Fortführung von Stadtmarketing in Kronach nachdenken und die Gründung eines branchenübergreifenden, gemeinnützigen Vereins als Träger und Finanzier zukünftiger Marketingaktivitäten in der Stadt planen. Es ist dieser Wandel der Perspektive von der Nabelschau des eigenen Betriebs zur Betrachtung der Funktionsfähigkeit der Gesamtstadt, auf den Stadtmarketing als Strategie der Beziehungspflege setzt. Hierdurch besteht die Chance, neue Ideen, Ressourcen und Energien für die Stadtentwicklungsplanung zu mobilisieren.

Allerdings werden im Zuge der Vorbereitung des Weihnachtsmarktes auch die Grenzen einer solchen Stadtentwicklungsplanung deutlich, die sich systematisch auf die Mitarbeit privater Akteure stützt. Die Wirtschaftsvertreter betonen nach erfolgreicher Durchführung der Maßnahme, daß beim nächsten Projekt andere Organisationsformen gefunden werden müßten. Die Belastung der Freizeit durch die Arbeitskreisarbeit nach Dienstschluß kann auf Dauer nicht nur von ehrenamtlichen Personen bewältigt werden. Zumindest eine fallweise Bezahlung solcher Tätigkeiten wird in Kronach andiskutiert. Auch hieran würde sich die Kronacher Wirtschaft beteiligen.

Insgesamt betrachtet sind damit erst am Ende der Laufzeit des Modellprojektes in Kronach die Voraussetzungen geschaffen worden für ein umfassendes Stadtmarketing. Die Kooperationsbereitschaft zwischen Wirtschaft und Gemeinde ist gestärkt, mit dem neuen Citymanager ist die Moderatorenpersönlichkeit für eine solch anspruchsvolles Vorhaben vorhanden. Dennoch endet der Weg des Modellprojektes hier. Anhand des Kronacher Projektes können folgende Determinanten im Stadtmarketing identifiziert werden:

- Die Person des Citymanagers ist zentral.
- Der Citymanager muß sich als Moderator zwischen den Gruppen verstehen und intensiv das Gespräch mit den Kooperationspartnern vor Ort suchen.
- Die Kooperationsbereitschaft aller Beteiligten muß gegeben sein. Die Stadtverwaltung und -politik muß gesprächsbereit sein und die Ideen des Citymanagers offen aufnehmen und unterstützen. Ebenso müssen Kooperationsfreude und Bereitschaft zum Engagement innerhalb der Wirtschaft vorhanden sein.
- Darüber hinaus ist eine aktive Interessenvertretung der Wirtschaft notwendig, die den Blick über den eigenen Tellerrand wagt und sich für die Belange des Gesamtstandortes engagiert.

In den beiden anderen Modellprojekten werden vergleichbare Erfahrungen zu den Erfolgsfaktoren eines ganzheitlichen Stadtmarketing gemacht. Inwieweit jedoch auch andere, wirtschaftsferne Interessengruppen in den Diskussionsprozeß vor Ort eingebunden werden können, bleibt anhand des Kronacher Fallbeispiels ungeklärt.

5.4   Mindelheim in Schwaben

Mindelheim hat 12.639 EinwohnerInnen (1991) und ist Kreisstadt des 116.000 EinwohnerInnen zählenden Landkreises Unterallgäu. Die Stadt liegt im weiteren Einflußbereich der 80 bis 100 km entfernten Oberzentren München, Augsburg und Kempten. Während die großräumige Lage in Verbindung mit der guten Erreichbarkeit des Bodensees, der Schweiz und Österreichs einen positiven Standortvorteil bildet, ist Mindelheim in seiner nächsten Umgebung von einer Reihe größerer Mittelzentren umgeben. Mindelheim liegt zwischen den wirtschaftlich und touristisch bedeutsamen Konkurrenzstädten Kaufbeuren und Memmingen sowie Landsberg, Bad Wörishofen und Krumbach. Als Mittelpunkt des bäuerlichen Umlands verfügt Mindelheim über einen im Verhältnis zur Stadtgröße außergewöhnlich reichhaltigen Besatz an Museen und einen gut erhaltenen mittelalterlichen Stadtkern (vgl. Abb. 14).

Die verkehrsgeographische Lage an der Bahnlinie München - Lindau und dem Kreuzungspunkt der Bundesstraßen B 16, B 18 ist zufriedenstellend. Mit dem Ausbau der A 96 (München - Lindau) ist ein wirtschaftlicher Wachstumsschub in der Stadt zu erwarten. Hierfür hält sie schon jetzt

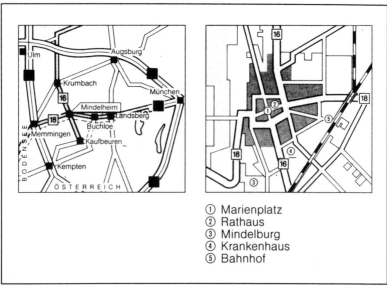

① Marienplatz
② Rathaus
③ Mindelburg
④ Krankenhaus
⑤ Bahnhof

Quelle: HELBRECHT 1992, S. 16

Abb. 14:   Lage und Stadtstruktur Mindelheims

Gewerbeflächen am zukünftigen Standort des Autobahnzubringers bereit. Die Wirtschaftsstruktur ist aufgrund "sauberer" Industrien wie zum Beispiel einem großes Werk der Feinstrumpfherstellung sowie einer Maschinenfabrik für automatisierte Montageanlagen modern ausgerichtet.

5.4.1   Ausgangssituation

Ausgangssituation und Verlauf des Mindelheimer Modellprojektes sind in vielerlei Hinsicht mit der Kronacher Situation vergleichbar. Der Anstoß, sich für das bayerische Modellprojekt zu bewerben, kommt ebenso wie in Kronach aus dem Handel. Die WirtschaftsvertreterInnen sind sich Ende der 80er Jahre einig, daß dringend etwas zur Attraktivitätssteigerung der Stadt getan werden muß. Sie bedauern es, daß eine derartig vielseitige Stadt nicht fähig ist, ihre Lage- und Strukturvorteile angemessen herauszuarbeiten und zu präsentieren. Deshalb sollen die Potentiale Mindelheims auf kulturellem und wirtschaftlichem Gebiet sowie die hohe Lebensqualität in der Stadt gesichert, ausgebaut und vermarktet werden. Auch in Mindelheim betonen die WirtschaftsvertreterInnen dabei den Geltungsbereich der gesamten Stadt. Sie wollen ihr Anliegen nicht als innerstädtische Revitalisierung verstanden wissen. Problematisch für die Erreichung dieses Ziels ist von Beginn an die Spaltung der Mindelheimer Wirtschaft in zwei gegenläufige Strömungen. Die Einzelhändler des Mindelheimer-Werbekreises (MN-Werbekreis) erwarten sich Impulse für ihre eigenen Aktivitäten in der Werbegemeinschaft sowie die Kooperation mit anderen Akteure. Die nicht-organisierten Händler sind zunächst skeptisch. Sie befürchten eine einseitige Bevorzugung der organisierten Händlerschaft im Stadtmarketing.

Zu dieser spannungsreichen Situation innerhalb des Einzelhandels kommen die Verhältnisse in der Mindelheimer Stadtspitze erschwerend hinzu. Sie hat nur wenig Vertrauen in den Ansatz des Stadtmarketing als lokaler Partnerschaft. Es besteht (ähnlich wie in Kronach) die Befürchtung, hierdurch könne eine Konkurrenz zu Stadtparlament und Bürgermeister entstehen. Aus dieser Angst heraus formuliert der Bürgermeister von Beginn an eine eng begrenzte Erwartungshaltung an das Projekt. Anstelle der Durchführung kooperativer Maßnahmen soll Stadtmarketing sich auf die Bereitstellung klassischer Beratungsleistungen konzentrieren. Der Citymanager soll zwar als neutraler Experte Defizite in der Infrastruktur der Stadt aufdecken. Seine Tätigkeit sollte sich aber zum überwiegenden Teil auf Betriebsberatungen beschränken und in Verbesserungsvorschläge für die Privatwirtschaft münden.

Die Ausgangsbedingungen für ein kooperatives Stadtmarketing sind aufgrund der Erwartungshaltung der Stadt sowie der gegensätzlichen Strömungen innerhalb der Wirtschaft ausgesprochen problematisch. Erneut erweist sich die Entscheidungsgrundlage des Ministeriums für die Auswahl der Modell-Städte als deutlich unzureichend. Zudem ist das Verhältnis zwischen Gemeinde und Wirtschaftsvertretern ebenfalls gespannt. Der Bürgermeister hat eine starke Position in der Stadt und schon vielfach Anregungen der Wirtschaft zu Maßnahmen der Standortverbesserung abgeblockt. Er verfolgt seit Jahren eine Strategie des "Aussitzens". Ähnlich wie in Kronach erhoffen sich die WirtschaftsvertreterInnen deshalb eine größere Schubkraft für ihre seit langem anstehenden Überlegungen zur Verbesserung des Standortprofils. Die Ausgangsbedingungen für Stadtmarketing sind in Mindelheim weitaus ungünstiger als in Kronach, da eine Eigenmotivation zu einer neuen partnerschaftlichen Stadtentwicklungspolitik beim Bürgermeister nahezu überhaupt nicht vorhanden ist. Diese problematische Voraussetzung wird dem Mindelheimer Stadtmarketingprojekt auch letztlich zum Verhängnis.

5.4.2 Projektverlauf 1989/90: Der Citymanager als Dienstleister

Am 1. Oktober 1989 gründen die Stadt Mindelheim, der MN-Werbekreis sowie die CIMA die "Aktionsgemeinschaft Stadt-Marketing Mindelheim" als Gesellschaft Bürgerlichen Rechts. Nachdem die organisatorische Struktur des Stadtmarketing gesichert ist, setzt die erste Arbeitsphase der Informationsbeschaffung und Sensibilisierung der Kooperationspartner vor Ort ein. Der Citymanager versucht, sich in das örtliche Umfeld einzuarbeiten. In Gesprächen mit dem Bürgermeister und den Unternehmern verschafft er sich Informationen über anstehende Planungen der Stadt Mindelheim sowie Vorstellungen der Unternehmer zur zukünftigen Entwicklung. Hierbei finden erste Beratungsgespräche mit der Privatwirtschaft über Standorte, Finanzierungshilfen und Sortimentskonzeptionen statt. Ein zweiter Arbeitsschwerpunkt ist zu Beginn die Auswertung der Strukturuntersuchung zur Wirtschaftssituation. Die Marktuntersuchung über Kaufkraftverhältnisse, Einkaufsmotive, Branchendefizite usw. soll als Grundlage für die Aktivitäten im Stadtmarketing dienen. Sie wird im Hinblick auf die Stellung Mindelheims im Zentrengefüge der Region ausgewertet sowie zur Erstellung des Stärken-Schwächen-Profils der Stadt analysiert. Aus der quantitativen Analysebasis resultiert für das Stadtmarketing eine Schwerpunktsetzung in den Bereichen Fremdenverkehr, Kultur, Verkehr und Stadtentwicklung auf seiten der Kommune sowie die Unterstützung der Werbung, Warenpräsentation, Sortimentsgestaltung und Wissensvermittlung im gewerblichen Bereich.

Ähnlich wie in Kronach wird auch in Mindelheim die Einführung des langen Donnerstags zu einem aktuellen Thema im Stadtmarketing. Während die außerhalb des MN-Werbekreises organisierten Einzelhändler keine Veranlassung sehen, sich an der Abendöffnung zu beteiligen, möchte die Werbegemeinschaft durch die Einführung des Dienstleistungsabends Mindelheim als Einkaufsstadt in der Region profilieren. Mit der Entwicklung einer Werbekampagne zum langen Donnerstag wird der Citymanager erstmals im Oktober 1989 aktiv. Der hierdurch zumindest zum Teil gelungene Einstieg in das Projekt zeigt sich in der großen Resonanz unter den Einzelhändlern und der Beteiligung einer Bank sowie des Landratsamtes. Da sich die umliegenden Konkurrenzorte hier weniger stark engagieren, besteht durchaus die Chance, mit dem offensiven Konzept einen Wettbewerbsvorsprung im regionalen Nullsummenspiel zu erzielen. Dennoch deutet sich bei dieser Maßnahme schon an, daß Stadtmarketing in Mindelheim vor allem die Interessen des MN-Werbekreises bedient. Die Polarisierung der Einzelhändler in Werbegemeinschaftsmitglieder und Unorganisierte wird durch den Citymanager verstärkt. Er wendet sich einseitig nur einer der Konfliktparteien zu. Der Dienstleistungsabend wird so zu einem neuen Aufhänger für eine alte Rivalität in der Stadt, bei der dem Citymanager eine vermittelnde Rolle zu spielen keinesfalls gelingt.

Obwohl sich das Projekt Stadtmarketing erst in der Anlauf- und Orientierungsphase befindet, setzt schon nach vier Monaten massive Kritik ein. In der Versammlung des Aufsichtsgremiums der Aktionsgemeinschaft Stadt-Marketing im Januar 1990 formulieren die lokalen Kooperationspartner von seiten der Stadt und des Handels folgende Kritikpunkte:

- Die Pressearbeit werde nur mangelhaft betrieben. Der Citymanager solle mehr in das Rampenlicht der Öffentlichkeit treten.
- Die Anwesenheit des Citymanagers sei nur punktuell. Eine Kleinstadt wie Mindelheim wünsche sich einen Citymanager "zum Anfassen", der wöchentlich mehrere Tage vor Ort ist.
- Es müsse schon jetzt eine Konzentration aller Energien auf durchführbare Maßnahmen stattfinden. Das Modellprojekt werde an seinen vorzeigbaren Erfolgen gemessen. Deshalb solle man die Arbeit auf wenige, realisierbare Maßnahmen beschränken.

Alle drei Kritikpunkte werden sich im weiteren Verlauf des Mindelheimer Projektes als strukturelle Mängel im Vorgehen des Stadtmarketing erweisen. Sie zeigen Fehler in der Arbeitsweise des Citymanagers auf, die auch in Mindelheim zu einem Personalwechsel in der zweiten Phase führen. Das Auftreten der Kritikpunkte an dieser Stelle im Projektverlauf deutet jedoch auf tiefer liegende Motive der Kritiker hin. Es ist eine falsche Erwartungshaltung an das Modellprojekt, die hier zum Ausdruck kommt. Obwohl die Mindelheimer Situation durch schwerwiegende Verkrustungen im Verhältnis innerhalb der Gewerbetreibenden sowie zwischen Stadt und Wirtschaft geprägt ist, gestehen die lokalen Interessenvertreter dem Citymanager kaum die Zeit dafür zu, durch ein unauffälliges Wirken hinter den Kulissen die Voraussetzungen für eine neuartige lokale Kooperation zu schaffen. Statt dessen stellen sie den Erfolgs- und Zeitdruck sowie die Publikumswirksamkeit der Aktivitäten in den Vordergrund. Populistischer Aktionismus statt geduldiger Arbeit im Hintergrund sollen von Beginn an die Hauptakzente im Stadtmarketing bilden.

Die Motivstrukturen des Bürgermeisters sind relativ eindeutig. Da er den Grundansatz der Kooperation im Stadtmarketing ablehnt, will er eine breitgefächerte Diskussion über Fragen der Stadtentwicklung verhindern. Ihm geht es um schnelle, kommunalpolitisch vorzeigbare Erfolge. Die Wirtschaftsvertreter sind nach Jahren der Durchsetzungsschwäche und Frustration ebenfalls an raschen Maßnahmeentwürfen interessiert. Der Begriff des Citymanagers erweist sich in diesem Zusammenhang als eine verhängnisvolle Bezeichnung. Er verleitet die lokalen Akteure zu einer verkürzten Betrachtungsweise. Von einem Citymanager erwarten sie sich einen hochkarätigen Experten, der nach einer präzisen Diagnose selbständig Entscheidungen trifft, schnell zu den wesentlichen Maßnahmenschritten kommt und deren Umsetzung managt. Damit laden Wirtschaftsvertreter und Stadt gleichermaßen die Gesamtverantwortung für das Gelingen des Projektes auf die Schultern des Citymanagers. Den Ansatz zu einem Stadtmarketing, das nicht aus dem Fachurteil eines externen Experten besteht, sondern die Denk- und Handlungsmuster der lokalen Entscheidungsträger selbst verändern will, weisen die Mindelheimer zu diesem Zeitpunkt weit von sich. Das Fehlverhalten des Citymanagers besteht in der Folgezeit darin, diesem frühen Drängen nach vorzeigbaren Außenaktivitäten nachzugeben. Er verfügt nicht über das nötige Durchsetzungsvermögen, um den formulierten Ansprüchen dezidiert entgegenzutreten. Die Schaffung der informellen Voraussetzungen für partnerschaftliche Kooperation, gemeinsame Ideenfindung und Prioritätensetzung wird deshalb drastisch vernachlässigt. Der Projektverlauf im Jahr 1990 ist aufgrund dieser Ausgangsvoraussetzungen weiterhin von der spezifischen Erwartungshaltung der EntscheidungsträgerInnen und dem fehlenden Gegensteuern des Citymanagers geprägt.

Die Aktionsgemeinschaft Stadt-Marketing Mindelheim leitet noch auf der gleichen Gesellschafterversammlung aus den Angaben der Marktuntersuchung zwei Hauptaufgabenbereiche für das erste Halbjahr 1990 ab: Erstens sollen kommunal orientierte Aufgaben aufgegriffen werden, wie zum Beispiel die Unterstützung der Altstadtsanierung, die Forcierung des Fremdenverkehrs, die Verkehrsführung, die Förderung des Kulturangebotes, die Erstellung eines Gewerbekonzeptes, Hilfe bei der Gewerbeansiedlung sowie die Verbesserung des Dienstleistungsangebotes. Zweitens sollen gewerbebezogene Aufgaben in den Bereichen Wissensvermittlung, Sortimentgestaltung, Warenpräsentation, interne Kommunikation, Werbekonzeption, Belebung der Fußgängerzone, Überprüfung der Übernachtungskapazitäten und Branchenbesatz angegangen werden. Die Aktionsschwerpunkte sind kein Produkt einer konsensualen Ideenfindung und Schwerpunktsetzung innerhalb der Interessengruppen der Stadt, sondern spiegeln allein die Vorstellungen von MN- Werbekreis und Stadtspitze wider. Hieraus entwickeln sich folgende Aktivitäten im Jahr 1990.

Warenpräsentation/Branchenmix: Viele Einzelhandelsbetriebe weisen Schwächen in der Warenpräsentation und Außendarstellung auf. Das Stadtmarketing setzt sich zum Ziel, die Lücken durch eine individuelle Informationspolitik zu füllen. Darüber hinaus bestehen Defizite im Branchenbesatz sowie Sortimentsüberschneidungen. Hierzu finden Einzelberatungen statt. Im März 1990 wird eine betriebsübergreifende Dekorationsschulung durchgeführt.

Werbung: Der MN-Werbekreis erstellt eine ganzjährige Werbekonzeption für die Innenstadt. Der Citymanager leistet hierbei nur organisatorische und finanzielle Hilfestellung. Insbesondere die Fortsetzung des Dienstleistungsabends wird mit einer ganzjährigen Anzeigenkampagne sowie Straßenaktionen unterstützt.

Fremdenverkehr: Mindelheim liegt im Bereich Tourismus im Schatten der Nachbarorte Bad Wörishofen und Ottobeuren. Trotz vielfältiger kultureller Einrichtungen (Museen, Kirchen, Altstadt, Mindelburg) ist eine Standortprofilierung auf diesem Sektor bisher nicht gelungen. Hauptdefizit ist das Fehlen einer zuständigen Stelle, die Fremdenverkehrsförderung betreibt. Der Citymanager erarbeitet Verbesserungsvorschläge und führt erste Maßnahmen durch: Das Prospektmaterial muß neu gestaltet werden. Der Standortprospekt zur Industrieansiedlung wird modernisiert. Für ein professionelles Fremdenverkehrsmarketing ist die Installation eines Fremdenverkehrsamtes notwendig. Das Stadtmarketing erarbeitet erste Vorschläge zu möglichen Organisationsformen.

Stadthalle: Im Rahmen der Fremdenverkehrsförderung kann dem Tagungstourismus eine entscheidende Rolle zukommen. Hierfür ist der Bau einer Stadthalle mit Räumlichkeiten für Tagungen und Seminare notwendig. Das Stadtmarketing setzt sich den Bau einer Stadthalle zum Ziel und leistet hierfür Vorarbeiten. So sammelt der Citymanager Informationen über unterschiedliche Stadthallen-Konzepte und überprüft sie hinsichtlich ihrer Übertragbarkeit auf die Mindelheimer Situation. Er erstellt ein Nutzungskonzept, das Angaben zu Größe, Nutzungsstruktur, Betriebsbedingungen und Vermarktung enthält. Ergänzend zur Stadthalle ist aufgrund der mangelnden Hotelbettenausstattung im qualitativ hochwertigen Bereich ein Hotelbau mit einer Mindestkapazität von 60

Zimmern notwendig. Der Citymanager erarbeitet ein Standortexposé, mit dem potentielle Investoren für den Hotelstandort interessiert werden sollen.

Verkehr: Die Verkehrssituation in Mindelheim ist bis zum Bau der A 96 durch einen hohen Anteil an Durchgangsverkehr, insbesondere Schwerlastverkehr geprägt. Vor der Fertigstellung des Autobahnanschlusses müssen frühzeitig Konzepte zum fließenden und ruhenden Verkehr in der Innenstadt vorliegen. Der Citymanager begleitet die erste Phase der Neugestaltung der Innenstadt mit der Teilerprobung einer Fußgängerzone durch die Information der kommunalen Entscheidungsträger. Um die Akzeptanz bei den Anliegern zu erhöhen, wird in Einzelgesprächen Hilfestellung geleistet, wie die Unternehmer auf die veränderte Situation reagieren können. Das Stadtmarketing erstellt einen Plan der vorhandenen innenstadtnahen Parkplätze als Grundlage zur weiteren Diskussion über den ruhenden Verkehr in der Innenstadt.

Altstadtsanierung: In Mindelheim wird ein Altstadtsanierungsprogramm durchgeführt. Bei der Umgestaltung von Teilen der Altstadt müssen Entscheidungen über Nachfolgenutzungen getroffen werden. Die städtischen Vorgaben sehen Umwidmungen bisheriger Nutzungen und Verlagerungen von Versorgungseinrichtungen vor. Es besteht ein Informations- und Beratungsbedarf von seiten der Betroffenen wie auch neuer Interessenten. Der Citymanager berät Sanierungswillige und informiert über notwendige Betriebsgrößen, Flächenaufteilungen und Finanzierungsmöglichkeiten. Er erstellt ein Konzept für die Nachfolgenutzung eines ehemaligen Altersheims. Aufgrund der zentralen Lage am Marienplatz plädiert der Citymanager für eine Umwidmung des Seniorenstifts in eine gewerbliche Nutzung, um so das innerstädtische Entwicklungspotential der Brache durch die Belegung mit einem Magnetbetrieb zu nutzen.

Betrachtet man die Vielfalt der bearbeiteten Themen sowie das Vorgehen des Citymanagers, so bietet sich in Mindelheim im Dezember 1990 ein ähnliches Bild wie in Kronach. Obwohl eine Reihe von wichtigen Themen diskutiert wurde, wächst die Unzufriedenheit mit dem Modellprojekt. Es gelingt nicht einmal in Ansätzen, einen breiten Expertenkreis in die Entscheidungs- und Diskussionsabläufe des Stadtmarketing mit einzubinden. Der Citymanager bleibt den Seilschaften im näheren Umfeld des MN-Werbekreises verhaftet und öffnet sich nicht gegenüber anderen Interessengruppen in der Stadt. Er läßt in seinem Arbeitsstil die notwendige Offenheit vermissen. Der Citymanager verteilt zwar seine Visitenkarten, wartet aber dann regungslos ab, ob sich neue KooperationspartnerInnen melden. Die Aufforderung zur Mitarbeit reduziert sich auf den Charakter einer unverbindlichen Einladung. Durch das Fehlen einer aktiven und kontinuierlichen Akquisition neuer Partner beschränkt sich die Partizipation auf den "inneren Kreis" der von jeher aktiven Einzelhändlerschaft.

Zu dieser problematischen Arbeitsweise des Citymanagers kommt erschwerend hinzu, daß sich die Mindelheimer Experten nach wie vor an der - sich schon 1989 abzeichnenden - falschen Erwartungshaltung orientieren. Die Arbeit des Citymanagers wird in seiner Selbstbestimmtheit zunehmend eingeschränkt. Aufgrund des großen Erfolgszwanges und der häufig geäußerten Kritik reagiert der Citymanager mehr auf lokale Bedarfe, als in Form eigener Schwerpunktsetzungen zu agieren. So wird er zum Dienstleister von Stadt und Handel, der von den Beteiligten als "Feuerwehrmann" für ad hoc zu lösende Aufgaben eingesetzt wird. Die in Anspruch genommenen Dienstleistungen reichen von der Betriebsberatung über das Layout des städtischen Standortprospektes bis hin zu Anfragen im Sozialbereich. Das dahinter stehende Verständnis von Stadtmarketing sieht die Aufgabe des Citymanagers in der Funktion eines "Generalmanagers", eines Beraters also, der alle möglichen Themen anpackt und im Auftrag der Stadt bearbeitet. Insbesondere der Bürgermeister mißbraucht den Citymanager als seinen persönlichen Referenten, der Jobs auf Anweisung erledigt. Die Stärkung der Weisungsgebundenheit des Citymanagers ist das heimliche Ziel des Bürgermeisters. Unter diesen Voraussetzungen gerät die Funktion des Moderators zur Initiierung partnerschaftlicher Aktivitäten zwangsläufig ins Hintertreffen. Diese Einschätzung der Situation wird sowohl von den Wirtschaftsvertretern als auch dem Citymanger in den Gesprächen nach Abschluß des Projektes geteilt.

Obwohl der Citymanager sich den Vereinnahmungsbemühungen fälschlicherweise nicht widersetzt und tatsächlich zum Dauerberater von Stadt und Einzelhandel in Detailfragen wird, ist nach Ansicht der Mindelheimer im ersten Jahr des Projektes nichts erreicht worden. Allein der neue Standortprospekt und das Exposé zur Hotelansiedlung liegen als konkrete Ergebnisse vor. In Mindelheim wird zu Beginn des Jahres 1991 ebenfalls ein zweiter Startschuß für das Modellprojekt notwendig. Die Ursache hiefür liegt jedoch - im Gegensatz zur Kronacher Situation - nicht nur in dem einseitigen Fehlverhalten des Citymanagers, sondern basiert wesentlich auf den unangemessenen Erwartungshaltungen und Handlungsmustern der lokalen Akteure.

5.4.3 Projektverlauf 1991/92: Stadtleitbild und Arbeitskreise

Die Wiederaufnahme des Modellprojektes verläuft in Mindelheim gänzlich anders als in Kronach. Man sucht nicht nach einem charismatischen Citymanager, der qua Persönlichkeit und Überzeugungskraft das Stimmungsbild ändert, sondern bemüht sich um einen strukturellen Neuanfang. Nicht die Person soll im Vordergrund stehen, sondern die systematische Weiterentwicklung des methodischen Instrumentariums im Stadtmarketing. Hierbei stellen sich angesichts der diffizilen lokalen Situation vier Aufgaben:

- Die Zielsetzung des Stadtmarketing muß neu bestimmt werden.
- Die Erwartungshorizonte aller Beteiligten müssen zur Deckung gebracht werden.
- Es muß anstelle der herausragenden Citymanagerpersönlichkeit ein systematisches Handlungskonzept aufgebaut werden, das zur Moderation und Koordination der unterschiedlichen Akteursinteressen dient.
- Nicht zuletzt soll ein strategisches Konzept zur Steigerung der Standortattraktivität der Stadt Mindelheim entwickelt werden. Die Zusammenführung der Akteure ist die dringlichste Aufgabe für einen Neuanfang in Mindelheim.

Im Rückgriff auf eine Idee, die im parallelen Pilotprojekt in Schwandorf durchgeführt worden ist, veranstaltet die CIMA im Januar 1991 einen Leitbild-Workshop. Die lokalen Entscheidungsträger sollen mit Hilfe einer bewährten Moderationstechnik (Metaplan) miteinander ins Gespräch kommen. An dem Workshop nehmen ca. 40 Personen aus Politik, Verwaltung, Industrie, Handwerk, Einzelhandel, Dienstleistungen und Kultur teil. Hierdurch gelingt es erstmalig, sich über gemeinsame Ziele in der Stadt zu verständigen.

In drei Arbeitsgruppen diskutieren die TeilnehmerInnen einen Tag lang über die Stärken und Schwächen der Stadt Mindelheim in den Bereichen Natur, Umwelt, Freizeit, Kultur, Schulen, Kinderfreundlichkeit, Verkehr, Einzelhandel, Gastronomie, Wirtschaftsförderung, Öffentlichkeitsarbeit, Service, Zusammenarbeit in Stadt und Region, Wohnqualität und Fremdenverkehr. Die Diskussionsergebnisse werden in einem nächsten Schritt zusammengefaßt, geordnet und gewichtet. Im letzten Arbeitsschritt entsteht ein Stadtleitbild, das zehn Leitthesen umfaßt. Es trägt das

Motto "Wir in Mindelheim". Im Zuge des Leitbild-Workshop wird der lange vermißte Konsens über die Wünsche, Aufgaben und Ziele der Stadtentwicklung hergestellt. Während die vielfältigen Themen 1990 noch ungeordnet mit großen Reibungsverlusten bearbeitet wurden, ermöglicht das Leitbild zumindest grob die Strukturierung und Gewichtung der Aufgabenfelder. Dabei ist das Leitbild selbst sehr allgemein in Form gesellschaftlicher Grundwerte formuliert (vgl. Abb. 15). Eine angemessene Interpretation nur für diejenigen möglich, die an den Diskussionen darüber beteilig sind. Für Externe hingegen wirkt es gleichermaßen pauschal wie banal. Wichtiger als die produzierten Leitsätze scheint deshalb die Diskussion selbst darüber zu sein sowie die Herstellung einer konsensualen Grundstimmung zwischen den DiskussionspartnerInnen. Vor allem aber setzt der Workshop neues Engagement bei den Beteiligten frei, so daß mit neuer Motivation ein zweiter Neuanfang möglich wird.

Das Leitbild wird den beteiligten EntscheidungsträgerInnen zwei Wochen nach der gemeinsamen Erarbeitung als Gesamtkonzept präsentiert und auf seine Konsensfähigkeit hin überprüft. Selbst der Bürgermeister kann sich mit dem Leitbild anfreunden und sieht hierin einen notwendigen Arbeitsschritt für eine zielgerichtete Stadtentwicklung. Das Leitbild soll als Triebfeder und Selbstkontrolle für die weitere Arbeit dienen. Es soll Eigendynamik erzeugen und alle Kooperationspartner an bestimmte Ziele der Stadtentwicklung binden. Unter der Moderation eines zweiten Citymanagers - der erste arbeitet nur noch unterstützend mit - werden im Anschluß an den Workshop zwei Arbeitskreise gegründet, die die Themenfelder mit hoher Priorität bearbeiten. In den Arbeitskreisen finden lebhafte Diskussionen über mögliche attraktivitätssteigernde Maßnahmen statt. Ziel der Arbeitskreisarbeit ist der Entwurf eines durchführbaren Maßnahmenpakets zur Stadtentwicklung. Obwohl ein überaus positiver Neuanfang in der zweiten Hälfte des Projektes gelingt und das methodische Vorgehen mittels Leitbild-Workshop von allen Beteiligten begrüßt wird, bleiben die weiteren Schritte im Stadtmarketing nicht frei von alten Fehlern. Auch die neu gegründeten Arbeitskreise können an der empfundenen Konkurrenz zwischen Bürgermeister und Citymanager sowie den lokalen Verkrustungen zwischen Stadt und Wirtschaft nichts ändern. Dennoch produzieren die Arbeitskreise zunächst im weiteren Projektverlauf konstruktive und ideenreiche Vorschläge für Maßnahmen zur Stadtentwicklung.

Stadtleitbild Mindelheim

Wir in **Mindelheim** sind zukunftsorientiert.
Unser Verkehrskonzept umfaßt die Fußgängerzone, Verkehrsberuhigung, Grün-
anlagen, Umgehungsstraßen mit Autobahnanschluß ... die ersten Schritte sind getan.

Wir in **Mindelheim** fördern lebendige Kultur.
Theater, Museen, Musikkapellen und Kirchen gehören genauso dazu wie unsere
Brauchtumpflege, Konzerte und das Frundsbergfest.

Wir in **Mindelheim** kümmern uns um unsere Mitmenschen.
Gestützt auf die Erfahrung unserer Eltern sorgen wir für eine gute Zukunft unserer
Kinder. Vom Kindergarten über familiengerechtes Wohnen bis hin zur Seniorenbe-
treuung - alles ist uns wichtig!

Wir in **Mindelheim** sind gastfreundlich.
Das Wohl unserer Gäste liegt uns sehr am Herzen. Wir lassen Fremde schnell zu
Freunden werden.

Wir in **Mindelheim** machen Einkaufen zum Erlebnis.
Ein freundlicher und umfassender Einzelhandel, ein breites Service-Angebot und die
gemütliche Innenstadt sind unsere Stärke.

Wir in **Mindelheim** sind kreativ.
Unser vielfältiges und leistungsfähiges Bildungs- und Freizeitangebot bietet jedem
die Chance, sich nach seinen Fähigkeiten zu entfalten.

Wir in **Mindelheim** fördern umweltverträgliche Betriebe.
Die gute Verkehrsanbindung und die lebenswerte Stadt schaffen den idealen Standort
für Gewerbe und Industrie.

Wir in **Mindelheim** sind stark in Service und Information.
Wirtschaft und Verwaltung arbeiten bürgernah und aufgeschlossen. Bei uns spricht
jeder mit jedem - ohne Einschränkung.

Wir in **Mindelheim** lieben unsere Natur.
Mit Techniken von morgen sorgen wir schon heute dafür, eine hohe Belastung der
Umwelt zu vermeiden.

Wir leben gern in **Mindelheim**.
Die schöne Landschaft, die historische Altstadt und die guten Beziehungen unterein-
ander machen unsere Frundsbergstadt sympathisch.

Quelle: *MACH WAS 1991*

Abb. 15:   Stadtleitbild Mindelheim

Der Arbeitskreis Verkehr und Einzelhandel schlägt im Zusammenhang
mit der Verkehrsproblematik eine Reihe von Maßnahmen zur Regelung
des ruhenden Verkehrs vor: An den vier Eingängen zum historischen
Stadtkern sollen Parkmöglichkeiten geschaffen werden; Zur besseren

Ausnutzung der vorhandenen Parkmöglichkeiten werden neue Nutzungskonzepte und Ausbaumöglichkeiten für die verschiedenen Parkplätze entwickelt; Als Parkleitsystem um die Altstadt wird die Lösung eines Ringverkehrs vorgeschlagen und im Detail entwickelt. Im Bereich Einzelhandel besteht zwar allgemeine Zufriedenheit mit den bisherigen Aktivitäten des MN-Werbekreises. Dennoch werden weitere Verbesserungsmöglichkeiten entdeckt. Im April 1991 wird eine Befragung der Bürger zur Attraktivität Mindelheims als Einkaufsstadt durchgeführt. Mehrere Aktionen (Oldtimer-Korso usw.) zur Attraktivitätssteigerung der Innenstadt werden durchgeführt. Der Bau einer öffentlichen Toilette in der Innenstadt wird vorgeschlagen. Die Schaffung eines Fremdenverkehrsamtes zur Koordinierung der Aktivitäten in der Stadt wird erneut als unbedingt erforderlich angesehen. Die Forderung nach einer Stadthalle wird von seiten des Einzelhandels bekräftigt.

Der zweite Arbeitskreis Fremdenverkehr und Öffentlichkeitsarbeit beschäftigt sich mit Fragen der Sympathiewerbung für die Stadt Mindelheim. Die Vorschläge werden, ebenso wie im ersten Arbeitskreis, parallel zur Arbeitskreisarbeit auf ihre Realisierbarkeit hin überprüft. Auf diese Weise können dem Stadtrat beschlußfähige Vorlagen unterbreitet werden. So wird beispielsweise ein Autoaufkleber mit der Aufschrift "Grüß Gott in Mindelheim" gestaltet. Plakate in gleicher Aufmachung für Litfaßsäulen usw. werden entworfen. Wander- und Radwege werden unter der Patenschaft örtlicher Vereine gepflegt und erweitert; hierzu wird eine Karte erstellt. Es entsteht ein neuer Tourismusprospekt. Die Forderung nach einem Fremdenverkehrsbüro taucht auch hier wieder auf. Diesem Projekt wird absolute Priorität eingeräumt. Schilder mit graphischen Darstellungen sollen an den Ortseingängen und historischen Gebäuden der Stadt auf Besonderheiten hinweisen. Eine neue Zeitungsbeilage bzw. Handzettel erscheint im Dezember 1991 unter dem Motto "Ein Tag in Mindelheim" bzw. "Aktuell aus Mindelheim". Hiermit werden auswärtige Besucher auf die Stadt aufmerksam gemacht und die Bewohner über aktuelle Ereignisse informiert.

Nach sechs-monatiger Arbeitskreisarbeit macht der Beginn der Realisierungsphase die Zusammenführung der Arbeitskreise notwendig. Hinzu kommt, daß die Arbeitskreise zunehmend parallel an den selben Maßnahmen arbeiten. Es erweisen sich spezifische Problempunkte sowohl aus Sicht des Verkehrs und des Handels als auch unter den Aspekten des Fremdenverkehrs und der Öffentlichkeitsarbeit als gleichermaßen bedeutend. Die Arbeitskreise einigen sich auf 41

Maßnahmenvorschläge. An oberster Stelle steht dabei die Installierung des Informationsbüros.

In der Arbeitskreisarbeit ist ein breites Konzept zur Attraktivitätssteigerung entstanden. Dem Citymanager gelingt es aufgrund seiner guten Disksussionsleitung, die verschiedenen Interessengruppen zu motivieren. Ihm wird von den Beteiligten die notwendige Kontaktfreude und Überzeugungskraft attestiert, um den schwierigen kollektiven Willensbildungsprozeß zu initiieren und kontinuierlich in Gang zu halten. Seine Persönlichkeitsstruktur wird somit von den Beteiligten als wesentlicher Erfolgsfaktor bezeichnet. Von August bis Dezember 1991 tagen die Arbeitskreise gemeinsam und verfolgen die Umsetzung ihres 41-Punkte-Katalogs. Jede Maßnahme wird auf ihre Realisierbarkeit hin überprüft. Es finden Einzelgespräche mit den zuständigen Entscheidungsträgern der Stadt statt; Recherchen werden in anderen Städten durchgeführt, um anhand interkommunaler Vergleiche die beste Lösung für Mindelheim zu entwickeln; externe Organisationen (z. B. der ADAC) werden an der Detailplanung einiger Maßnahmen beteiligt; durch Pressearbeit werden die Ergebnisse der Öffentlichkeit vorgestellt; Vorlagen zur Beschlußfassung im Stadtrat werden geschrieben und Kostenvoranschläge gemacht.

Die Arbeitskreisarbeit wird insgesamt positiv von den Beteiligten gewertet. Die Arbeitsgruppen haben eine Eigendynamik entwickelt und in weiten Teilen zu konsensfähigen Lösungsvorschlägen geführt. Während die Polarisierung innerhalb der Einzelhändlerschaft hierdurch jedoch nicht aufgebrochen werden kann, verstärkt sich die Kooperation zwischen dem MN-Werbekreis, den Dienstleistungsbetrieben, der Gastronomie und dem örtlichen Gewerbeverband. Am Ende des Kooperationsprozesses im Stadtmarketing haben die Wirtschaftsvertreter einen breiten Schulterschluß vollzogen und so ihre Durchsetzungsfähigkeit gestärkt. Eine Beteiligung wirtschaftsferner Interessengruppen gelingt im Zuge der Arbeitskreisarbeit nicht. Die eigentliche Problematik der Mindelheimer Situation, die selektive Erwartungshaltung der Politik, wird jedoch auch durch die Arbeitskreisarbeit nicht gebessert. Vielmehr werden die Bedenken des Bürgermeisters gegenüber Stadtmarketing als "Gegenregierung" noch verstärkt. Dies beruht zum Teil auf objektiven Tatsachen. So werden die Einladungen zu den Arbeitskreisen im Laufe des Projektes nur noch an diejenigen Teilnehmer geschickt, die bei den jeweils letzten Treffen anwesend waren. Die Arbeitskreisarbeit ist kein offener Prozeß, an dem jederzeit neue Leute teilnehmen können, sondern vollzieht sich zunehmend in geschlossenen Zirkeln. Zudem entdecken einige Stadträte der Oppositionsparteien die Arbeitskreise als nützliche Gremien, um Politik gegen die Mehrheitsfraktion zu betreiben. Der Citymanager unterläßt es, Bürgermeister und Fraktionsvorsitzende obligatorisch einzuladen. Hierdurch fühlt sich der Bürgermeister in seiner skeptischen Einschätzung bestärkt und betrachtet die Arbeitskreise zunehmend als ein Gremium der "Außenseiter". Als es dem Citymanager im Anschluß an die Arbeitskreisarbeit gelingt, den Zwischenbericht mit der Liste der vorgeschlagenen Maßnahmen in der Lokalpresse zu veröffentlichen, ist dies für den Bürgermeister ein weiteres Zeichen dafür, daß im Stadtmarketing bewußt gegen die Stadtspitze gearbeitet wird. Er fühlt sich von Presse, Citymanager, Wirtschaft und Oppositionsfraktionen gleichermaßen bedroht und beschließt endgültig, die stadtentwicklungspolitische Arbeit im Stadtmarketing zu ignorieren. Obwohl der Bürgermeister das undiplomatische Vorgehen im Stadtmarketing in den genannten Punkten zurecht kritisiert, ist es auch seine eigene Haltung, die eine Kooperation zwischen Arbeitskreisen und Stadtrat verhindert. Er ist an keiner Stelle im Projektverlauf bereit, sich auf den Lernprozeß der Kooperation im Stadtmarketing einzulassen. Strikt verfolgt er bis zum Ende des Modellprojektes seine anfangs dezidiert formulierte Erwartungshaltung, wonach Stadtmarketing eine Dauerberatung eines externen Experten in Auftragsarbeit darstellen sollte. Kommunalpolitische und unternehmerische Interessen und Initiativen sollten dabei streng voneinander getrennt werden. Aus dieser Sicht müssen ihm die stadtentwicklungspolitischen Diskussionen in den Arbeitskreisen immer als unwillkommene Einmischung in "seine" Belange erscheinen - unabhängig davon, wie diplomatisch die Arbeitskreisarbeit realiter durchgeführt wird. Der Erfolg der Arbeitskreisarbeit ist deshalb in Mindelheim - trotz zum Teil innovativer und realisierungsfähiger Ideen - begrenzt. Da die Umsetzung der Maßnahmen in den meisten Fällen der Stadt obliegt (Verkehrskonzept, Fremdenverkehrsbüro usw.), bleiben die Ideen im Stadium des Entwurfs liegen. Das Interesse der Stadtregierung an der Umsetzung der Maßnahmen ist gering.

Dies führt im Gegenzug zu erzürnten Reaktionen aus dem Teilnehmerkreis im Stadtmarketing. Im Frühjahr 1992 befindet sich die Stadtentwicklungspolitik in Mindelheim deshalb in einer prekären Situation. Aus Sicht der Wirtschaftsvertreter ist nach über zwei Jahren Arbeit im Stadtmarketing "mal wieder" deutlich geworden, daß mit dem Bürgermeister und der Kommunalpolitik "kein Staat" zu machen ist. Sie können - oder wollen - den Bedarf nach attraktivitätssteigernden Maßnahmen nicht befriedigen, auch wenn realisierungsfähige Konzepte auf dem Tisch liegen. Aus Sicht des Bürgermeisters hat sich "mal wieder" gezeigt, daß die Wirtschaft sich um ihre Belange kümmern soll und sich aus der Kommunalpolitik heraushalten sollte. Seine Gesprächsbereitschaft für eine kooperative Standortpolitik ist geringer denn je. Da die Wirtschaftsvertreter durch den Prozeß im Stadtmarketing gelernt haben, miteinander zu reden, Konzepte zu entwerfen und mit der Presse zu kooperieren, geben sie so schnell nicht auf bei dem Versuch, ihr Maßnahmenpaket umzusetzen. Die Zeichen stehen somit am Ende des Stadtmarketingprojektes (das die Partnerschaft in der Stadt fördern wollte) eindeutig auf Sturm. Konflikte, Reibungsverluste und Intrigen sind in Mindelheim vorprogrammiert.

5.4.4   Lernerfahrungen

Stadtmarketing in Mindelheim ist ein Prozeß negativer kumulativer Verursachung. Die problematischen Ausgangsvoraussetzungen im Verhältnis Stadt - Wirtschaft sowie die Blockadehaltung der Stadtpolitik sind im Projektverlauf verstärkt worden. Am Ende des Stadtmarketingprozesses entsteht eine lokale Befindlichkeit, die partnerschaftliches Verhalten in der Stadtentwicklung undenkbar macht. Stadtmarketing hat in Mindelheim integrierte Stadtentwicklungsplanung durch eine Strategie der Beziehungspflege nicht gefördert, sondern auf Jahre verhindert. Der Fall Mindelheim zeigt, daß Stadtmarketing nicht um jeden Preis durchgeführt werden darf. Die lokale politische Kultur, die Traditionen der Kooperation und Konfliktaustragung rücken als wesentliche Voraussetzungen für ein erfolgreiches Stadtmarketing in den Mittelpunkt. Bevor neue Entscheidungsstrukturen in Form von Citymanagern oder Arbeitskreisen installiert werden, muß das Bewußtsein hierfür in den "Köpfen" der Akteure verankert sein. Stadtmarketing ist ein stadtentwicklungspolitisches Konzept, das sich nicht "von oben" verordnen läßt, sondern "von unten" entstehen und gewollt sein muß. Erneut (wie im Fall Kronach) stellt sich der Charakter des bayerischen Modellprojektes als Hindernis dar. Die Mitnahmeeffekte von seiten der Kommunalpolitik sind unverkennbar.

Während das Kronacher Modellprojekt den Blick vor allem auf die Beteiligungsmotive der Wirtschaftsvertreter richtet, rückt im Fall Mindelheim das Verhältnis zwischen Stadtmarketing und Stadtpolitik in den Mittelpunkt. Die Motive für die Kooperationsunwilligkeit des Bürgermeisters dürfen nicht vorschnell als "falsche" Erwartungshaltung interpretiert werden. Es sind nicht nur die lokalen Verkrustungen sowie die unkooperative politische Kultur, die den Bürgermeister nach bewährten Schemata handeln lassen. Bei genauerer Betrachtung wird deutlich, daß die Ängste des Bürgermeisters vor einem Stadtmarketing als "Gegenregierung", in der der Citymanager den "Bürgermeisterkonkurrenten" und die Arbeitskreise den "Alternativstadtrat" stellen, nicht unbegründet sind. Wenn sich in einer Stadt die wichtigsten Wirtschaftsvertreter in zweijähriger Arbeit unter Zuhilfenahme eines professionellen Experten auf ein integriertes Maßnahmenpaket zur Stadtentwicklung einigen, welche Entscheidungsfreiheit bleibt dem Bürgermeister dann noch? Während die StadtpolitikerInnen bislang häufig durch Ratsvorlagen oder die Vollzugsgewalt der Verwaltung vor vollendete Tatsachen gestellt wurden, wird im Stadtmarketing eine weitergehende "Entmündigung" der Politik möglich. Obwohl der Deutsche Städtetag darauf beharrt, festzustellen, daß "Marketing für die Stadt (...) nicht Politik für die Stadt" ersetzt (PRESSEAUSSCHUSS 1990, S. 234), sind die Gefährdungspotentiale aus Sicht der Bürgermeister und Stadtverordneten offensichtlich, wenn private Akteure in Gruppenarbeit beginnen, stadtentwicklungspolitische Maßnahmen und Ziele zu definieren. Damit stellt sich ein schwerwiegendes, demokratietheoretisches Problem. Ob sich allerdings langfristig die Ansprüche der Wirtschaftsvertreter und Bürger an eine veränderte Stadtentwicklungspolitik mit dieser "Blockadepolitik" unterdrücken lassen, bleibt fraglich. Es ist deshalb auch eine kluge politische Witterung, die den Mindelheimer Bürgermeister übervorsichtig und ablehnend im Stadtmarketing agieren läßt. Aus Sicht des Stadtmarketing müssen zukünftig Wege gefunden werden, diese "Entmachtungsängste" der Politik strukturell zu entkräften.

Trotz der Problematik des Verhältnisses von Stadtmarketing und Stadtpolitik, die dem Mindelheimer Projekt letztlich den Umsetzungserfolg kostet, sind in Mindelheim auch positive Ansatzpunkte für ein erfolgreiches Stadtmarketing entdeckt worden, die über das Kronacher Modell hinausweisen. Die Fokussierung aller Kräfte auf attraktivitätssteigernde Maßnahmen ist nicht in Abhängigkeit von der Person des Citymanagers geleistet worden, sondern basiert auf einem systematischen Vorgehen. Die Konstruktion des "Mindelheimer Modells" basiert auf vier Säulen:

- Ein Verständnis des Citymanagers als Moderator, der intensiv das Gespräch mit den Kooperationspartnern vor Ort sucht.
- Eine Rollenzuschreibung des Citymanagers, die nicht auf der eigenen, persönlichen Überzeugungskraft aufbaut, sondern vielmehr Akzente in den Bereichen Systematisierung der Diskussion, sanfte, neutrale Moderationstechniken, Verläßlichkeit und Zielstrebigkeit setzt.
- Den Ansatz einer breiten Ideenfindung und Maßnahmenkonzipierung in einem Leitbild-Workshop.
- Eine kontinuierliche Fortführung der Kooperation aller Akteure durch die Bildung von Arbeitskreisen.

Mit dieser Vorgehensweise wird in Mindelheim ein realisierbares Aktionsprogramm zur Stadtentwicklung erstellt. Die Anregung der Diskussionen über das Verkehrskonzept, den Bau einer Stadthalle sowie die Installierung eines Informationsbüros für den Fremdenverkehr sind innovative Vorschläge, die nach Einschätzung der beteiligten Akteure ohne Stadtmarketing kaum entstanden wären. Die Bündelung der Akteure hat zu einem Kreativitätsgewinn im Nachdenken über Stadtentwickung geführt. Stadtmarketing als endogene Potentialstrategie, die vorhandene Ressourcen entdeckt und inwertsetzt, wird am Beispiel Mindelheim im Ansatz deutlich. Nicht zuletzt rückt, wie schon im Falle Kronachs, eine Struktur im Stadtmarketing in den Mittelpunkt, die Überraschendes birgt. Erneut ist es nicht der Einsatz eines methodischen Marketinginstrumentariums, der die Erfolgsfaktoren für die Strategie der Beziehungspflege in der Stadt bietet, sondern steht der Kommunikationsprozeß zwischen den Beteiligten im Vordergrund. Moderationsfähigkeit, Geschick im Umgang mit Menschen, Durchsetzungsfähigkeit und Neutralität werden von den Gesprächspartnern immer wieder als Eigenschaften eines qualifizierten Citymanagers genannt. Die Person des Citymanagers wird vor allem in ihren kommunikativen Eigenschaften bewertet. Das "eigentliche" Expertenwissen als Fachqualifikation tritt demgegenüber zurück. Spiegelbildlich hierzu wird von den Beteiligten die notwendig andere Seite der Medaille als weiterer Erfolgsfaktor betont: die Stimmung in der Stadt ist als positive oder negative Grundvoraussetzung eine wesentliche Determinante. Politische Kultur, Kooperationsklima und Mentalitäten sind Rahmenbedingungen im Stadtmarketing, die seine Machbarkeit grundlegend bestimmen. Damit sind es vor allem die "weichen" Elemente der städtischen Befindlichkeit, die sich als wesentliche Erfolgs- oder Mißerfolgsfaktoren im Stadtmarketing herauskristallisieren.

5.5 Schwandorf in der Oberpfalz

Die Große Kreisstadt Schwandorf, im Naabtal gelegen, ist das Zentrum der mittleren Oberpfalz. Schwandorf ist aufgrund der Eingemeindungen während der kommunalen Gebietsreform durch eine disperse Siedlungsstruktur geprägt und hat insgesamt 26.538 EinwohnerInnen (1991). Schwandorf ist im Rahmen der "Gemeinschaftsaufgabe zur Verbesserung der regionalen Wirtschaftsstruktur" Schwerpunktort mit der höchstmöglichen Förderpräferenz von 23 Prozent. Die Arbeitslosenquote liegt seit Jahren um mehrere Prozentpunkte über dem Landes- und Bundesdurchschnitt (vgl. GROSSE KREISSTADT SCHWANDORF 1990, S. 14). Eine Ursache hierfür ist die Stillegung der Bayerischen Braunkohlen-Industrie Aktiengesellschaft (BBI) im Jahr 1982. Hierdurch schnellte die Arbeitslosenquote im Jahr 1983 auf 22,5 Prozent (vgl. HAAS/MATEJKA 1983, S. 63). Der notwendige Strukturwandel und die Schaffung von Ersatzarbeitsplätzen stehen deshalb seit Beginn der 80er Jahre im Mittelpunkt der stadtentwicklungspolitischen Bemühungen.

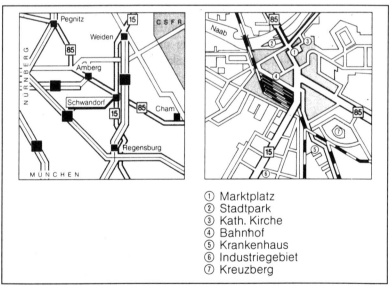

① Marktplatz
② Stadtpark
③ Kath. Kirche
④ Bahnhof
⑤ Krankenhaus
⑥ Industriegebiet
⑦ Kreuzberg

Quelle: *HELBRECHT 1992, S. 26*

Abb. 16:   Lage und Stadtstruktur Schwandorfs

Nach dem Landesentwicklungsprogramm ist Schwandorf als Mittelzentrum eingestuft und soll vielfältige Aufgaben für das Umland wahrnehmen. Hierzu zählen der Ausbau des Dienstleistungsbereiches, die quantitative und qualitative Verbesserung des Arbeitsplatzangebotes sowie die Versorgung mit Freizeit- und Erholungseinrichtungen. Die Handelszentralität der Stadt wird vornehmlich beeinflußt durch die Konkurrenz mit den Zentren Regensburg, Amberg und Weiden. Die Lage an der Bundesautobahn A 93 (München - Weiden), den Bundesbahnstrecken München - Hof und Nürnberg - Tschechei sowie dem Kreuzungspunkt der B 15 und B 85 bietet gute verkehrsgeographische Voraussetzungen (vgl. Abb. 16).

Nachdem Schwandorf in den 80er Jahren vor allem im Zusammenhang mit den Protestkundgebungen gegen die Wiederaufbereitungsanlage Wackersdorf (WAA) in die Schlagzeilen gekommen war, bieten sich der Stadt seit einigen Jahren neue Entwicklungsperspektiven. Seit 1982 ist die Beschäftigtenzahl im Dienstleistungssektor weit überdurchschnittlich gestiegen, was auf einen positiven wirtschaftsstrukturellen Wandel schließen läßt. Mit der Nachfolgenutzung des ehemaligen Geländes der WAA in dem nur wenige Kilometer entfernten Wackersdorf wurden zwar zunächst 3.000 neue Arbeitsplätze in unmittelbarer Nähe erwartet. Bislang sind jedoch von den Nachfolgenutzern (z. B. BMW, Siemens) erst 500 Arbeitsplätze geschaffen worden. Dennoch ist in Verbindung mit der dazugehörigen Mantelbevölkerung und dem Kaufkraftgewinn ein Wachstumsschub der Stadt in naher Zukunft absehbar.

5.5.1   Ausgangssituation

Das Schwandorfer Modellprojekt unterscheidet sich grundlegend von den Entwicklungen in Mindelheim und Kronach. Während in den beiden anderen Städten zunächst viele Negativerfahrungen gesammelt werden, verläuft der "Schwandorfer Weg" kontinuierlicher. Dennoch ist die Ausgangssituation zu Beginn des Projektes auch in Schwandorf nicht eindeutig positiv. Ähnlich wie in Mindelheim und Kronach kommt die Anregung zur Beteiligung an der öffentlichen Förderung von seiten des Handels. Die örtlichen Werbegemeinschaften drängen seit vielen Jahren auf eine verbesserte Standortpolitik, ohne sich mit ihren Verbesserungsvorschlägen durchsetzen zu können. Es werden mehrere Strukturgutachten initiiert; sie bleiben für die Stadtentwicklungspolitik meist folgenlos. Die schon aus Mindelheim und Kronach bekannten Probleme, wonach sich die Wirtschaftsvertreter mit ihren Anliegen von der

Kommunalpolitik nicht ernstgenommen fühlen, werden auch von den Schwandorfer Unternehmern als Motiv für die Suche nach neuen Kooperationsformen benannt. Zudem sind die Einzelhändler in zwei konkurrierenden Werbegemeinschaften organisiert, was die Zusammenarbeit und ein geschlossenes Auftreten der Wirtschaftsvertreter erschwert.

Die Gemeinde selbst hat zu Beginn des Projektes eine diffuse Erwartungshaltung. Von seiten der Stadtverwaltung und -politik ist man skeptisch. Die Unsicherheit über die Funktion und Leistungsfähigkeit des Instrumentes Stadtmarketing führt zu einer gewissen Reserviertheit. Engagement und Bereitschaft zu neuartigen lokalen Partnerschaften in der Standortpolitik müssen vom Citymanager noch geweckt werden. Während Stadt und Wirtschaft mit ihren je eigenen Problemen beschäftigt sind, ist das Verhältnis zwischen den beiden Akteursgruppen relativ entspannt. Die Stadt bietet den örtlichen UnternehmerInnen seit Jahren spezielle Anlaufstellen innerhalb der Verwaltung, um die Kontaktaufnahme zu erleichtern und die Zutrittsschwelle für die UnternehmerInnen bei möglichen Problemen oder Anliegen zu erniedrigen. In Schwandorf besteht somit eine mehrjährige Tradition des Dialogs zwischen den Wirtschaftsvertretern und der Kommunalverwaltung. Hieraus sind langjährig vertraute Kontakte erwachsen, in denen der Umgang zwischen Verwaltung und Unternehmern erprobt wurde. Diese informellen Kooperationsnetze sind der größte Pluspunkt für die Erprobung von Stadtmarketing.

5.5.2 Projektverlauf 1989/90: Der Citymanager als Moderator

Parallel zu Kronach und Mindelheim wird der Startschuß des Projektes am 1. September 1989 mit der Bildung einer BGB-Gesellschaft "Stadtmarketing-Projekt Schwandorf" gegeben. Schon an der Auswahl der dabei beteiligten Gesellschafter dokumentiert sich das positive Klima der lokalen Kooperation in Schwandorf. So sind nicht die Stadt Schwandorf, die Werbegemeinschaft Schwandorf e. V. und die CIMA alleinige Gesellschafter, sondern auch Industriebetriebe, Dienstleistungsunternehmen, der Fremdenverkehrsverein, der Hotel- und Gaststättenverband, die Arbeitsgemeinschaft Mittelstand sowie eine der beiden Lokalzeitungen. Die lokale Kooperationsbasis ist von Beginn an auf eine breitere Basis gestellt.

In den ersten Monaten führt der Citymanager Einzel- und Gruppengespräche, um die "opinion leaders" zu lokalisieren, den Stand der Entwicklung Schwandorfs aus Sicht verschiedener Experten zu erheben, und nicht zuletzt um eine Vertrauensbasis zwischen den Kooperationspartnern zu schaffen. Die Kontaktaufnahme gelingt rasch. Die anfänglich reservierte Erwartungshaltung der Gemeinde schwindet binnen weniger Gespräche zwischen Citymanager, Hauptamtsleiter und Bürgermeister. Der Citymanager erlangt schnell das Vertrauen von Kommunalverwaltung und -politik, so daß weitgehend Einigkeit über das weitere Vorgehen erzielt wird. Er erarbeitet sich den Status einer unabhängigen, fachlich kompetenten Vertrauensperson in der Stadt. Dennoch bleibt auch dem "Schwandorfer Modell" zu Beginn nicht genügend Zeit, um überlegt Konzepte zu entwerfen. Im Herbst 1989 entsteht ein Trend zum Aktionismus, der aus dem Bedarf der Kaufmannschaft nach frühen Erfolgen resultiert. Die Werbegemeinschaften drängen auf schnell vorzeigbare Maßnahmen, da sie ihre finanzielle Beteiligung an der gemeinsamen Gesellschaft in Aktionen für den Einzelhandel direkt profitabel investiert sehen wollen. Sie fordern die Organisation einer werbeträchtigen Weihnachtsaktion mit den Geldern des Stadtmarketing. Der Handel trägt sein Anliegen derart massiv vor, daß der Citymanager - obwohl er sich nach eigenen Aussagen erpreßt fühlt - diesem Drängen nur schwer widerstehen kann. Obwohl der Citymanager die Gefahr des Mißbrauchs des Stadtmarketing als Werbeagentur für den innerstädtischen Einzelhandel erkennt, gibt er der Forderung des Handels nach. Er sieht in den gewünschten Werbeaktionen eine Chance, die bisher nur verbalen Willensbekundungen zu einer Kooperation zwischen Stadt und Wirtschaft durch gemeinsames Handeln zu stabilisieren. Vor diesem Hintergrund finden in Schwandorf im Jahr 1989 zwei Maßnahmen statt.

Die Abendöffnung am langen Donnerstag in Amberg und Regensburg verstärkt den Kaufkraftabfluß aus der Großen Kreisstadt. In Form einer Werbeaktion "Schwandorf offen für alle" werden Aktionen (z. B. ein Feuerwerk) sowie begleitende Werbemaßnahmen zum Dienstleistungsabend initiiert. Die Bereitschaft zum gemeinsamen Handeln von Stadt und Handel manifestiert sich in der Abendöffnung des Postamtes, der Stadtkasse, des Einwohnermeldeamtes, der Kinderbetreuung in den Schulen von seiten der Kommune sowie der regen Beteiligung durch die Geschäftsleute. Trotz der Problematik zweier bestehender Werbegemeinschaften und der anfänglich nur geringen Bereitschaft zur Abendöffnung gelingt es, diese breit zu entwickeln und so die Position Schwandorfs als

Einkaufsstadt zu stärken. Ergänzend hierzu wird eine Weihnachtsaktion mit Gewinnspiel, begleitender Inseratschaltung und Plakatierung organisiert.

Damit ist der Einstieg in das Modellprojekt trotz vorheriger Vorbehalte insgesamt gelungen. Die menschlichen Voraussetzungen für die zukünftige Kooperation sind gegeben und erste Ansätze zum kooperativen Handeln verwirklicht. Die Zufriedenheit der lokalen Kooperationspartner mit dem Erfolg der Maßnahme stärkt die Position des Citymanagers. Handel und Gemeinde haben Vertrauen in die Chancen einer gemeinschaftlichen Standortpolitik gefaßt. In dieser Anfangssituation erweist sich ein objektiver Nachteil im Vergleich zu Kronach und Mindelheim als positiv. Während in den anderen Modell-Städten die Marktuntersuchung relativ früh vorliegt, muß der Citymanager in Schwandorf seine Arbeit ohne eine derartige Analysebasis aufnehmen. Als in Kronach und Mindelheim schon über Stärken und Schwächen im Standortprofil diskutiert wird - was die lokalen Entscheidungsträger zu verfrühten Schlußfolgerungen über mögliche Maßnahmen verleitet -, muß der Schwandorfer Citymanager noch ohne "objektive" Daten arbeiten. Dies fördert den offenen Charakter des Projektes in Form eines ungezwungenen Brainstormings. Die Erstellung der Marktuntersuchung mit einem Unternehmens- und Konsumentenprofil des Wirtschaftsstandortes Schwandorf findet erst im Winter 1989/90 statt. Die analytische Beurteilung der gegenwärtigen Situation nimmt den Stellenwert einer soliden Basisarbeit ein. Mit der Analyse der Stärken und Schwächen werden mögliche Handlungsschwerpunkte für das weitere Vorgehen aufgezeigt. Der Citymanager legt hierbei großen Wert darauf, die Untersuchung nicht wie so viele Gutachten in den Schubladen verschwinden zu lassen, sondern sorgt für eine intensive Diskussion der Ergebnisse vor Ort. Damit wird die Denkhaltung der Schwandorfer in Richtung zukunftsorientierter Perspektiven gelenkt. Dies geschieht jedoch unsystematisch und ohne die strukturierte Einbindung interessierter lokaler Gruppen. Stadtmarketing in Schwandorf vollzieht sich zu diesem Zeitpunkt noch im engen Kreis der Akteure zwischen Stadtverwaltung, -politik und Wirtschaft.

Um die Bedürfnisse des Handels zu befriedigen, wird parallel dazu eine Jahreswerbekonzeption für den Schwandorfer Einzelhandel erarbeitet. Zielsetzung ist es, die Einzelbetriebe und konkurrierenden Werbegemeinschaften zu einem gemeinsamen Auftreten nach außen zu motivieren. In Kooperation mit einer Schwandorfer Werbeagentur wird eine

Serie von Aktionswochen durchgeführt ("Schwandorf kreativ", "Schwandorf feiert", "Schwandorf im Herbstwind", "Schwandorf funkelt"). Hierbei zeichnet sich ab, daß das Bewußtsein für eine Kooperation oder sogar Fusion der beiden Werbegemeinschaften immer stärker wird.

Im Frühjahr 1990 wird offensichtlich, daß nach der informellen Kontaktaufnahme, der Analyse durch die Marktuntersuchung sowie der werblichen Betreuung des Handels ein neuer methodischer Schritt im Stadtmarketing folgen muß. In einer Reihe von Expertengesprächen mit Vertretern der Stadt findet ein Brainstorming zu weiteren Stärken und Schwächen Schwandorfs statt. Die Arbeitsgespräche mit dem Fremdenverkehrs- und Verschönerungsverein, dem Hotel- und Gaststättenverband, der Handwerkskammer und dem Kulturreferat zeigen zwar, daß das Wissen "in den Köpfen" der einheimischen Experten über die Entwicklungspotentiale ihrer Stadt qualitativ hochwertig ist. Sie führen jedoch zu keiner systematischen Ideensammlung und Gewichtung. Es bedarf eines spezifischen, methodischen Instruments, um die unterschiedlichen Meinungen und Ansätze zu synthetisieren. Im Sinne des Modellprojektes, das privatwirtschaftliche Arbeitsweisen mit kommunalen Strukturen verbinden will, greift der Citymanager auf seine Erfahrungen in der Unternehmensberatung mit der Entwicklung von Unternehmensleitbildern zurück. Diese werden in der betriebswirtschaftlichen Beratung verstärkt eingesetzt, um Ziele und Handlungsprioritäten im strategischen Management zu entwickeln und eine Corporate Identity aufzubauen. Im Juni 1990 werden VertreterInnen sämtlicher Interessengemeinschaften Schwandorfs zu einem eintägigen Workshop eingeladen. Es ist dieser Workshop zum Stadtleitbild Schwandorfs, der sieben Monate später in Mindelheim sein Pendant findet. Zielsetzung des Workshops ist:

- die Sensibilisierung aller Interessenvertretungen für die Belange des Stadtmarketing;
- die Motivation der Experten zur Mitarbeit;
- die Erarbeitung eines Leitbildes für die Stadtentwicklung Schwandorfs, das von allen Gruppen getragen wird und eine realisierbare Plattform darstellt;
- die Gründung von Arbeitsgruppen.
- die frühzeitige Einbindung der politischen Entscheidungsträger. Es soll ein Vertrauenspotential zwischen Gemeinde und Stadtmarketing aufgebaut werden, um die spätere Umsetzung der Maßnahmen zu erleichtern;

Das paradigmatische Motto der Veranstaltung lautet "Betroffene zu Beteiligten machen". Die Einladungen werden nach Absprache mit Stadt und Handel vom Citymanager verschickt. Unter den TeilnehmerInnen sind der Oberbürgermeister, Vertreter aller relevanten Ämter der Stadtverwaltung, die Stadtratsfraktionen, die Handwerkskammer, Vertreter des Einzelhandels, Kreditinstitute, der Hotel- und Gaststättenverband, der Fremdenverkehrsverein, Industrievertreter, der ADAC, eine Werbeagentur u. a. Der Leitbild-Workshop vollzieht sich in zwei Schritten. Zunächst wird in einem analytischen Arbeitsgang das Stärken-Schwächen-Profil Schwandorfs erarbeitet. Die Marktuntersuchung dient als Diskussionsimpuls. Sie wird durch den Workshop emotionalisiert und findet in vielen Aspekten eine Bestätigung durch das subjektive Urteil der Experten. Darüber hinaus weisen die InteressenvertreterInnen auf weitere Defizite hin und entwickeln neue Ansätze zur Standortprofilierung Schwandorfs. In einem zweiten Schritt wird anhand der Basisinformationen über die Stadt eine Vision der zukünftigen Entwicklung entworfen. Hierfür werden zehn Sätze zum Stadtleitbild Schwandorfs formuliert. Beide Arbeitsschritte finden in Kleingruppenarbeit nach den Methoden der Metaplan-Moderation statt.[1] Das Leitbild soll mehrere Aufgaben erfüllen (vgl. MACH WAS 1991):

- Das Leitbild ist die Grundlage für das Stadtmarketing, nach dem sich jeder ausrichtet.

- Es umfaßt die Ideale und Stärken der Stadt, orientiert an dem Nutzen für den Bürger.

- Das Leitbild bezweckt Orientierung, Motivation, Anregung und Ansporn. Es ist für alle am Stadtmarketing Beteiligten verpflichtend.

- Es beantwortet die Fragen: Wer wollen wir sein? Wodurch wollen wir uns von anderen Städten unterscheiden? Durch welchen

---

[1]   Die Metaplan-Technik ist eine zu Beginn der 80er Jahre entwickelte Moderationsmethode, mit deren Hilfe Gruppen transparent und konsensual zu der Formulierung von Wünschen, Lösungsansätzen usw. gelangen können. Die Kommunikationstechnik basiert auf einer Mischung von Visualisierungs- und Planungstechniken. Mit Hilfe eines Leiters, der als sachlich neutraler Moderator nur Hebammenfunktion für den Diskussionsprozeß innerhalb der Gruppe hat, sowie von Schauwänden (Moderationstafeln), an denen die gesamte Diskussion visualisiert wird, verläuft die Diskussion strukturiert und ergebnisorientiert (vgl. KLEBERT/SCHRADER/STRAUB 1987). Die Phasen der Problem- bzw. Themensammlung, Problemstrukturierung und Problemgewichtung werden in getrennten Diskussionsschritten systematisch abgearbeitet.

Nutzen, den wir unseren Bürgern bieten, wollen wir uns profilieren? Welche Ansprüche stellen wir an uns selbst?

- Das Stadtleitbild ist mit einem soliden Partnerschaftsvertrag vergleichbar. Alle Partner halten sich konsequent an die gemeinsam festgelegten Pflichten und Rechte.

- Das Leitbild ist nur so gut, wie es glaubhaft gelebt wird, und nur in diesem Maße findet es Anerkennung und Akzeptanz.

- Das Stadtleitbild soll Eigendynamik erzeugen und dient der Selbstkontrolle durch die Frage: "Entspricht diese oder jene Leistung, dieses Tun, meine Arbeit, unserem Stadtleitbild?".

Das Leitbild selbst ist, ähnlich wie in Mindelheim, sehr allgemein gehalten. Die inhaltliche Orientierungsfunktion ist für Externe, die den Diskussionsprozeß nicht mitverfolgt haben, kaum nachvollziehbar (vgl. Abb. 17). Auch im Stadtmarketingprojekt Schwandorf entfaltet das Leitbild seine größte Wirkung im motivatorischen und kommunikativen Bereich: Im Workshop entsteht eine neue Gesprächsbasis zwischen alten und neuen GesprächspartnerInnen. Der Interessenegoismus, immer nur die Position der eigenen Lobby durchsetzen zu wollen, kann durch das gemeinsame Konzipieren einer Zielvorstellung für Schwandorf durchbrochen werden. Verwundert nehmen die TeilnehmerInnen, die sich alle schon lange kennen und oft unstrukturiert miteinander gesprochen haben, die gegenseitigen Interessen und Anliegen erstmalig in einem neuen Licht wahr. Die Akzeptanz der Meinungen und legitimen Positionen der anderen, überraschende Bündnisse bei Problemen und Anliegen zwischen verschiedenen Akteuren, vor allem aber die Einsicht in die Begrenztheit der eigenen Perspektive verändern die Verständigungsbasis zwischen den Beteiligten. Indem sich die Wahrnehmungs- und Bewertungshorizonte der TeilnehmerInnen öffnen, wird eine neue Art partnerschaftlicher Kooperation möglich. Die Begeisterung der Beteiligten über diesen neuen Weg der gemeinsamen Diskussion und Arbeit an der Zukunft Schwandorfs ist während und nach der Veranstaltung sehr groß. Das Gemeinschaftsdenken ist in bisher nicht vorstellbarer Weise in den Vordergrund gerückt. Dadurch wird ein Konsens über Ziele der Stadtentwicklung möglich, der als Fundament für die weitere Arbeit im Stadtmarketing dient. Der stadtentwicklungspolitische Konsens hat in seiner Langfristwirkung wenige das Leitbild selbst als den Diskussionsprozeß darüber zum Gegenstand.

Der Erfolg des Workshops liegt dabei wesentlich in der Moderationstechnik, die der Citymanager mit der Unterstützung einer zweiten Bera-

Liebenswertes ... Schwandorf

Schwandorf ist Natur "pur"! Die stadtnahen Wälder und Seen verbinden sich harmonisch mit unserer grünen Innenstadt. Die vielfältigen Freizeit- und Erholungseinrichtungen machen unsere Stadt zu einem natürlichen Erlebnis.

In **Schwandorf** wohnt man gerne. Eine aufgelockerte Wohnbebauung in einem natürlichen Umfeld sprechen in unserer gut überschaubaren Stadt für eine hohe Wohnqualität.

In **Schwandorf** macht das Einkaufen Spaß! Die reichhaltige Vielfalt des Einzelhandels und die Service-Leistungen lassen das Einkaufen in der City zum "Bummelspaß" werden.

Schwandorf ist eine starke Gemeinschaft! Unsere zahlreichen Vereine lassen uns aktiv bleiben. Vereinsleben heißt bei uns: Hier kann sich der eine auf den anderen verlassen!

Schwandorf ist im Bilde! Unser vielfältiges und leistungsfähiges Bildungsangebot bietet jedem eine schulische und berufliche Perspektive.

In **Schwandorf** steht Kultur hoch im Kurs! Theater, Veranstaltungen und Konzerte, bei uns ist für jeden Bürger, jeden Alters, immer etwas dabei.

Schwandorf ist Gastfreundschaft! Unsere Hotel- und Gastronomiebetriebe bieten jedem Gast Flair in gemütlicher Atmosphäre.

Schwandorf ist Treffpunkt! Durch die überregionalen Verkehrs- und Autobahnanbindungen sind wir der Treffpunkt des Bayern-Landes. Touristen aus Nah und Fern kommen gerne zu uns. Wir sind das Tor zum "Bayerischen Wald".

Schwandorf ist Leben! Unser ausgewogenes Verhältnis an Gewerbe / Industrie und Wohnraum macht uns zu einer Stadt mit hoher Lebensqualität.

Schwandorf ist Kinderfreude! Wir bieten Kindern und Jugendlichen ein reichhaltiges und ausgewähltes Freizeitangebot. Kinder sind unsere Zukunft.

Lebenswertes ... Schwandorf

Quelle: *CIMA 1990*

Abb. 17:   Stadtleitbild Schwandorf

tungsagentur anwendet. Durch die Visualisierung und das gemeinsame Setzen von Prioritäten wird die Auseinandersetzung versachlicht und systematisiert. Während des Workshops bilden sich fünf Arbeitsgruppen, die die Realisierung der gesetzten Ziele in der Folgezeit vorantreiben sollen. Der Citymanager verfolgt dabei die Strategie, den im Rahmen des Workshops aufgekommenen Elan und die Kooperationswilligkeit der

TeilnehmerInnen für die Entwicklung konkreter Maßnahmen, die sich aus der Leitbildentwicklung ergeben, zu nutzen.

Im Arbeitskreis Verkehr sollen die Themen Belebung oberer Marktplatz, Parksituation, Verkehrsberuhigung, Verbesserung des fließenden Verkehrs, Parkleitsystem, Parkplan, Radfahrwege und Abstellplätze bearbeitet werden. Der Arbeitskreis Kultur/Freizeit/Gastronomie bearbeitet die Felder Freizeitspaß, Hotelansiedlung, Kooperation Stadt - Landkreis, ständige Marktstände, Nutzung der Seenplatte, mittlere Saalgröße für Veranstaltungen mit 150 bis 300 Personen, Kino, Theater und Kleinkunst. Der Arbeitskreis Natur/Umwelt/Kinderfreundlichkeit/Wohnqualität beschäftigt sich mit Kinderhorten, Umweltschutz und Wohnqualität. Im Arbeitskreis Öffentlichkeitsarbeit werden die Themen Corporate Identity und Imagekonzept für Schwandorf bearbeitet. Im Arbeitskreis Handel setzt man sich mit den Themen Schulungen (Personal, UnternehmerInnen), Dekorationsseminar, Gemeinschaftswerbung, Parkplatzsituation, Kooperation mit der Gastronomie und Servicekonzepte auseinander.

In der Folgezeit hat der Citymanager zwei Aufgaben. Erstens moderiert er die neu entstandenen Arbeitskreise. Die Zusammensetzung der Arbeitskreise folgt dabei nach wie vor dem selektiven Einladungsprinzip im Verhandlungsdreieck von Stadt, Handel und Citymanager. Dadurch werden vorwiegend wirtschaftsbezogene Experten aus Schwandorf und Umgebung beteiligt. Dies ist ein deutliches Defizit. Bürgerschaftliche Vereine, wie zum Beispiel Kultur- oder Sportvereine, finden keinen Eingang in das Stadtmarketing. Daneben ist der Citymanager bemüht, die VertreterInnen der politischen Fraktionen einzubinden. Die FraktionsvertreterInnen werden frühzeitig in die Arbeitskreise integriert, um die politische Akzeptanz der diskutierten Maßnahmen zu erhöhen und die Gefahr eines "zweiten Stadtparlaments" durch das Stadtmarketing zu verhindern. Allerdings gilt dies nur für die Vorsitzenden derjenigen Ratsausschüsse, die für die jeweiligen Arbeitskreisthemen kompetent sind. Die TeilnehmerInnenzahl pro Arbeitskreis beträgt ca. vier bis acht Personen. Die Arbeitskreisarbeit erfolgt nach dem bewährten Moderationskonzept. In den Diskussionsgruppen werden die im Workshop entdeckten Ansatzpunkte für eine Attraktivitätssteigerung Schwandorfs weiter verfolgt, konkretisiert und in durchführbare Maßnahmenkonzepte umgesetzt.

Die zweite Aufgabe des Citymanagers besteht - parallel zur Arbeitskreismoderation - in der Durchführung von Recherchen, Wirtschaftlichkeitsberechnungen, der Erstellung von Exposés usw. Denn bei der Bearbeitung der Themen in den Arbeitskreisen tauchen konkrete Fragen auf, die beantwortet werden müssen, bevor eine weitere Bearbeitung erfolgen kann. So ist zum Beispiel eine der größten Schwächen Schwandorfs das Fehlen eines attraktiven Mittelklassehotels zur Durchführung von Tagungen. Der Citymanager fertigt in Zusammenarbeit mit der Stadt Schwandorf ein Exposé an, das potentielle Investoren auf den Standort in der mittleren Oberpfalz aufmerksam machen soll. Darüber hinaus werden konkrete Gespräche mit Interessenten geführt. Ein weiteres Defizit ist das Fehlen einer Veranstaltungsstätte für 150 bis 300 Personen. Nachdem sich im Workshop herauskristallisiert hat, daß ein katholisches Vereinshaus hierfür geeignet wäre, führt der Citymanager Gespräche über Umnutzungs- und Renovierungsmöglichkeiten. Für die Belebung des oberen Marktplatzes wird die Idee der Einrichtung ständiger Marktstände entwickelt. Zur Überprüfung der Realisierbarkeit des Vorschlags fertigt das Stadtmarketing eine Wirtschaftlichkeitsberechnung an. Die letzte Hälfte des Jahres 1990 ist mit der Arbeitskreisarbeit und den parallelen Rechercheaufgaben ausgefüllt. Die kontinuierliche Fortentwicklung der Themen und Ideen beruht dabei wesentlich auf dem privaten Engagement der lokalen Experten. Sie sind es, die - sei es in der Mittagszeit oder nach Dienstschluß - einen wesentlichen Teil ihrer Freizeit für die gemeinsame Arbeit an der Zukunft Schwandorfs opfern. Dieser Aspekt ist ein ebenso unabdingbarer wie problematischer Faktor für den Erfolg der Arbeitskreisarbeit (vgl. Kap. 5.3.4). Die Belastbarkeit privater Akteure für die Interessen der Gesamtstadt hat deutliche Grenzen.

5.5.3 Projektverlauf 1991/92: Das integrierte Gesamtkonzept

Durch die Arbeitskreisarbeit entwickelt das Stadtmarketingprojekt eine Eigendynamik, im Rahmen derer die lokalen Akteure eigenständig Themen vorschlagen, bearbeiten und in Projektpläne umsetzen. Im Frühjahr 1991 deutet sich jedoch die Notwendigkeit eines neuen Arbeitsschrittes an. Je konkreter die in den Arbeitskreisen erarbeiteten Maßnahmen zur Attraktivitätssteigerung sind, umso notwendiger werden erste Vorarbeiten zur Schaffung der Akzeptanz bei den politischen

EntscheidungsträgerInnen (Fachausschüsse, Stadtrat). Nur so kann der Umsetzungserfolg des Stadtmarketing gewährleistet werden.

Parallel zur Arbeitskreisarbeit prüft der Citymanager die politische Kompatibilität der vorgeschlagenen Maßnahmen, indem er in die Fachausschüsse geht und die entworfenen Maßnahmen vorstellt. Dabei gelingt es ihm, seine Neutralität und Objektivität zu wahren. Er wird von allen Beteiligten als ein sachlicher Vertreter des Anliegens der gesamten Stadt betrachtet. Durch die Versachlichung der Diskussion und die Neutralität des Citymanagers wird die Kooperation der Beteiligten zum Erfolg. Die Aufgabe des Citymanagers ist es dabei immer wieder, Antriebsmotor der Entwicklung zu sein und die Kooperationspartner an das gemeinsame Ziel zu erinnern.

Im Frühjahr 1991 wächst in Schwandorf langsam die Ungeduld. Nach eineinhalb-jährigem Projektverlauf liegen immer noch keine fertigen Ergebnisse vor. Der Druck auf die Arbeitskreise, endgültige Konzepte zu liefern, steigt auch von seiten der politischen Verantwortungsträger. Der externe Erfolgszwang führt dazu, daß sich die Arbeitskreise auf die Veröffentlichung eines Zwischenergebnisses einigen. Am 16. Mai 1991 legt der Citymanager einen Zwischenbericht vor, der die Ergebnisse der Arbeitskreise enthält. Für jeden Arbeitskreis werden das angestrebte Leitbild der Entwicklung im behandelten Bereich beschrieben, die Probleme erörtert, die die Erreichung des Zieles behindern, die geeigneten Maßnahmen begründet sowie eine Prioritätenliste für die Durchführung der Maßnahmen erstellt.

Der Arbeitskreis Verkehr entwickelt ein Konzept zur Belebung des oberen Marktplatzes, schlägt neue Beschilderungsmaßnahmen in der Stadt vor, erarbeitet Lösungen für das Problem der Dauerparker in der Stadt, entdeckt Ersatzparkmöglichkeiten, schlägt ein Parkleitsystem, einen Parkplan, eine kommunale Parküberwachung vor usw. Im Arbeitskreis Handel sind schon vor der Erstellung des Zwischenberichts einige Maßnahmen durchgeführt worden wie zum Beispiel ein Dekorations-seminar, die Errichtung eines Werbebeirates und die Erarbeitung einer Werbekonzeption. Darüber hinaus schlägt der Arbeitskreis die Ver-stärkung der Gemeinschaftswerbung unter Einbeziehung der Gastrono-miebetriebe und Banken, die Installation eines Weihnachtsmarktes und die Durchführung eines Werbe- und Verkaufsschulungsseminars vor. Der Arbeitskreis Öffentlichkeitsarbeit legt ein neues Konzept für die Ämter-strukturierung der Verwaltung der Stadt Schwandorf vor. Die Öffentlich-keitsarbeit soll zukünftig in die vier Bereiche Freizeit/Fremdenverkehr,

Bürgerinformation, Wirtschaftsförderung und Kultur unterteilt werden. Für jeden der vier Bereiche werden weitere Handlungsansätze formuliert. Der Arbeitskreis Fremdenverkehr/Freizeit/Kultur/Gastronomie fordert die Einrichtung eines Fremdenverkehrsamtes und beschreibt hierfür ein differenziertes Aufgabenspektrum. Darüber hinaus wird das bestehende Schwandorfer Fremdenverkehrsprofil analysiert und mit Vorschlägen ergänzt und abgeändert. Der Arbeitskreis Natur/Umwelt/Kinderfreundlichkeit beschäftigt sich mit dem zusätzlichen Baulandbedarf, der durch die veränderten Entwicklungsmöglichkeiten am ehemaligen WAA-Gelände entsteht. Um die Verkaufsbereitschaft bei bebauungsfähigen Grundstücken zu erhöhen, werden Maßnahmen der Enteignung, Flächenumwidmung, Öffentlichkeitsarbeit, finanzieller Sonderkonditionen örtlicher Kreditinstitute usw. vorgeschlagen.

Die breite Sammlung von Maßnahmen muß in einem nächsten Arbeitsschritt in ein Gesamtkonzept zur Attraktivitätssteigerung der Stadt Schwandorf münden. Nur mit Hilfe eines integrierten Gesamtkonzeptes wird die Prioritätensetzung zwischen den einzelnen Bereichen und die Erstellung einer Aktionsstrategie möglich. Das eigentliche Stadtleitbild eignet sich für diesen Abwägungsvorgang zwischen den Projektideen nicht als Entscheidungskriterium. Zum einen ist es zu allgemein und abstrakt formuliert (z. B. kinderfreundliche Stadt). Zum anderen hat es im Zuge der Arbeitskreisarbeit zunehmend an Bedeutung verloren. Seine Funktion liegt im Schwandorfer Projekt eher im motivatorischen Bereich zur Herstellung der notwendigen kooperativen Diskussionskultur.

An dieser Stelle greift der Citymanager erneut auf die Arbeitstechnik des Workshops zurück. In einem zweiten Workshop wird im Juni 1991 mit Hilfe der Moderationstechnik eine Synthese der einzelnen Punkte zu einem Gesamtkonzept erstellt. Wieder versammeln sich die lokalen Kooperationspartner einen Tag lang und befinden im Konsensprinzip über wichtige und weniger wichtige, schnell durchführbare und langfristige Maßnahmen. Von besonderer Bedeutung ist dabei die Anwesenheit der politischen MandatsträgerInnen. Von ihrer Resonanz hängt die Durchführung der meisten Maßnahmen ab. Damit liegt ab Juni 1991, fast zwei Jahre nach Beginn des Projektes, ein stadtentwicklungspolitisches Programm zur Profilierung und Gestaltung Schwandorfs vor. Obwohl die Arbeit der Arbeitsgruppen damit beendet ist, hat das Stadtmarketing inzwischen soviel Eigendynamik entwickelt, daß die lokalen Kooperationspartner auch im Anschluß an den Entwurf des Gesamtkonzeptes in ihren Arbeitskreisen zum Teil weiter tagen und neue Themen und

Anregungen in die Diskussion einbringen - Themen, die ihrer Ansicht nach auch noch bearbeitet werden müßten.

So setzt in der Werbegemeinschaft eine intensive Debatte darüber ein, inwieweit der eingetragene Verein mit seiner traditionellen Zielrichtung noch zeitgerecht ist. Gemeinsam mit dem Citymanager wird die Erweiterung des Mitglieder- und Aufgabenspektrums in Richtung eines umfassenderen Wirtschaftsforums überlegt. In der Stadtverwaltung wächst der Bedarf nach einem neuen Leitbild zur Effizienzsteigerung und Flexibilisierung der Arbeitsformen. Der Citymanager schlägt die Entwicklung eines Corporate Identity-Konzeptes für die Administration und eines neuen PR-Konzeptes für die Stadt vor.

Die Hauptaufgabe im Stadtmarketing, die Umsetzung des Gesamtkonzeptes, liegt seit Sommer 1991 in Händen der Fachausschüsse und des Stadtrates. Hier kommt es im Herbst 1991 aus zwei Gründen zu Verzögerungen. Zum einen ist der Entscheidungsweg der offiziellen Politik an bestimmte Abläufe, Termine und Vorschriften gebunden. Es dauert aufgrund der Vielzahl an vorgeschlagenen Maßnahmen einige Zeit, bis Politik und Verwaltung den Berg abgearbeitet haben. Zum anderen hat es zwar in Schwandorf niemals eine "Bürgermeisterblockade" gegeben wie etwa in Mindelheim. Die Politiker haben Vertrauen in Stadtmarketing und Citymanager gleichermaßen. Da die Vorschläge des stadtentwicklungspolitischen Gesamtkonzeptes jedoch sehr konkret sind (realisierungsreif), sind erst wieder Diskussionen über die allgemeine Sinn- und Zweckmäßigkeit notwendig, bevor die Mandatsträger von der Notwendigkeit der Projekte überzeugt sind. Sie müssen quasi den im Stadtmarketing schon vollzogenen Diskussions- und Entscheidungsprozeß über die Auswahl der Maßnahmen im Stadtrat nachvollziehen. Damit gelingt es dem Schwandorfer Stadtmarketing zwar insgesamt, das Verhältnis zwischen Stadtmarketing und Stadtpolitik zu entkrampfen und konstruktiv zu gestalten. Dennoch verliert das Stadtmarketingprojekt durch die erneuten Debatten in Stadtrat und Fachausschüssen an Effektivität und Zeit bei der Umsetzung. Am Ende des Modellprojektes im Februar 1992 sind noch nicht alle Maßnahmen des integrierten Gesamtkonzeptes im Stadtrat diskutiert. Die Umsetzung der Maßnahmen wird somit auch im Schwandorfer Projekt zu einem letztlich nicht befriedigend gelösten Problem, das auf ein strukturelles Defizit im Stadtmarketing hindeutet.

5.5.4 Lernerfahrungen

Das Pilotprojekt Schwandorf ist aufgrund seines kontinuierlichen Aufbaus und der Entwicklung eines methodischen Instrumentariums im Stadtmarketing das erfolgreichste der drei Modellprojekte. Die neuartige Partnerschaft zwischen Politik, Verwaltung und Wirtschaft ist gelungen und hat zu einem Gesamtkonzept der Attraktivitätssteigerung und Standortprofilierung Schwandorfs geführt. Dabei sind diejenigen Faktoren, die den Erfolg in Schwandorf herbeigeführt haben, die gleichen Elemente, die - in negativer Ausprägung - in Kronach und Mindelheim das Gelingen der Projekte verhindert haben. Die Ergebnisse in den drei unterschiedlichen Modellprojekten sind somit einheitlich. Sie beleuchten verschiedene Seiten der gleichen Medaille.

Die wesentlichste Ausgangsvoraussetzung für das Gelingen des Stadtmarketingprojektes in Schwandorf ist die harmonische politische Kultur in der Stadt. Aufgrund der bestehenden Kontaktnetze zwischen Wirtschaft und Stadt kann der Citymanager auf den informellen Entscheidungsstrukturen aufbauen. Mit dem Instrumentarium des Leitbild-Workshops und der Arbeitskreisarbeit hat er den informellen Strukturen nur eine äußere Form gegeben und sie für ein ergebnisorientiertes Arbeiten genutzt. Dabei haben die Beteiligten nach eigenem Bekunden sehr viel über sich und die anderen Gruppen in der Stadt gelernt. Dennoch gab es Anfangsschwierigkeiten zum Beispiel bei der Kooperation mit der Werbegemeinschaft. In Schwandorf sind - auch nach eigener Einschätzung der Beteiligten - eigentlich erst am Ende des Projektes die sozialen und kommunikativen Voraussetzungen vorhanden, um eine kooperative Stadtentwicklungspolitik zu betreiben. Die Ansprüche, die Stadtmarketing an die Konflikt-, Konsens- und Kompromißfähigkeit der unterschiedlichen Gruppen stellt, sind somit immens. Auch eine vorhandene, funktionierende politische Kultur muß noch viele Erweiterungen erfahren und Belastungstests bestehen, um die geeigneten Voraussetzungen für ein partnerschaftliches Verhaltens zu bieten. Am Ende ist es im Schwandorfer Projekt gelungen, ein integriertes Konzept zur Stadtentwicklung zu erstellen.

Daneben hat sich die Person des Citymanagers als Moderator, Kommunikator und Katalysator zwischen den Gruppen erneut als entscheidende Determinante herauskristallisiert. Seine kommunikativen und diplomatischen Fähigkeiten nehmen einen zentralen Stellenwert bei der Vermittlung zwischen den Interessengruppen ein. Bei der Auflösung des

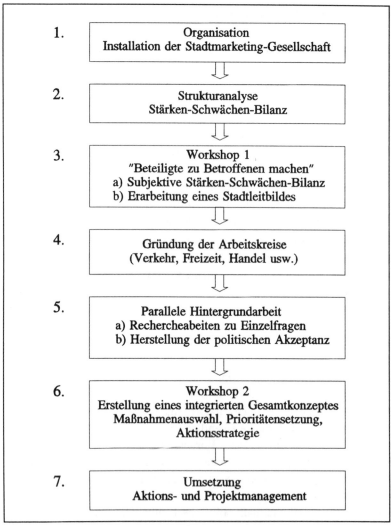

1.	Organisation Installation der Stadtmarketing-Gesellschaft
2.	Strukturanalyse Stärken-Schwächen-Bilanz
3.	Workshop 1 "Beteiligte zu Betroffenen machen" a) Subjektive Stärken-Schwächen-Bilanz b) Erarbeitung eines Stadtleitbildes
4.	Gründung der Arbeitskreise (Verkehr, Freizeit, Handel usw.)
5.	Parallele Hintergrundarbeit a) Rechercheabeiten zu Einzelfragen b) Herstellung der politischen Akzeptanz
6.	Workshop 2 Erstellung eines integrierten Gesamtkonzeptes Maßnahmenauswahl, Prioritätensetzung, Aktionsstrategie
7.	Umsetzung Aktions- und Projektmanagement

Quelle: *STUMPF 1991, S. 3*

Abb. 18:   Vorgehensweise im Schwandorfer Stadtmarketing

babylonischen Sprachgewirrs in den Gemeinden tritt die Bedeutung des Fachwissens nicht selten in den Schatten gegenüber formalen Schlüsselqualifikationen der Moderation. Die wesentliche Errungenschaft des Schwandorfer Modells für zukünftige Projekte liegt in der methodischen Fundierung des Stadtmarketing. Anhand der Entwicklung des "Schwandorfer Modells" lassen sich sieben Phasen unterscheiden (vgl. Abb. 18). Hiernach verfolgt das Stadtmarketing schrittweise von der organisatorischen Installierung, über die objektive und subjektive Analyse der Stärken und Schwächen die Entwicklung eines Leitbildes mit insbesondere motivatorischer Funktion, aus dem sich Arbeitskreisthemen ableiten lassen. Diese werden zu einem integrierten Gesamtkonzept synthetisiert und durch die Setzung von Prioritäten als Aktionsprogramm formuliert.

Trotz aller Erfolge sind zwei gewichtige Punkte im Schwandorfer Modell deutlich defizitär. Sie werden auch aus Sicht der lokalen Entscheidungsträger als großes Manko kritisiert. Zum einen hat der Kontakt zu den Fraktionsvorsitzenden der politischen Parteien sichtlich nicht genügt, um den Stadtrat zu einer schnellen Umsetzung der entworfenen Maßnahmen zu bewegen. Hierdurch kommt es wahrscheinlich nicht nur zu zeitlichen Verzögerungen bei der Maßnahmenumsetzung. Zweitens ist keine Beteiligung aller für die Entwicklung der Stadt relevanten Gruppen gelungen. Stadtmarketing in Schwandorf ist ein wirtschaftsorientiertes Projekt, in dem kulturelle, ökologische und soziale Interessen wenn überhaupt, dann nur schwach vertreten sind. Insbesondere der letztgenannte Kritikpunkt stellt die demokratische Legitimität von Stadtmarketing als ganzheitlicher Stadtentwicklungsstrategie grundlegend in Frage.

5.6   Fazit

Die Erfahrungen der bayerischen Modellprojekte zeigen, daß ganzheitliches "Stadtmarketing" möglich ist. Im deutlichen Gegensatz zu den US-amerikanischen und britischen Erfahrungen mit Marketingansätzen in der Stadtentwicklung geht es bei den bundesrepublikanischen Neuerungen nicht um die profitable Grundstücksentwicklung innerstädtischer Lagen, sondern um den Versuch einer komprehensiven Stadtentwicklung. Dies zeigen die angedachten Maßnahmenpakete in Kronach, Mindelheim und Schwandorf, die von der innerstädtischen Verkehrsführung über Kulturprogramme bis hin zu Hotelansiedlungen reichen.

Bemerkenswert ist dabei insbesondere, daß Elemente des betriebswirtschaftlichen Marketing nur rudimentär erkennbar sind. Die Übertragung des Unternehmensleitbildes auf die Stadt bietet noch den deutlichsten Ansatzpunkt für die Ursprungsidee, mit der der Begriff Stadtmarketing Ende der 80er Jahre angetreten ist: Die Stadt als Unternehmen, die sich selbst mit marketingpolitischen Instrumenten und Verfahren als Produkt herstellt und vermarktet. Im Kern ist Stadtmarketing aber - in der Form, wie es im Rahmen der bayerischen Modellprojekte entwickelt wurde - keineswegs eine Marketingpolitik für die Stadt, sondern eine Kommunikationspolitik in der Stadt. Alle Erfolgsfaktoren, die für ein funktionierendes Stadtmarketing identifiziert wurden (lokale politische Kultur, Kooperationsbereitschaft der Akteure, der Citymanager als Moderator, sieben methodische Schritte), sind keine betriebswirtschaftlichen Methoden, sondern vielmehr Methoden und Techniken konstruktiver Gruppenkommunikation. Stadtmarketing als derart verstandene Kommunikationspolitik in der Stadt könnte dem dringenden Bedarf nach politischen Innovationen in der gesellschaftlichen Umbruchsituation entsprechen. Dies vor allem deshalb, weil es nicht auf dem simplen Transfer ökonomischer Prinzipien in den staatlichen Handlungsbereich basiert, sondern die planungspolitische Neuinterpretation des Marketingansatzes für die Belange der Stadtentwicklung leistet.

Ob allerdings der Begriff "Stadtmarketing" angesichts dieses Ergebnisses überhaupt noch Sinn macht, bleibt fraglich. Die Marketingrhetorik führt sachlich sichtlich in die Irre, denn sie weckt falsche Assoziationen und ruft deshalb oftmals zurecht Skepsis auf seiten der Planer und Planerinnen hervor. Treffender aber ungebräuchlicher wäre sicherlich die Rede von einer Art "Stadtmoderation" oder ähnlichem. Der Vorteil dieser neuen Form der Stadtentwicklungspolitik gegenüber traditionellen Planungsmethoden setzt sich aus drei Komponenten zusammen:

-   Ideen und Maßnahmenvorschläge, die schon lange bekannt sind und vielfach diskutiert wurden, jedoch aus Gründen lokaler Verkrustungserscheinungen nie umgesetzt werden konnten, werden einer Realisierung zugeführt.

-   Neue Ideen, die aus den Synergieeffekten der neuartigen Diskussionen verschiedener Akteure entstehen, führen zu einem Kreativitätsgewinn in der Stadtplanung. Zugleich werden bedürfnisorientierte Akzente durch die Beteiligung der Betroffenen (bislang allerdings nur der WirtschaftsvertreterInnen) gesetzt.

-   Im Gegensatz zur traditionellen Stadtentwicklungsplanung findet nicht nur eine Angebotsplanung statt, die sich mit der Ausweisung von Möglichkeitsräumen für potentielle Aktivitäten (Wohnen, Gewerbe usw.) zufrieden gibt. Statt dessen zielt Stadtmarketing auf den Entwurf und die Durchführung realisierungsfähiger Projekte und Maßnahmen.

Für die Erreichung dieses neuen Qualitätsniveaus in der Stadtentwicklung lassen sich anhand der bayerischen Modellprojekte eine Reihe von Erfolgsfaktoren benennen, die den Weg zu einem professionellen Stadtmarketing markieren. Hierbei kann zwischen akteursbezogenen und methodischen Aspekten unterschieden werden. Unter den akteursbezogenen Aspekten ist die erste Grundvoraussetzung die Bereitschaft der Kommune zu neuen kooperativen Handlungsformen. Wenn die Einsicht der Stadtväter und Verwaltungsspitzen nicht gegeben ist, daß sich etwas in ihren politischen Entscheidungsstrukturen und Kooperationsformen ändern muß, nutzt der beste Citymanager nichts. Ein Citymanager, der ohne Rückendeckung der Gemeinde etwas bewirken soll, läuft zwangsläufig mit seinen Ansätzen ins Leere. Bevor ein Citymanager vor Ort aktiv werden kann, muß die Gemeinde den Boden bereitet haben.

Als zweite Grundvoraussetzung ist ein Umdenken der lokalen WirtschaftsvertreterInnen notwendig. Ob Einzelhändlerin, Gewerbetreibender oder Dienstleisterin, sie alle müssen zu der Einsicht gelangt sein, daß der Standortvorteil ihres Konkurrenten auch gleichzeitig ihr eigener Wettbewerbsvorteil ist. Der Perspektivwechsel vom eigenen Betrieb (der eigenen Branche) zur Betrachtung der Attraktivität des gesamten Umfelds ist eine notwendige Bedingung. Dabei genügt es nicht, wenn der innerstädtische Einzelhandel seinen Blick für die Betrachtung der gesamten Innenstadt schärft. Die Vertreter der City müssen für den Stadtrandbereich mitdenken und umgekehrt, der Industrielle sich in die Position der Handwerkerin versetzen, der Dienstleister die Argumente des Handels verstehen usw. Nur auf dieser Basis kann der Interessenlobbyismus durchbrochen werden und eine gemeinsame Standortpolitik zur Steigerung der Attraktivität der gesamten Stadt entstehen - von der letztlich wieder jede einzelne Gruppe profitiert. Im Gegensatz zu den lange bekannten Standortvorteilen von "urbanization economies" ist hierbei nicht nur ein Nutznießen qua Ansiedlung sonder ein aktives Engagement der Akteure gefragt. Nur mit dieser Einstellung kann auch die Wirtschaft zu einem glaubwürdigen Partner der Kommunalpolitik werden.

Die dritte Grundvoraussetzung betrifft das persönliche und fachliche Profil des Citymanagers. Der Citymanager muß sich selbst vorrangig als Kommunikator zwischen den Gruppen, Koordinator der Interessen und Katalysator im lokalen Entscheidungsprozeß verstehen. Vor diesem Hintergrund ist der Begriff "Citymanager" wenig hilfreich, da er falsche Erwartungshaltungen im Sinne eines "Machers", "Durchsetzers" und

"Entscheiders" der lokalen Politik weckt. Für den Citymanager ist das eigentliche Fachwissen sekundär. Er muß sich zwar auf allen Feldern der Kommunalpolitik souverän bewegen können und braucht hierfür einen soliden fachlichen Hintergrund. Obwohl somit das Ausbildungsprofil von der reinen Betriebswirtschaft zunehmend in Richtung breiter angelegter Disziplinen wie zum Beispiel der Wirtschafts- und Sozialgeographie tendiert, ist der Anspruch an den Citymanager, auf allen Gebieten (von der Verkehrs- über die Wohnungs- bis hin zur Imagepolitik) kompetent zu sein, tendenziell unlösbar. Vielmehr ist seine Fähigkeit ausschlaggebend, den Beratungsbedarf zu erkennen und die geeigneten Spezialisten im Bedarfsfall hinzuzuziehen. Um dieser anspruchsvollen Aufgabe gerecht zu werden, muß er über Offenheit, Kontinuität und Beharrungsvermögen verfügen. Stehvermögen gegen den Druck einzelner Interessengruppen sowie die Wahrung der Objektivität im lokalen Beziehungsgeflecht sind besonders wichtig. Nur wenn der Citymanager neutral ist, können die Bedenken von Politik und Verwaltung gegen Stadtmarketing als Konkurrenz zum Bürgermeister ausgeräumt werden.

Neben diesen akteursbezogenen Voraussetzungen, die von seiten der Stadt, der Wirtschaft und des Citymanagers gegeben sein müssen, basiert der Erfolg im Stadtmarketing auf einer spezifischen Abfolge der methodischen Schritte, wie sie in Kap. 5.5.4 skizziert wurde.[2] Die am Beispiel Schwandorf entwickelten sieben Arbeitsphasen im Stadtmarketing haben jedoch vorwiegend Anregungscharakter für zukünftige Projekte und bedürfen einer Anpassung an die lokalspezifischen Gegebenheiten andernorts.

Trotz des relativen Erfolgs der bayerischen Modellprojekte und dem Nachweis der Machbarkeit und Leistungsfähigkeit einer ganzheitlichen Stadtentwicklung durch Stadtmarketing bleibt dennoch eine Reihe von Fragen offen: Läßt sich die Phase der Maßnahmenrealisierung effektiver gestalten? Welche weiteren Organisationsformen zwischen einer BGB-Gesellschaft, privaten Interessengemeinschaften und einer institutionellen Verankerung in der kommunalen Verwaltung sind möglich? Unter welchen Bedingungen führt welche Organisationsform zum Erfolg?

---

[2] Nach einer Phase der 1) Markt-Standort-Image Analyse mit der Erarbeitung einer Stärken-Schwächen-Bilanz, 2) der Installation einer Stadtmarketing-Gesellschaft, 3) der Integration der Betroffenen in einem Leitbild-workshop, 4) der Installierung der Arbeitskreise, 5) der Prüfung der politischen Akzeptanz der entworfenen Maßnahmen und 6) der Erstellung eines integrierten Gesamtkonzeptes soll 7) die Umsetzung der Maßnahmen erfolgen.

Inwieweit lassen sich die bisher in Klein- und Mittelstädten erprobten Instrumentarien auf Großstädte übertragen? All diese Fragen sind jedoch vorschnell gestellt, solange ein anderes grundlegendes Problem im Stadtmarketing nicht gelöst ist: Den bayerischen Modellprojekten gelingt zwar eine thematische Breite in der Stadtentwicklung, jedoch begrenzt sich die Einbindung lokaler Akteure nahezu vollständig auf wirtschaftliche Interessengruppen. Public-Private Partnership ist auch in Kronach, Mindelheim und Schwandorf noch - ebenso wie in den USA und Großbritannien - auf die Definition von privat als privatwirtschaftlich begrenzt. Wenn Stadtmarketing als eine ernstzunehmende Form integrierter Stadtentwicklungspolitik betrachtet werden soll, so muß bei anderen neuen Projekten eine Integration anderer, bürgerschaftlicher Gruppen gelingen. Die Opfer einer solchen Form der marktwirtschaftlich orientierten Stadtentwicklungspolitik lassen sich ansonsten allzu schnell auf seiten der sozial Schwächeren, kultureller Anliegen und ökologischer Belange identifizieren.

Die Verbreiterung der Kooperationsbasis im Stadtmarketing durch die Einbindung unkonventioneller Akteursgruppen wird damit zur Gretchenfrage für die Zukunft des Stadtmarketing. Ohne eine derartige Verbreiterung der Beteiligungsbasis würde es zum verlängerten Arm einer auf Effizienz ausgerichteten Wirtschaftsförderungspolitik der Gemeinden. Methodisch bliebe es den engen Grenzen einer moderationstechnisch belehrten Lobbypolitik verhaftet. Die Frage, inwieweit es möglich ist, die bisher selektive Beteiligungs- und Interessenförderungspolitik im Stadtmarketing zu überwinden und breitere Bevölkerungsschichten und Interessengruppen in den Diskussions- und Entscheidungsprozeß einzubinden, rückt damit in den Mittelpunkt des Interesses. Eine Antwort darauf gibt die Fallstudie Ried im Innkreis.

6 Stadtmarketing als Versuch einer Basisdemokratie: Ried im Innkreis

6.1 Empirisches Vorgehen: Teilnehmende Beobachtung

Bei der Langzeituntersuchung des Stadtmarketingprojektes Ried i. I. standen die Motivationen der Akteure, sich ändernde Verhaltensweisen und Handlungsstrategien der Beteiligten im Mittelpunkt. Die wissenschaftlichen Aussagen stützen sich hierbei neben der Aktenanalyse auf die Methode der Beobachtung. Gegenüber qualitativen Interviews fallen bei dieser Art laufender Feldforschung Verzerrungen durch nachträgliche Legitimationsstrategien der Beteiligten aus (vgl. HEUER/ROESLER 1984, S. 247). Dafür entstehen neuartige Probleme zwischen Distanz und Nähe, Teilnahme und Beobachtung sowie verdeckter oder offener Ermittlung.

Für Auswahl der Beobachtungsmethode steht ein heterogenes Spektrum an Herangehensweisen bereit (vgl. FRIEDRICHS 1980, S. 269). Drei zentrale Fragen waren deshalb für die Durchführung der Fallstudie wesentlich: "1. Was soll beobachtet werden? 2. Wie sollen die Beobachtungen aufgezeichnet werden? 3. Welches Verhältnis soll zwischen dem Beobachter und den Beobachteten bestehen und wie kann ein solches Verhältnis hergestellt werden" (JAHODA/DEUTSCH/COOK 1968, S. 82).

Der Inhalt der Beobachtung (Frage 1.) war aufgrund des explorativen Charakters der Studie nur in groben Kategorien vorgedacht. Anstelle standardisierter Testsituationen mußte die Offenheit der Beobachtung gewährleistet werden. Deshalb wurde der Ansatz einer unstrukturierten Beobachtung gewählt, bei der kein vorgefertigtes Kategorienschema für die Arbeit im Feld verwendet wurde (vgl. ATTESLANDER 1984, S. 182). Dies entspricht dem methodischen Prinzip des interpretativen Paradigmas (vgl. LAMNEK 1989, S. 249). Die Art der Aufzeichnungen (Frage 2.) ist mit der Wahl einer unstrukturierten Beobachtung schon wesentlich vorbestimmt. Tagebuch, Gedächtnisprotokolle und Notizen wurden verwendet. Während im Tagebuch die eigene Rolle im Feld reflektiert wurde, bezogen sich die Notizen vor allem auf Ereignisse und deren Interpretation. Gedächtnisprotokolle dienten der Beschreibung des Ablaufs ganzer Tage im Feld. Beobachtung ist aber immer ein selektiver

Vorgang, dessen Feldprotokolle nie vollständig sind (vgl. ALEMANN 1984, S. 229; REICHERTZ 1989, S. 100). Dies beruht nicht zuletzt auf der Tatsache, daß die Analyse von Sinnzusammenhängen und deren Interpretation schon teilweise während des Beobachtens erfolgt. Die weitergehende Analyse findet direkt beim Schreiben der Notizen und Gedächtnisprotokolle statt (vgl. JAHODA/DEUTSCH/COOK 1968, S. 86f). Die anschließende Interpretation fällt damit im Gegensatz zu qualitativen Interviews wesentlich kürzer aus.

Das Verhältnis zwischen Beobachterin und Beobachteten (Frage 3.) ist ein diffiziler Punkt im Rahmen dieses methodischen Ansatzes. Zum einen ist die Kontaktaufnahme zwischen den Parteien nur einmal möglich, so daß einmal gemachte Fehler kaum revidiert werden können. Zum anderen müssen der Grad der Teilnahme und die Intensität des Vertrauensverhältnisses bestimmt werden. Beides liegt jedoch nicht allein in den Händen der Beobachterin, sondern ist situationsabhängig und verändert sich im Laufe des Beobachtungsprozesses. In dieser Fallstudie wurde der Ansatz der offenen, teilnehmenden Beobachtung gewählt. Offen bedeutet, daß die Rolle als Forscherin im Feld allen Beteiligten bekannt war. Eine verdeckte Ermittlung, die immer Fragen des Wissenschaftsethos nach sich zieht, war nicht notwendig, weil es auch für die lokalen Akteure von Vorteil war, eine wissenschaftliche Beraterin vor Ort zu haben. Der explorative Charakter der Studie wurde durch die Methode der teilnehmenden Beobachtung unterstrichen. Die persönliche Teilnahme erhöht den Zugang zu Informationsquellen, indem sie das Vertrauen der Beteiligten gewinnt. Insgesamt wurde somit der methodische Ansatz einer offenen, unstrukturierten, teilnehmenden Beobachtung gewählt. Die teilnehmende Beobachtung läßt sich dabei definieren als "die geplante Wahrnehmung des Verhaltens von Personen in ihrer natürlichen Umgebung durch einen Beobachter, der an den Interaktionen teilnimmt und von den anderen Personen als Teil ihres Handlungsfeldes angesehen wird" (LAMNEK 1989, S. 288). Sie bietet die beste Möglichkeit, Akteure und deren Entscheidungsprozesse in komplexen Handlungsfeldern zu untersuchen (vgl. FRIEDRICHS 1980, S. 274; ATTESLANDER 1984, S. 156). Der Beobachtungszeitraum erstreckte sich von Februar 1992 bis Mai 1993. Damit wurde zwar nicht der gesamte Verlauf des Stadtmarketing abgedeckt, jedoch die wesentliche Phase der Konzipierung, von der Vertragsschließung, über die Stärken-Schwächen-Analyse bis zum Leitbild-Workshop. Die Kontaktaufnahme zur durchführenden Beratungsgesellschaft CIMA Citymanagement,

Gesellschaft für gewerbliches und kommunales Marketing mbH (München) war unproblematisch, weil man sich aufgrund der Untersuchung der bayerischen Modellprojekte gegenseitig kannte. Es bestand ein gegenseitiges Interesse, subjektiven Nutzen aus der teilnehmenden Beobachtung zu ziehen. Während sich das wissenschaftliche Interesse auf die Analyse der Vorgehensweisen im Stadtmarketing richtete, waren die Kommunalberater daran interessiert, konstruktive Kritik und sachliche Informationen von wissenschaftlicher Seite zu ihren eigenen, immer noch explorativen Versuchen im Stadtmarketing zu erfahren. Das Modell der gegenseitigen Vorteilnahme beeinflußte für die Zusammenarbeit positiv.

In den ersten Vorgesprächen im Februar wurde zunächst meine Rolle im Feld präzise bestimmt. Die bewußte Rollensuche ist der "Schlüssel für den Gebrauch der Methode" von seiten der Forscherin (KLUCKHOHN 1968, S. 98). Im Sinne der offenen Beobachtung wurde meine Funktion auf die einer Begleitforscherin der CIMA festgelegt. Für die direkte Partizipation wurden Formen der Mitarbeit ausgewählt, die zwar assistierend den Werdegang des Projektes fördern, jedoch keine alleinige Verantwortungsübernahme für einzelne Arbeitsschritte bedeuteten (z. B. Pressearbeit, Ko-Moderation, Strategieberatung, Sitzungsprotokolle). Damit wurde eine Manipulation der Praxis im Forschungsprozeß bewußt ausgeschlossen. Die Arbeit im Feld fand immer an der Seite des Citymanagers statt. Die gesamten Arbeitsschritte im Stadtmarketing von den ersten inoffiziellen Vorgesprächen mit Politikern und Wirtschaftsvertretern, über offizielle Veranstaltungen, Ausschußsitzungen, Workshops, Arbeits- und Hintergrundgespräche, Fraktionssitzungen bis hin zu Ortsterminen wurden verfolgt und entsprechend der Unterscheidung von Tagebuch, Gedächtnisprotokollen und Notizen protokolliert. Jeder Ortstermin wurde mit dem Citymanager im Anschluß gemeinsam besprochen und bewertet. Somit wurde die teilnehmende Beobachtung des Stadtmarketingprojekts in Ried i. I. nach dem Prinzip der dialogischen Praxis durchgeführt. Dabei bietet die teilnehmende Beobachtung im Gegensatz zu offenen Interviews die Möglichkeit, die Interpretation des Beobachteten in einem "kommunikativen Akt des Herstellens gemeinsamer Bedeutungen" (DAMMANN 1991, S. 135) kommunikativ zu validieren (vgl. GIRTLER 1989, S. 111). Aufgrund dieser Tatsache ist, im Gegensatz zu offenen Interviews, nach Abschluß der Feldphase schon viel analytische Arbeit geleistet (vgl. BECKER/GEER 1979, S. 152). Im Anschluß daran folgte eine Gesamtinterpretation des Beobachtungsmaterials nach dem Prinzip des hermeutischen Zirkels.

6.2 Ausgangssituation

Ried liegt in Österreich und ist die Metropole des Innkreises. Als Bezirkshauptstadt für den Bezirk Ried im Innkreis, der insgesamt 36 Gemeinden umfaßt, dient Ried vor allem als Versorgungsschwerpunkt für sein Umland. Es bietet in den Bereichen Handel, Dienstleistungen und Bildung vielfältige zentralörtliche Funktionen für die Gemeinden des Umlands an. Die Stadt Ried liegt verkehrsgeographisch günstig an der Grenze zu Deutschland sowie in unmittelbarer Nähe zu den bedeutenderen Zentren Linz und Salzburg (vgl. Abb. 19).

Mit 11.957 EinwohnerInnen (1991) ist Ried für österreichische Verhältnisse eine größere Mittelstadt. Sie gilt im Rahmen des österreichischen Raumordnungskonzeptes nicht als Problemregion. Die niedrige Erwerbslosenquote von nur 3,2 Prozent (1991) bestätigt dies und bewegt sich nahe an der volkswirtschaftlichen Kennziffer für Vollbeschäfti-

Entwurf: *I. Helbrecht*

Abb. 19:   Lage Rieds in Österreich

gung (vgl. RIED 1991, S. 2ff). Die Ursache der relativen Prosperität, die sich auch in einem kontinuierlichen EinwohnerInnenzuwachs seit 1980 ausdrückt, liegt in der stabilen Wirtschaftsstruktur. Obwohl der weltgrößte Skifabrikant hier seinen Sitz hat, liegt der Anteil der im Industriesektor Beschäftigten bei nur 23,6 Prozent (vgl. CIMA 1993, S. 54). Die Tertiärisierung ist somit schon weit fortgeschritten. So verfügt Ried beispielsweise über eine gemessen an der Stadtgröße relativ bedeutende Messe. Die Rieder Messe ist mit 37 Hallen, 183.000 qm Ausstellungsfläche und jährlich über 3.500 AusstellerInnen ein zentraler Wirtschaftsfaktor auch im oberösterreichischen Rahmen. Hier findet neben der Rieder Freizeitmesse eine der größten landwirtschaftlichen Messen Europas statt, die mit mehr als einer Million Besuchern zugleich die best besuchte Veranstaltung Österreichs im Jahr 1991 war (vgl. RIED 1991, S. 17f).

Das eigentliche Rückgrat der Rieder Wirtschaft bildet jedoch der Handel; er stellt mit 53 Prozent der Betriebe den deutlichen Schwerpunkt der lokalen Wirtschaft dar (vgl. CIMA 1993, S. 69). Auch hieran wird die

161

hohe Zentralität Rieds für sein Umland deutlich. Das örtliche Entwicklungspotential liegt vor allem in der kompakten historischen Innenstadt, die mit ihrer Vielzahl an Plätzen und Passagen ein städtebauliches Kleinod darstellt.

Trotz seiner solitären Stellung in der Region, die durch 6.000 EinpendlerInnen täglich bekräftigt wird, ist Ried aufgrund seiner beengten Flächensituation (6,77 qkm) auf eine enge Kooperation mit dem Umland angewiesen. Da Eingemeindungen undenkbar und nur noch wenige Flächenreserven in der Stadt vorhanden sind, besteht ein Zwang zur regionalen Kooperation.

Die Voraussetzungen für ein ganzheitliches Stadtmarketing sind in Ried somit insgesamt sehr günstig. Es ist weniger der akute Problemdruck oder der Anreiz öffentlicher Mittel, die die Überlegungen zum Stadtmarketing in der Gemeinde einleiten, als die Einsicht in die Unzulänglichkeiten bisheriger Gestaltungspolitik. In Ried besteht seit vielen Jahren ein Umsetzungsdefizit. Viele Ideen zur Attraktivitätssteigerung der Innenstadt oder Kritikpunkte an der bisherigen Verkehrsführung liegen vor. Es ist jedoch nur selten gelungen, umsetzungsfähige Entscheidungen zu treffen. Dabei betonen alle Fraktionen im Stadtrat, daß ihnen stets ein umfassendes Gesamtkonzept gefehlt habe, um die vielfältigen Einzelpunkte eindeutig bejahen und energisch umsetzen zu können. Die Rieder Ausgangssituation ist damit durch den Bedarf nach fundierten Entscheidungshilfen in der Stadtentwicklungspolitik sowie den Wunsch nach einer integrierten, von allen PartnerInnen in der Stadt getragenen Gestaltungspolitik geprägt. Der Anstoß zum Stadtmarketing kommt, ebenso wie in den bayerischen Modellprojekten, von der örtlichen Wirtschaft. Die im Verein Rieder Wirtschaft organisierte Kaufmannschaft schlägt dem Bürgermeister im Frühjahr 1991 vor, kein Gutachten in Auftrag zu geben, sondern ein modernes, umsetzungsorientiertes und partnerschaftliches Vorgehen in der Stadtentwicklung zu wählen. Da die nach dem Gießkannenprinzip gestreuten Wirtschaftsförderungsmittel der Stadt in Höhe von 250.000 DM jährlich nach Ansicht aller Beteiligten nicht zielgerichtet genug verwendet werden, stimmt der Stadtrat dem Vorschlag der Rieder Wirtschaft zu. Bei der Suche nach einer geeigneten Beratungsfirma fällt die Wahl im November 1991 auf die CIMA, weil sie aufgrund des Innovationsvorsprunges durch die Betreuung der bayerischen Modellprojekte über die längsten Erfahrungen auf diesem Gebiet verfügt.

6.3 Projektverlauf

6.3.1 Projekteinstieg 1992: Sensibilisierung der Partner vor Ort

Im Februar 1992 legt die CIMA der Stadt ihr Konzept für ein Stadtmarketingprojekt in Ried vor. In Anlehnung an die Schwandorfer Erfahrungen wird ein Vorgehen in sieben Schritten vorgeschlagen. Aufbauend auf einer Stärken-Schwächen-Analyse soll ein Stadtleitbild entworfen werden, das in die Bildung von Arbeitskreisen und den Entwurf und die Durchführung von umsetzungsfähigen Maßnahmen mündet. Am 5. Mai 1992 findet der Vertragsabschluß zwischen der CIMA und der Stadt Ried statt.

Um das Ziel einer breiten Beteiligung im Stadtmarketing zu erreichen, werden Veränderungen im Detailvorgehen vorgenommen. Während in den bayerischen Modell-Städten der Projektbeginn in Form einer Pressekonferenz stadtweit bekanntgegeben wurde, findet in Ried eine öffentliche Auftaktveranstaltung statt. Die Einladung zur Teilnahme wird in den Zeitungen verbreitet. Es wird explizit um eine aktive Mitarbeit aller interessierten RiederInnen gebeten. Ursache für die breite Einladungspolitik ist nicht nur der Wunsch des Citymanagers; auch von seiten der Rieder Politiker wird dieses Anliegen betont. Die Fraktion der Grün-Alternativen-Liste (GAL) hat schon seit geraumer Zeit versucht, die Diskussionen über Stadtentwicklung mit möglichst vielen Rieder BürgerInnen zu führen. So besteht schon in "Vor-Stadtmarketing-Zeiten" der Versuch, ein "Stadtentwicklungsforum" zu bilden, in dem die Partei ihre stadtentwicklungspolitischen Ziele mit Interessierten gemeinsam diskutiert und festlegt. Mit Beginn des Stadtmarketing verzichten die Grünen auf ihre eigene Initiative in der Stadtentwicklung. Umso mehr setzen sie nach eigenen Aussagen alles daran, ihren basisdemokratischen Ansatz im Stadtmarketing zu verwirklichen. Durch die Bekanntmachung von Stadtmarketing bei den grünenfreundlichen Initiativen in der Stadt, die Intervention in die Einladungspolitik des Bürgermeisters für die Auftaktveranstaltung (neben dem Zeitungsaufruf werden 140 Einladungen an Gruppierungen und Einzelpersonen verschickt) und Diskussionen in Gemeinderat und Fachausschüssen erzeugen die Grünen öffentlichen Druck. Der Vorwurf an das Stadtmarketing, als reine Wirtschaftsförderungsmaßnahme konzipiert zu sein, ist bei Projektbeginn in den vorbereitenden Gesprächen zwischen Stadt und Citymanager stets präsent. Er führt bei dem Bürgermeister, Fraktionssprechern und WirtschaftsvertreterInnen zu einer großen Sensibilität. Sie mahnen den Citymanager gleichermaßen, eine breite Partizipationsstrategie zu verfolgen. Wenn Stadtmarketing in Ried scheitern könne, so die Einschätzung aller Beteiligten, dann nur, indem durch eine einseitige Orientierung auf Wirtschaftsbelange die Akzeptanz des Projektes bei Opposition und BürgerInnen unnötig aufs Spiel gesetzt würde.

Bei der Auftaktveranstaltung am 22. Juni 1992 stellen Bürgermeister und Citymanager den 140 anwesenden Bürgern und Bürgerinnen die Idee des Stadtmarketing vor. In der anschließenden Plenumsdiskussion entsteht eine relative Euphorie. Zwar wird immer wieder betont, Ried habe ein großes Defizit bei der Umsetzung von Maßnahmen; gerade deshalb aber werden weitreichende Hoffnungen in das Stadtmarketingprojekt gesetzt. Die dominanten Themen der Plenumsdiskussion beziehen sich auf die Situation der Innenstadt, die Verkehrsführung und Fragen der Verkehrsberuhigung. Angesichts der Dominanz des Handels innerhalb der lokalen Wirtschaft sowie der objektiv großen Bedeutung Rieds als Einkaufsstadt erscheint dies zunächst plausibel. Dabei zeigt ein Blick auf die TeilnehmerInnenliste, daß die Mehrheit der Anwesenden trotz öffentlicher Einladung von der aktiven Kaufmannschaft und politischen Vertretern gestellt wird. Die TeilnehmerInnenzahl ist zwar erstaunlich hoch; es deutet sich jedoch ein Strukturproblem bei der Beteiligung "der" BürgerInnen im Stadtmarketing an.

In den Einzel- und Gruppengesprächen, die der Citymanager in der folgenden Sensibilisierungsphase führt, wird deutlich, daß alle Akteure ihre je eigenen Interessen mit dem Stadtmarketingprojekt verbinden. Während die Grünen den basisdemokratischen Ansatz verfolgen, versuchen einige politische Akteure (Ausschußvorsitzende, Fraktionssprecher), sich durch die Beteiligung am Stadtmarketing persönlich zu profilieren. Für den Citymanager beginnt das "Spiel" der Verhandlung und Aushandlung, der Kooperation und Koordination. Er bedient die Interessen der Politiker, indem er seine Informationen strategisch streut und zu jedem einen guten Kontakt sucht. Jeder offizielle Besuch in Ried wird umrahmt von informellen Gesprächen zwischen lokalen Entscheidungsträgern und Citymanager, in denen diese ihm ihre Ängste, Wünsche und Hoffnungen, die sie mit dem Stadtmarketing verbinden, offen legen. Der Citymanager zeigt sich verständnisvoll und ist vorrangig bemüht, die Kooperationsbasis des gegenseitigen Vertrauens zu festigen. Eine der Ursachen für die Profilierungssucht der lokalen Politiker besteht in dem diffizilen politischen Kräfteverhältnis. Bei den Kommunalwahlen im Oktober 1991 konnte keine der großen Volksparteien eine regierungsfähige Mehrheit erreichen. Als Konsequenz hat man sich auf die schwierige Lösung einer gemeinsamen Regierung geeinigt. Der Bürgermeister (SPÖ) wird nach der Hälfte der Zeit von einem Vertreter der ÖVP abgelöst werden. Die konfliktträchtigen politischen Verhältnisse geben deshalb der Neutralität und dem gleichmäßigen Informationsfluß durch den Citymanager eine besonders hohe Bedeutung. Er beschließt auf einen von den Rieder Politikern formulierten Bedarf hin, eine gesonderte Informationsveranstaltung für die Parteien durchzuführen. Es finden Einzelgespräche mit den politischen Fraktionen statt, in denen trotz der unterschiedlichen Interessenlagen und Ausrichtungen der Parteien die positive Einstellung aller Beteiligten deutlich wird. Auf je spezifische Weise setzen sie großes Vertrauen in die Stadtentwicklung durch Stadtmarketing. Der Citymanager als Person findet dabei rasch Anklang. Jede Gruppe betrachtet ihn als "ihren" Vertrauensmann und versucht, ein "besonderes" Vertrauensverhältnis zu ihm zu begründen. Selbst die Fraktion der Grünen faßt erstmalig Vertrauen. Sie beginnt, die Oppositionspolitik zurückzustellen und entwickelt sich zu einem wichtigen Verbündeten des Citymanagers. Während die übrigen Fraktionen oftmals mit inhaltlichen Detailproblemen beschäftigt sind (Verkehrsführung, Parkraumbewirtschaftung usw.), stellt die GAL die stadtentwicklungspolitische Strategie einer Gestaltungspolitik durch breite Partizipation und Kooperation in den Vordergrund. Ihr Anliegen trifft somit das Ziel des Stadtmarketing im Kern. Aber auch bei den anderen Fraktionen wird anhand der Fragen in den Gesprächsrunden der Wunsch nach einer partnerschaftlichen Stadtentwicklungspolitik deutlich. Da Ried aufgrund seiner geringen Flächenausdehnung in engen Grenzen leben muß, wird der Aspekt der regionalen Kooperation im Stadtmarketing immer wieder betont. Die Stadt Ried soll nach den Plänen der oberösterreichischen Landesregierung eines von drei Modellprojekten für die Gründung eines Stadt-Umland-Verbandes werden. Deshalb ist die regionale Kooperation in Ried seit dem Herbst 1991 ein intensiv diskutiertes Thema. Der weitsichtige Blickwinkel führt im folgenden zu einer Beteiligungspolitik bei Arbeitskreisen und Workshops, die auch die Vertreter des Umlandes mit einschließt.

Die Gespräche mit den Fraktionen erweisen sich in Ried als dringend notwendig. Die Erwartungshaltung zum Stadtmarketing ist zu Beginn des Projektes noch diffus, da der neuartige Ansatz erst langsam durch die lokalen Informationsnetze diffundiert. Selbst bei den politisch Aktiven ist das Verständnis von Stadtmarketing noch weitgehend auf die traditionelle Beratungstätigkeit eines professionellen Experten gerichtet. Mit jedem Gespräch, das der Citymanager hierzu führt, findet ein Stück Aufklärung statt. Um parallel dazu den Informationsstand der Bevölkerung zu verbessern, wird der Kontakt zu den örtlichen Zeitungen hergestellt und ab August 1992 sporadisch Öffentlichkeitsarbeit durch Überblicksartikel in der Lokalpresse betrieben. Die Einstiegsphase im Stadtmarketing-projekt Ried verläuft damit ausgesprochen positiv. Die Stimmung ist nur in geringem Maße auf einen vorschnellen Aktionismus gerichtet. Zwischen den verschiedenen Akteursgruppen in der Stadt bestehen keine übermäßigen Verkrustungen oder Feindschaften. Das Ziel einer Sensibilisierung der Kooperationspartner für die Belange einer partner-schaftlichen Stadtentwicklung wird erreicht.

Das Fehlen staatlicher Förderung bildet dabei eine positive Ausgangsvor-aussetzung, da die Erwartungshaltung der Akteure differenzierter und die Bereitschaft der Gemeinde zur Mitarbeit endogen motiviert ist. Die konstruktive Grundstimmung erweist sich gleich zu Beginn des Rieder Projektes. So hat die Stadt Ried vor Beginn des Stadtmarketingprojektes ein Verkehrsgutachten in Auftrag gegeben, das Empfehlungen für ein Parkleitsystem und Parkraumbewirtschaftungskonzept in der Innenstadt erarbeiten soll. Obwohl zu einem frühen Zeitpunkt wesentliche Bereiche der Innenstadt neu geordnet werden, ohne daß schon ein integriertes Gesamtkonzept zur Stadtentwicklung im Stadtmarketing besteht, verläuft die Einbindung des Citymanagers in den laufenden Planungsprozeß problemlos. Er wird im Frühjahr 1992 an den Diskussionen hierzu beteiligt und schlägt vor, die Kooperation aller Beteiligten in Form eines moderierten Workshops zu erproben. Am 15. Juli und 15. September 1992 finden Workshops statt, in denen Politiker, Verkehrsplaner und Einzelhändler über Strategien der Durchführung eines Parkraumkonzeptes diskutieren. Es entsteht eine Aktionsstrategie für die Einführung der Parkscheinautomaten zum 1. Januar 1993, die von Politik und Handel gemeinsam getragen wird. Der Wille zur Kooperation ist zumindest zwischen Stadt und Handel experimentell bewiesen worden. Die Vorgehensweise des Citymanagers wird von allen Seiten als positive Einflußnahme und Moderation begrüßt. Er erweist sich als Neutralisator der parteipolitischen Querelen über das "bessere" Konzept. Mit seiner Hilfe gelingt auch eine Versachlichung der Diskussion zwischen Stadt und Handel.

6.3.2 Stärken-Schwächen-Bilanz 1992: Grundlagenanalyse

Im Herbst 1992 hat die Erstellung der Stärken-Schwächen-Analyse Priorität. Hierfür werden Unternehmens- und Konsumentenbefragungen durchgeführt sowie statistisches Material und vorliegende Gutachten ausgewertet, die das Umland miteinbeziehen. Der zweite wichtige Baustein für das Stärken-Schwächen-Profil ist neben den quantitativen Analysen die Meinung und Bewertung der lokalen Akteure. Während in den bayerischen Modellprojekten die Befragung der Akteure im Hinblick auf Stärken und Schwächen der Stadt eher als warming-up für die Erstellung des Leitbildes diente, wird in Ried ein anderer Weg beschritten. In Form einer moderierten Diskussion werden die Potentiale und Defizite der Stadt systematisch in Gesprächen erhoben.

Die Analyse der Stadt aus Sicht ihrer BewohnerInnen dient mehreren Zielen. Zum einen hat sich gezeigt, daß die Einschätzungen der lokalen Akteure zu einer sehr viel präziseren und ideenreicheren Charakterisierung des Stadtprofils führen als rein statistische Analysen. Hierdurch wird die Wissensbasis für eine fundierte Entscheidungsfindung im Stadtmarketing um die wertvolle Lokalkenntnis der Akteure bereichert. Zweitens soll der öffentliche Diskussionsprozeß über Stadtentwicklung durch die Arbeit in Workshops in Gang gehalten werden. Nicht zuletzt aber dienen die Workshops drittens der Schaffung einer veränderten Diskussionskultur in der Stadt. Der Prozeß der Diskussion zwischen den Gruppen über die Stärken und Schwächen der Stadt ist ein wesentlicher Faktor auf dem Weg zu lokalen Partnerschaften. Hierdurch findet eine Perspektivenerweiterung statt und werden erste Ansätze für einen noch zu erarbeitenden Konsens über Ziele und Maßnahmen der Stadtentwicklung herausgearbeitet. Im November 1992 werden sieben Stärken-Schwächen-Workshops veranstaltet zu den Themen: a) Freizeit, Tourismus, Gastronomie und Kultur; b) Stadtplanung, Innenstadt, Verkehr; c) Öffentlichkeitsarbeit, PR; d) Wirtschaft, Arbeit, Gewerbe, Handel; e) Umwelt, Energie; f) Wohnen, Soziales, Bürgerinitiativen; g) Jugend. Die Auswahl der Themen bestimmt der Citymanager. Grundlage hierfür ist die TeilnehmerInnenliste der Auftaktveranstaltung, bei der jede notieren konnte, welche Themen sie interessieren. Die insgesamt 17 Nennungen sind vom Citymanager thematisch geordnet worden. Die Workshops werden in den Zeitungen öffentlich angekündigt. Eingeladen sind VertreterInnen von Stadt, Politik, dem Umland, Wirtschaft,

Wissenschaft, Bildung, Kultur, Bürgern, Jugend, Medien und Verbänden. Darüber hinaus werden die TeilnehmerInnen der Auftaktveranstaltung schriftlich eingeladen. Die TeilnehmerInnenzahl schwankt zwischen 8 und 55 je Arbeitskreis; insgesamt nehmen 146 RiederInnen an der Stärken-Schwächen-Analyse teil. Alllerdings liegt der Anteil der Frauen bei nur 17 Prozent. Dies deutet darauf hin, daß auch bei dieser Veranstaltung der Kreis der Funktionäre, Politiker und Wirtschaftsvertreter trotz ausgewogener Einladungspolitik überwiegt. Die Selektivität der Beteiligung wird von den Workshop-TeilnehmerInnen kritisiert. Allerdings sehen sie keine Chance, eine breitere Beteiligung zu erreichen. Die Bürger seien umfassend eingeladen worden und würden sich eben nicht für die Belange der Stadtentwicklung interessieren.

Das Procedere der Workshops orientiert sich (wie schon in Schwandorf) an der Metaplan-Moderationstechnik. Jeder Workshop dauert ca. vier Stunden. Der Citymanager bereitet für jede Arbeitsgruppe zwei Fragen vor: a) Wo gibt es positive Ansatzpunkte zum Themenbereich ... (z. B. Stadtplanung, Innenstadt, Verkehr); b) Was stört an der derzeitigen Situation im Bereich ... (z. B. Stadtplanung, Innenstadt, Verkehr). Die Fragen werden moderationstechnisch diskutiert. Der Citymanager ist nur der Geburtshelfer für die Ideen, die aus dem Teilnehmerkreis kommen. Der Ablauf der Workshops funktioniert reibungslos. Bestehende Kritikpunkte und Ideen werden gesammelt, systematisch aufbereitet und in die endgültige - in Kombination mit den statistischen Untersuchungen - Stärken-Schwächen-Analyse eingebracht. Die Arbeitsweise der strukturierten Gruppendiskussion findet bei den TeilnehmerInnen großen Anklang. Selbst die VertreterInnen der GAL, die sich strategisch über die Arbeitskreise verteilt haben, lassen sich von der Workshop-Euphorie mitreißen. Ihrer Meinung nach - so die Aussagen der GAL-Vertreter - wird mit den Arbeitsgruppen ein wichtiger Schritt in Richtung eines neuen demokratietheoretischen Modells beschritten. Durch die methodisch geleitete Moderation wird eine sachliche, neutrale Atmosphäre geschaffen, bei der jede unabhängig von ihrer Stellung in der lokalen Hierarchie ihre Meinung äußern kann.

Die Politiker selbst halten sich bei den Diskussionen zurück. Sie empfinden sich als Experten der Stadtentwicklung, die den neuen Prozeß der demokratischen Diskussion eher beobachten denn beeinflussen wollen. Diese Zurückhaltung wird von den TeilnehmerInnen positiv aufgenommen. Bei der abschließenden Kritik am Ende jedes Workshops werden der Zuhörerstatus der Politiker und die Möglichkeit einer nichtparteipolitischen Diskussion als besonders positiv erwähnt. Auch die Wunschliste der TeilnehmerInnen für das weitere Vorgehen im Stadtmarketing stellt die Notwendigkeit einer Öffnung der Politik für die BürgerInnen und die Forderung von Sachpolitik statt Parteipolitik pointiert in den Vordergrund. Politikverdrossenheit und verstärkte Partizipationsforderungen sind wesentliche Motive für die Beteiligung der Rieder Akteure am Stadtmarketing.

Nur im ersten Arbeitskreis (Freizeit, Tourismus, Gastronomie, Kultur) kommt Kritik an der Gestaltung des Workshops auf. Mehrere junge bildende Künstler kritisieren vehement, daß der Bereich Kultur rein funktionalisiert gesehen würde als weicher Standortfaktor für Fremdenverkehr und Unternehmensansiedlungen. Der Arbeitskreis sei thematisch zu breit angelegt; die Kultur müsse als eigenständiger Bereich ausgegliedert werden. Der Citymanager, der die Einteilung der Arbeitskreisthemen festgelegt hat, reagiert spontan mit einer thematischen Trennung. Die Fragen nach den Stärken und Schwächen der Stadt werden separat für alle vier Bereiche bearbeitet. Damit ist die Kritik ausgeräumt. Die artikulierte Teilnahme dieser Kulturvertreter wird auch bei der Gestaltung des Stadtleitbildes großen Einfluß haben. Hieran zeigt sich, wie sehr Ausmaß und Intensität der Bearbeitung von Themen im Stadtmarketing von der Artikulationsfähigkeit und dem Engagement der lokalen Akteure abhängt.

Während die übrigen Arbeitskreise methodisch problemlos und inhaltlich produktiv verlaufen, entsteht im Rahmen des Arbeitskreises Wirtschaft, Arbeit, Gewerbe und Handel ein besonders interessantes Ergebnis. Auf die Frage, was die derzeit größte Stärke in den Bereichen Wirtschaft, Arbeit, Gewerbe und Handel sei, erarbeitet der Arbeitskreis ein eindeutiges Ergebnis: unter den zwölf bearbeiteten Themen wie zum Beispiel hohe Zentralität, Parkplatzpotential, freundliche MitarbeiterInnen usw. geben die 22 TeilnehmerInnen dem Punkt "Stadtentwicklungsoffensive" die höchste Priorität. Hiermit ist die Aufbruchstimmung im Stadtmarketingprojekt ebenso gemeint wie die Tendenzen zur Herausbildung eines regionalen Planungsverbands Ried und sein Umland. Damit wird ebenso klar wie überraschend von den Wirtschaftsvertretern formuliert, daß die positive Entwicklung des Gesamtstandortes die wesentliche Voraussetzung für den subjektiven, unternehmerischen Erfolg ist. Kooperationsbereitschaft aus gesundem Egoismus ist - ebenso wie schon in Kronach, Mindelheim und Schwandorf - das zentrale Motiv für den Perspektivwechsel im Weltbild der Wirtschaftsvertreter. An dritter

Stelle wird das Thema Lebensqualität genannt. Die Argumentation mit weichen Standortfaktoren ist somit ebenfalls ein wesentlicher Baustein des unternehmerischen Interesses an der Entwicklung der gesamten Stadt.

Insgesamt verlaufen die Workshops ausgesprochen erfolgreich. Es ist die Bereitschaft vorhanden, mit allen Akteuren in der Stadt über sämtliche Probleme der Stadtentwicklung ins Gespräch zu kommen. Der Bürgermeister ist souverän und sieht seine Entscheidungsbefugnis durch den neuartigen kollektiven Willensbildungsprozeß kaum gefährdet. Sein Interesse gilt insbesondere den Fragen der regionalen Einbindung. Der Vorteil, den er sich nach eigenen Aussagen von diesen veränderten Beteiligungsverfahren entspricht, ist eine größere Akzeptanz der kommunalpolitischen Entscheidungen und Handlungsspielräume. Am Ende der Workshops steht eine ausführliche Stärken-Schwächen-Bilanz, die in Verbindung mit der Strukturuntersuchung ein eindeutiges Stadtprofil ergibt (vgl. Abb. 20).

Der Katalog der erhobenen Probleme und Potentiale der Stadt zeigt, daß die Akzente im Stadtmarketing - im Gegensatz zur traditionellen Stadtentwicklungsplanung - sehr viel stärker auf handlungsbezogenen Maßnahmenfeldern liegen. Die Stadt wird umfassender als intergrierter Möglichkeitsraum thematisiert; die Bedeutung funktionaler Flächennutzungskonflikte tritt demgegenüber in den Hintergrund. Die Ergebnisse der Stärken-Schwächen-Bilanz werden in Ried am 1. Februar 1993 präsentiert. Damit ist die analytische Basis für das weitere Vorgehen im Stadtmarketing erstellt.

Stärken	Schwächen
1. Allgemeine Rahmenbedingungen - Regionales Zentrum / Zentralität - Aufbruchstimmung / Wille zur Verbesserung - Überschaubarkeit der Stadt, kompakte und historische Strukturen - Einnahmeüberschuß im Gemeindehaushalt in den letzten drei Jahren - Hohe Lebensqualität	- Mangelhafte Kooperation mit dem Umland
2. Bevölkerung - Beständige Zunahme - Positiver Wanderungssaldo - Bevölkerung Oberösterreichs wächst - Hoher Anteil der jungen Bevölkerung im arbeitsfähigen Alter - Im oberösterreichischen Durchschnitt sehr hohe Bevölkerungsdichte	- Negativer natürlicher Bevölkerungssaldo - Frauenüberschuß im hohen Alter

Stärken	Schwächen
3. Verkehr	
- Gute regionale Verkehrsanbindung	- Kein übergreifendes Verkehrskonzept
- Verkehrsinfrastruktur von Linz und Salzburg	- Leichter Anstieg der Verkehrsunfälle
- Nähe zur Donau	- öffentliche Verkehrsanbindung
- Parkraumbewirtschaftung seit dem 1. Januar 1993	- Steigende Pkw-Zahlen im Bezirk
- Stadt mit kurzen Wegen	- Hoher Anteil der mit dem Pkw in die Stadt fahrenden Besucher
	- Fehlendes Radwegekonzept
	- Verkehrsberuhigung in der Innenstadt (Fußgängerzone) fehlt
	- Einbahnregelung umstritten
4. Ried als Wirtschaftsstandort	- Vöcklabruck ernsthafter Konkurrent
- Extreme Abhängigkeit des Rieder Umlands von Ried	- Hoher Kaufkraftabfluß durch Versand und Großhandel
- Konkurrenz zu Deutschland wird wichtiger (Grenzlage)	- Wirtschaftsniveau unter dem gesamtösterreichischen Durchschnitt
- Hohe Eigendynamik Rieds im Vergleich zu den Konkurrenzstandorten	- Hohe Kaufkraftflüsse nach Deutschland und in benachbarte Bundesländer
- Geplanter Zusammenschluß deutscher und österreichischer Städte zur Inn-Euregio	- Unzureichend diverisifizierte Wirtschaft in Ried
- Braunau, Schärding, Griedkirchen eher keine Konkurrenz	- Einseitige Dominanz des Handels
- Viele Betriebsneugründungen	_ Fehlende Stadtwerbung
- Hohe Standortwiederwahlquote bei den Rieder Betrieben	
5. Handwerk, Gewerbe und Industrie	
- Handwerk/Gewerbe stärkster Sektor im Bezirk nach Beschäftigen	- Industrie im Bezirk stark am Abnehmen
- Hohe Anzahl der Betriebe im Bezirk	- Industrie nur untergeordneter Natur
- Handwerk und Gewerbe mit gesunder Betriebsgrößenstruktur	- Hohe Konzentration der in der Industrie Beschäftigen auf wenige Betriebe
- Bauentwicklung tendenziell positiv	- Gewerbeflächenmangel
- Betriebliche Veränderungen v. a. durch Modernisierung und Vergrößerung	
6. Einzelhandel	
- Handel als deutlicher Schwerpunkt	- Starke Konkurrenz Deutschlands bei Möbel und brauner Ware
- Wenig Kaufkraftabfluß (9%)	- Hoher Kaufkraftabfluß bei Leder und brauner Ware
- Relativ hohe Standortzufriedenheit	- Kaum Angebot im Bereich Möbel
- Auswahl in Geschäften wird als positiv empfunden	- Kaum gemeinsame Werbung des Rieder Handels
- Betriebliche Veränderungen v. a. durch Modernisierung und Vergrößerung	- Geringer Bekanntheitsgrad von Ried
- Atmosphäre, Ausstattung und Einrichtung in Geschäften wird als positiv empfunden	- Verkehrsproblem besonders für Handel brisant
- Beratung und Freundlichkeit in Geschäften wird positiv empfunden	- Geschäfte werden als teuer eingestuft
	- Forderungen nach mehr Lebensmittelgeschäften

Stärken	Schwächen
7. Fremdenverkehr und Dienstleistung	
- Steigende Übernachtungszahlen seit 1988	- Wenig Beherbergungskapazitäten (Messe)
- Geringe Entfernung zur Bäderregion Unterer Inn	- Abfluß der Übernachtungswilligen ins Umland
- Messe als Wirtschaftsfaktor	- Kein eigenes Fremdenverkehrsbüro
- Beschäftigenanstieg im Fremdenverkehr	- Zu wenig Gastronomie in der Innenstadt
- Betriebliche Veränderungen v. a. durch Modernisierung und Vergrößerung	- Kein Bürgeramt
- Gute Versorgung mit Dienstleistungen	- Fehlendes Tourismuskonzept
	- Zu wenig Kulturförderung
8. Arbeitsmarkt	- Hohe saisonale Schwankung der Arbeitslosenrate bei Männern
- Niedrige Arbeitslosigkeit (sinkt von 1985 bis 1990)	- Wenig traditionelle Berufe für Frauen (eingeschränktes Berufsspektrum)
- Beschäftigtenzunahme über dem österreichischen Durchschnitt	
- Hoher Anteil der 20-30-Jährigen	
- Frauenarbeitslosigkeit niedriger als die der Männer	
9. Stadtplanung / Innenstadt	
- Gestaltbare Innenstadt	- Umfahrung
- Ausbaufähiger Radverkehr	- Parken
- Ausbaufähiger ÖPNV	- Fußgänger- und Behindertenfeindlichkeit
- Umfahrungsmöglichkeit	- Flächenwidmungsplan und Raumordnung
- Parkraumkonzept	
10. Öffentlichkeitsarbeit / PR	
- Lebensqualität	- Zuviel Parteipolitik
- Junge PolitikerInnen	- Wenig Transparenz
- Stadtmarketingprojekt	- Zu konservativ und mutlos
- Bedürfnis der Bevölkerung nach Information	- Unkoordiniert
	- Unprofessionell
11. Umwelt / Energie	
- Umweltfreundliche Verkehrsmaßnahmen	- Müllvermeidung
- Naherholungsflächen	- Mülltrennung und Kompostierung
- Mehrwegsystem	- Vorausschauende Energiepolitik
- Mülltrennung und -verwertung	- Umweltbelastende Betriebe
	- Umweltgerechte Raumplanung
12. Wohnen / Soziales / Bürgerinitiativen	
- Sonderwohnbauprogramm	- Wohnungsangebot
- Senioren- und Krankenbetreuung	- Behindertengerechte Wohnungen und Einrichtungen
- Integrative Behinderteneinrichtung	- Frauenhaus, Männerhaus
- Verstärkte Kooperation Politiker und Bürger	- Kinderfreundlichkeit
13. Freizeit / Kultur	
- Verstreute Idealisten	- Kulturangebot
- Schwanthaler (Bildhauer)	- Wochenend- und Tagesgastronomie
- Viel Jugend	- Fehlendes Leitbild
- Aktives Vereinsleben	- Mangelnde finanzielle Mittel

Quelle: *CIMA 1993b*

Abb. 20:   Ergebnisse der Stärken-Schwächen-Analyse in Ried

6.3.3 Leitbild-Workshop 1993: Utopie und Strategie für Ried 2005

Der Entwurf eines Stadtleitbildes im Anschluß an die Stärken-Schwächen-Bilanz war in den bayerischen Modellprojekten ein relativ selbstverständlicher Schritt. Er diente zur motivatorischen Einbindung der lokalen Akteure und stellte einen wichtigen Baustein im Rahmen der gesamtstädtischen Kommunikationspolitik dar. Im Prozeß der weiteren Maßnahmenentwicklung in den thematischen Arbeitskreisen ist das Leitbild jedoch in Mindelheim und Schwandorf zunehmend in den Hintergrund gerückt.

In Ried stellt sich die Situation nach der Erstellung der Stärken-Schwächen-Bilanz anders dar. Die motivatorische Basis für die Beteiligung der Akteure ist in den Workshops geschaffen worden. Die weitere Funktion des Leitbildes ist auch dem Citymanager relativ unklar. Einerseits scheint ein solcher Leitbildentwurf aus motivatorischen Gründen überflüssig zu sein, andererseits könnte mit einem solchen Zukunftsentwurf eine verbindliche stadtentwicklungspolitische Leitlinie für das weitere Vorgehen geschaffen werden. Hierfür wäre jedoch ein konkreter Entwurf notwendig, der sowohl konsensfähig ist, als auch als steuerungspolitisches Instrument zur Strategieentwicklung dient. Er müßte somit deutlich über die pauschalen Formulierungen in den vorhergehenden Stadtmarketingprojekten hinausgehen. Zudem sind das Schwandorfer und Mindelheimer Leitbild nur in Grundzügen von den lokalen Akteuren mit der üblichen Moderationstechnik erarbeitet worden. Eine wirkliche Synthese von Unterschiedlichem, vor allem aber kreative Diskussionsprozesse werden durch die strukturierende Metaplan-Moderation eher verhindert. Die eigentliche Leitbilderarbeitung lag deshalb weitgehend in den Händen des Citymanagers, der die genannten Punkte aus den Workshops eigenständig zu einem Gesamtentwurf synthetisiert hat. Ein Entwurf des Leitbildes im Alleingang durch den Citymanager ist angesichts der hohen Erwartungshaltung an den demokratischen Charakter des Projektes in Ried undenkbar.

Der Citymanager entschließt sich deshalb, experimentell zu arbeiten und eine neue Form des Leitbildes als stadtentwicklungspolitischer Steuerungsstrategie mit einer neuen Methodik zu erproben. Ergebnis der Leitbildentwicklung soll eine konkrete Zielvorstellung zu den zukünftigen Entwicklungsmöglichkeiten der Stadt sein, aus denen sich Arbeitskreisthemen und Projekte ableiten lassen. Einen methodischen Ansatzpunkt hierfür bietet die von R. Jungk entworfene Zukunftswerkstatt. Eine Zukunftswerkstatt besteht aus einer Kritik-, Utopie- und Realisierungsphase und ist darauf gerichtet, in Form einer Gruppendiskussion gemeinschaftlich bestehende Probleme nach dem Entwurf einer Zielvorstellung einer konstruktiven Lösung zuzuführen (vgl. JUNGK/MÜLLER 1989). Dabei besteht allerdings das Problem, daß Zukunftswerkstätten eine Utopiephase enthalten, in der wünschenswerte Zükünfte entwickelt werden. Mit der Zukunftswerkstatt kann jedoch kein eigentliches Leitbild im Sinne einer realistischen Zielvorstellung entwickelt werden. Die Methodik der Zunkunftswerkstatt wird deshalb vom Citymanager für die Belange des Stadtmarketing abgewandelt. Da die Problem- und Kritikphase überflüssig sind und als bereits Stärken-Schwächen-Bilanz vorliegen, soll nur die Utopiephase in Form eines ersten Workshop durchgeführt werden. Im Anschluß daran müssen die Utopien in einem zweiten Workshop zu einem konkreten Leitbild umgearbeitet werden, das auf dem dritten Leitbild-Workshop präsentiert und von allen Beteiligten mit ihrer Unterschrift für verbindlich erklärt wird.

Der erste Workshop findet am 11. März 1993 statt. Wieder werden alle RiederInnen mit Zeitungsaufrufen eingeladen sowie die TeilnehmerInnen der Stärken-Schwächen-Workshops gesondert angeschrieben. Während der Bürgermeister die 80 TeilnehmerInnen, die sich inzwischen als "harter bürgerschaftlicher Kern" herausgebildet haben, in seiner Begrüßungsrede mit den für Ried positiven Ergebnissen der letzten Volkszählung konfrontiert, werden die ZuhörerInnen durch die einleitenden Statements der CIMA gedanklich in Richtung Zukunftsperspektiven gelenkt. Durch eine Diaschau über mögliche Stadtsituationen und die Auflistung von gesellschaftlichen Megatrends wird eine Loslösung von den Alltagsproblemen der Rieder Situation erreicht. Anschließend werden sechs Kleingruppen gebildet, die die Aufgabe erhalten, unter der Maxime "Alle Macht, alle Technik und alles Geld der Welt sind vorhanden", ein Bild der Stadt Ried im Jahr 2005 zu erarbeiten. Für die Präsentation der Kleingruppenergebnisse sollen originelle Formen wie zum Beispiel eine Stadtrundfahrt durch Ried 2005, eine Pressekonferenz, die Antrittsrede der Bürgermeisterin oder ähnliches gewählt werden.

Als den TeilnehmerInnen deutlich wird, was zu tun ist, verlassen einige Repräsentanten der jungen, modernen Kulturszene die Veranstaltung. Sie sind enttäuscht, weil sie sich eine konkrete Weiterarbeit an den schon zur Kultur diskutierten Problemen und Potentialen erwartet haben. Die erneute Auseinandersetzung mit den Rieder Funktionären über die zukünftige Rolle der Kultur in der Stadt halten sie für sinnlos. Zu viele ergebnislose Diskussionen seien schon erfolgt; jetzt gehe es ihrer Einschätzung nach nur noch um Konzepte, die umsetzbar sind. Nur ein Vertreter dieser Gruppe bleibt und erklärt sich zur Mitarbeit an der Utopie bereit.

Zunächst fällt es den TeilnehmerInnen schwer, sich von den Alltagssorgen zu lösen und utopisch zu denken, doch es ist nur eine Frage der Zeit, bis in den Kleingruppen angeregte Diskussionen und Vorschläge zum Ried des Jahres 2005 erarbeitet werden. Die Kleingruppen funktionieren nach unterschiedlichen gruppendynamischen Regeln. Während in einer Gruppe einige wenige das Gespräch monologisieren und andernorts eine reine Sammlung individueller Standpunkte auf Zuruf notiert wird, findet in manchen Gruppen eine gemeinsame, angeregte Diskussion im Konsensprinzip statt.

Bei der Präsentation der Kleingruppenarbeiten zeigt sich ein erstaunliches Ergebnis. In allen Gruppen - die nach wie vor von Funktionären dominiert sind, wird das hedonistische Bild eines "schönen neuen Lebens" in Ried gezeichnet. Nicht zuletzt durch die originelle Präsentationsform (Baummetapher, Stadtratssitzung usw.) wird eine bunte Palette teils utopischer, teils machbarer Veränderungen in Stadtstruktur und -gestalt skizziert. Lebensqualität ist das zentrale Motto, das alle sechs Entwürfe kennzeichnet: Biergärten, die Innenstadt als Bühne, renaturierte Bäche, die für die Schiffahrt genutzt werden, Cafés, Kneipen mit Rundum-die-Uhr-Öffnung, Erlebnishandel, Basisdemokratie durch Fernsehabstimmungen, Radwege, Romantikhotels, Fitnesszentren, überdachte Gehwege, Förderbänder in der Stadt, naturnahe Grünflächen, Promenaden, Flußlandschaften, Kunst im öffentlichen Raum usw. prägen das Bild. Der hedonistische Freizeittraum einer lebenswerten, urbanen Stadt spiegelt sich in allen Kleingruppenergebnissen mit nur punktuell unterschiedlichen Akzentuierungen wider. Wirtschaftsthemen wie Arbeitsplätze oder Lohngefüge werden nur randlich als notwendige aber nicht hinreichende materielle Basisfaktoren thematisiert. Die Stadt als symbolisches Vehikel zur Präsentation von Lebensstilen wird überdeutlich (vgl. Kap. 2.2.2).

Während in einer Gruppe zunächst die Idee auftaucht, ihre Utopie als Stadtrundfahrt auf einem Stadtplan zu präsentieren, wird dieser Vorschlag von fast allen GruppenteilnehmerInnen als zu wenig komplexes Medium der Betrachtung abgelehnt. Was Ried wirklich kennzeichne, sei nicht zweidimensional kartierbar. Hierin findet sich vielleicht der direkteste Beleg für den Unterschied zwischen Stadtmarketing und Stadtplanung. Während diese auf gestaltbare Flächen ausgerichtet ist, orientiert sich jenes an der Wahrnehmung der Akteure - und die ist nicht immer räumlich, sondern zumeist aktionsbezogen. Produkt der Utopiephase in der Zukunftswerkstatt sind sechs unterschiedliche, aber gleichgerichtete Entwürfe eines genießerischen Lebens in Ried 2005.

Allein der Bürgermeister ist skeptisch. Auch er stellt im Anschluß an die Kleingruppenpräsentation seine Utopie vor: die Züchtung einer "goldeierlegenden Wollmilchsau" in der Stadtkämmerei, die nur 75 Prozent der gemachten Vorschläge realisierungsfähig erscheinen läßt. Während die Honoratioren der Stadt zurückhaltend sind angesichts der ebenso umfassenden wie unrealistischen Ansprüche, sind die TeilnehmerInnen von ihren Ideen und Träumen begeistert. Selbst dem einzigen Kulturvertreter, der trotz eigener Bedenken geblieben ist, kommt es "wie Weihnachten" vor. Die Utopie seiner Kleingruppe ist eindeutig von seinen persönlichen, teils avantgardistischen Ansprüchen einer modernen Kultur in der Stadt geprägt.

Im zweiten Workshop kommt es darauf an, die sechs verschiedenen Utopien zu einem realisierungsfähigen Leitbild zu vereinen. Da die Methodik der Zukunftswerkstatt keinen Schritt zum Entwurf eines Leitbildes kennt, sondern von der Utopiephase direkt in die Maßnahmenentwicklung übergeht, muß der Citymanager erneut kreativ werden. Er entscheidet sich für die Metaplan-Moderationstechnik. Auf dem folgenden Workshop am 15. April 1993 sollen die einzelnen Aspekte der Utopieentwürfe mit Hilfe der Kartentechnik systematisiert und thematisch geordnet werden. Der Schritt vom Utopieentwurf zum konsensfähigen Leitbild mißlingt jedoch vollständig. Zwar arbeiten die TeilnehmerInnen erneut engagiert mit. Dennoch führt die strukturierte Moderationsmethode nicht zu einem integrierten Leitbild. Mit ihrer Hilfe entsteht nur eine additive Sammlung der einzelnen Utopieaspekte (renaturierte Bäche, die Innenstadt als Bühne usw.). Der Citymanager schlägt deshalb vor, eigenständig ein Leitbild aus dieser Ideensammlung zu entwerfen, das den RiederInnen erst als fertiges Konzept zur Abstimmung wieder vorgelegt wird.

An dieser Stelle im Vorgehen regt sich aktiver Widerstand. Die lokalen Akteure kritisieren das Verfahren als pseudodemokratisch, da sie zwar Versatzstücke für den Leitbildentwurf liefern dürfen, jedoch von der entscheidenden Syntheseleistung sowie der Auswahl zwischen utopischen und leitbildfähigen Elementen ausgeschlossen sind. Darüber hinaus wird bemängelt, daß der hedonistische Entwurf eines Ried 2005 nicht genüge, um ein realisierungsfähiges Leitbild zu entwickeln. So bildet zum Beispiel inzwischen die Säule Kultur - dank der Artikulationsstärke und Kreativität des Künstlers - das Schwergewicht der Themensammlung. Wirtschaft, Handel, Handwerk und Gewerbe seien vollkommen unterrepräsentiert und müßten unbedingt mit berücksichtigt werden. Es ist die methodische Vorgabe der Zukunftswerkstatt (alles Geld, alle Macht und alle Technik der Welt), die diese einseitigen Utopien provoziert hat. Mit der Auswahl einer bestimmten Methode der Kommunikation (Moderation oder Zukunftswerkstatt) werden spezifische Ergebnisstrukturen präjudiziert.

Damit steht der Stadtmarketingprozeß in Ried vor einem methodischen Dilemma. Einerseits ist eine möglichst umfassende Beteiligung vielfältiger Akteursgruppen erwünscht. Andererseits führt die große TeilnehmerInnenzahl bei den Leitbildworkshops dazu, daß schon aus methodischen Gründen eine kreative, konsensuale Gruppendiskussion verhindert wird. Auch der komplexe Vorgang der Rückbindung der hedonistischen Utopieentwürfe an die analysierten Stärken und Schwächen der Stadt ist in einer derartigen Gruppengröße nicht leistbar; hierfür fehlt dem Citymanager das methodische Instrumentarium. Zukunftswerkstatt und Metaplan-Moderation sind an dieser Stelle im Verfahren gleichermaßen ungeeignet. Der bisher gut funktionierende kollektive Willensbildungsprozeß wird somit an der entscheidenen Auswahl leitbildfähiger Elemente auf den Arbeitsbereich des Citymanagers als professionellem Berater verlagert. Nach langer Diskussion im Workshop einigen sich die RiederInnen darauf, die Leitbilderarbeitung an die CIMA zu delegieren, deren fertiger Entwurf beim nächsten Workshop diskutiert wird. Es bleibt eine große Unzufriedenheit zurück.

Der zweite Workshop endet somit unbefriedigend. Stadtmarketing stößt an eine strukturelle Grenze. Das demokratische Anliegen wird an einem entscheidenden Punkt im Projektverlauf konterkariert. Für das Rieder Projekt bleibt eine Negativerfahrung zu Methodik und Partizipationsmöglichkeiten im Stadtmarketing zurück. Selbst wenn dem Citymanager der Entwurf eines konsensfähigen Leitbildes gelingt, das die zukünftige Arbeit im Stadtmarketing nicht nur motivatorisch fördert, sondern auch inhaltlich steuert, so ist dies keine Leistung der lokalen Akteure, sondern das Resultat einer typischen stellvertretenden Expertentätigkeit. Am Ende der Leitbildentwicklung stellt sich - nicht nur im Rieder Stadtmarketing -

somit die Frage, ob die Entwicklung eines Leitbildes überhaupt notwendig ist. Die Konsensbildung ist aufgrund der ausführlichen Stärken-Schwächen-Analyse ausreichend trainiert worden. Die Auswahl der Arbeitskreisthemen ließe sich auch anhand der Stärken-Schwächen-Bilanz bewerkstelligen. Zudem ist die Bildung von Arbeitskreisen vorrangig davon abhängig, für welchen Themenbereich sich engagierte MitarbeiterInnen finden. Läßt sich somit die Funktion eines inhaltlichen Leitbildes im Planungsprozeß durch einen formalen Diskussionsprozeß ersetzen?

Dieses grundlegende planungsphilosphische Problem wird in Ried pragmatisch gelöst. Auf dem dritten Workshop am 10. Mai 1993 wird der Leitbildentwurf des Citymanagers nach intensiven Diskussionen akzeptiert und gemeinschaftlich beschlossen. Die entwickelte Zielvorstellung stellt eine Mischform aus gesellschaftlichen Grundwerten, stadtentwicklungspolitischem Leitbild und rein motivatorischen, diskursiven Komponenten dar. Auch wenn die Formulierungen des Leitbildes zum Teil relativ allgemein sind (keine Marginalisierung sozial Schwächerer usw.), so hat sich doch in den Köpfen der Diskussionspartner vieles verändert. Die RiederInnen sind in der Lage, "zwischen den Zeilen" zu lesen. Das Leitbild ist Produkt eines Diskussionsprozesses und ohne diesen in seiner Brisanz und Schwerpunktsetzung kaum verständlich. Dennoch geht das Rieder Leitbild über die pauschalen Formulierungen in Mindelheim und Schwandorf hinaus. Es gliedert sich innerhalb von zwölf Handlungsfeldern in drei Teile. Zunächst wird ein Leitsatz für jedes Hanldungsfeld präsentiert (z. B. Kooperation statt Konkurrenz). Anschließend werden anhand einer Situationsbeschreibung der Gegenwart und angestrebter Zukunftssituationen für jedes Themengebiet die Stärken, Schwächen und Wünsche inhaltlich verknüpft. Die Formulierungen hierzu enthalten zum Teil strategische Elemente und Maßnahmen in allgemeiner Formulierung, die allerdings zumeist nur bei vorhandener Ortskenntnis als solche erkennbar sind. Diese werden schließlich nochmals in einem griffigen Slogan zusammengefaßt werden. Insgesamt bietet das Leitbild somit erste konkrete Anknüpfungspunkte und umsetzbare Leitlinien für das zukünftige stadtentwicklungspolitische Handeln (vgl. Abb. 21).

Attraktives Ried: Zentrum des Innviertels

"Von der Versorungs- zur Erlebnisstadt"

Stadtleitbild "Ried 2005"

Stadt - Umland - Region

"Kooperation statt Konkurrenz"

Die faire Zusammenarbeit und funktionale Abstimmung kommunalpolitischer Maßnahmen stärken die Gesamtregion Innviertel.

Ried ist als Zentrum der Region ständiger Antreiber und Garant für die dauerhafte Zusammenarbeit mit den Regionsgemeinden.

Der Planungsverbund "Ried-Umland" wird zur Keimzelle für den Aufbau der "Euregio Innviertel".

Die Abstimmung der Flächenwidmungsplanung zwischen Ried und den Umlandgemeinden bildet die formelle Basis für eine gemeinsame Regionalpolitik.

Ein regionales Entwicklungskonzept bildet die Grundlage einer funktionalen Aufgabenteilung und harmonischen Regionalentwicklung

= Synergie statt Konkurrenz sichern die internationale Wettbewerbsfähigkeit der Region

Wirtschaft und Arbeit

"Die Rieder Wirtschaft ist stark, ausgewogen und krisensicher"

Eine moderne zukunftsweisende Stadtentwicklung ist nur auf der Basis einer gesunden und lebensfähigen Wirtschaft möglich.

Priorität gibt die Stadtentwicklung dem Erhalt und der Sicherung der vielfältigen Betriebs- und Arbeitsplatzstruktur in Ried. In Ried gibt es keine Monostrukturen.

Die aktive Flächenwidmungs- und Standortplanung der Stadtgemeinde gewährleistet die langfristigen Entwicklungsmöglichkeiten für bestehende und neue Wirtschaftsbetriebe. Agieren statt Reagieren steht im Mittelpunkt.

Einheimische Betriebe sowie umweltfreundliche und zukunfstträchtige Betriebsformen haben bei der Flächenvergabe Vorrang. Leistungsfähige Betriebe fördern unseren Ruf regional und international.

Bei der Neuansiedlung von Betrieben werden Störungen auf die Wohnbevölkerung vermieden. In Mischgebieten wird darauf hingewirkt, bestehende Negativwirkungen auf die AnwohnerInnen konsequent zu reduzieren, ohne die Existenz der Betriebe nachhaltig zu gefährden.

Kreative und intelligente Beschäftigungsinitiativen (z. B. Rifa (bestehende Arbeitsloseninitiative in Ried, d. V.)) sichern die Integration von Arbeitslosen in die Gemeinschaft und das Berufsleben.

Die Kooperation und Koordination zwischen Stadt- und Wirtschaftsentwicklung wird durch einen regelmäßigen Informationsaustausch zwischen VertreterInnen der Stadt und aller Wirtschaftsbereiche institutionalisiert und somit zum dauerhaften Bestandteil der zukünftigen Wirtschaftsentwicklung.

= Ried - Standort mit Zukunft

Bildung und Soziales

"Ried ist Bildungsstadt mit sozialem Engagement"

In Ried gibt es ein umfassendes Schul- und Bildungsangebot für alle Altersgruppen. Die Ausbildungsmöglichkeiten sind auf den Bedarf der Wirtschaft in Stadt und Region zugeschnitten und zukunftsweisend.

Ried ist in der Lage, genügend qualifiziertes Personal für die Betriebe vor Ort auszubilden. Die Fachschulen und Internate bestätigen den Ruf Rieds als überregionalem Bildungszentrum.

Die Förderung und der Ausbau der sozialen Arbeit stärken die Gemeinschaf in der Stadt. Alle sozialen Schichten und Altersgruppen sind in das Stadtleben integriert. Für Fragen und Anliegen der BürgerInnen gibt es zentrale Anlauf- und Integrationsstellen. Ried hat Platz für soziale Initiativen und Engagement.

= In Ried gibt es keine Außenseiter

Freizeit und Vereine

"Ried ist erholsam"

Freizeit und Freizeitgestaltung sind ein wichtiger Bestandteil im gesellschaftlichen Leben der Stadt. Ganz Ried ist Erlebnisraum mit Angeboten für Jung und Alt.

Die renaturierten Bäche und der Stadtpark sind Erholungs- und Freizeitoasen mit Rad- und Gehwegen, Bewegungsraum und Spielmöglichkeiten für Kinder.

Die zahlreichen Vereine und die rege Vereinstätigkeit in Ried sind ein zentrales Element der Freizeitgestaltung. Sie stärken das Gemeinschaftsgefühl. Durch ihr abgestimmtes und ausgewogenes Angebot bieten sie allen Alters- und Bevölkerungsgruppen Raum für die verschiedensten Sport- und Freizeitaktivitäten.

= Freizeit in Ried ist aktiv und attraktiv

Natur, Umwelt und Energie

"Ried ist umwelt- und energiebewußt"

Die Stadt Ried ist Vorreiterin und aktiver Motor in allen Bereichen, die dem Schutz der Umwelt dienen. Die städtischen Energiebetriebe sind hierfür beispielhaft.

Umweltverträglichkeit und Energiesparmöglichkeiten spielen bei allen Entscheidungen und Maßnahmen der Stadt eine wichtige Rolle. Das Umweltbewußtsein der BürgerInnen und der Wirtschaft wird durch umfassende Informationen und Aufklärung gefördert. Gemeinsame Initiativen verbessern das Stadtklima.

Die Vermeidung, Trennung und Verwertung von Abfällen haben in einem Müllkonzept oberste Priorität. Zusammen mit einer umweltverträglichen Restmüllentsorgung ist dieses Müllkonzept fester Bestandteil der Umweltpolitik.

Auch bei der Verkehrsplanung stehen Umweltinteressen an erster Stelle. Der Ausbau des Radwegenetzes und der umweltfreundlichen öffentlichen Verkehrsmittel haben Vorrang.

Die renaturierten Bachläufe schaffen zusammen mit Stadtpark und städtischen Grünflächen ein Naturraumpotential, das eine wichtige ökologische Ausgleichs- und Naherholungsfunktion wahrnimmt.

= In Ried kann man durchatmen

Innenstadt

"Die Innenstadt von Ried ist Lebens- und Erlebnisraum für alle"

In der Innenstadt vereinigt sich die gesamte Vielfalt städtischer Funktionen.

Die Stadt Ried verbindet ein weit überdurchschnittlich großes und vielfältiges Einzelhandelsangebot mit einer überschaubaren persönlichen Stadtstruktur.

Attraktive Einzelhandelsgeschäfte, ein reichhaltiges Gaststättenangebot und publikumsorientierte Dienstleistungen bestimmen die Nutzung im Erdgeschoßbereich. Darüber liegen preiswerte Wohnungen. Es gibt keine ungenutzten oder untergenutzten Bereiche mehr.

Die Innenstadt ist kommunikativ und bietet Erlebnisräume für Jung und Alt: Die von gepflegten, historischen Fassaden umrahmten Plätze der Innenstadt sind Zentren der Kommunikation mit Cafés, Ruhezonen und Grün. Aktionen und kulturelle Darbietungen erfüllen sie zu jeder Jahreszeit mit buntem Leben. Durch das gut ausgebaute Netz von Verbindungswegen wachsen die Plätze zum Erlebnisraum Innenstadt zusammen.

Für die gesamte Innviertelregion ist Ried attraktive Einkaufsstadt und unumstrittenes Zentrum. Neben allerlei hochwertigen Gütern und Waren findet man in Ried frische Lebensmittel vom Bauernmarkt und ein vielfältiges Gastronomieangebot. Die Innenstadt mit ihren kurzen Wegen bietet Bewegungsraum für alle BürgerInnen und BesucherInnen.

= Die attraktive Innenstadt Rieds ist Anziehungspunkt für die gesamte Region

Verkehr

"Umwelt- und Lebensqualität haben Vorrang gegenüber dem motorisierten Individualverkehr"

Der systematische und konsequente Umbau des Stadtverkehrs zugunsten umweltfreundlicher Verkehrsmittel verbessert die Lebens- und Erlebnisqualität der Stadt.

Die Reduzierung von umweltbelastendem motorisierten Individual- und Durchgangsverkehr erfolgt im Gleichklang mit der Bereithaltung umweltfreundlicher Alternativen.

Die Attraktivität des nicht-motorisierten Verkehrs ist durch eine konsequente an den Bedürfnissen der Fußgänger und Radfahrer orientierte Neugestaltung der Verkehrsflächen deutlich gesteigert worden. Auch Behinderte, SeniorInnen und Kinder können sich auf der Straße sicher bewegen.

Die Erreichbarkeit und Funktionsfähigkeit des Zentrums beibt erhalten.

Die Umsetzung der Verkehrskonzeption erfolgt stufenweise. Die Abstimmung mit allen betroffenen Bevölkerungsgruppen sichert die Lebensqualität der BewohnerInnen, Anpassungsmöglichkeiten für die Wirtschaft und schafft Akzeptanz.

Eine konsequente flächenhafte Verkehrsberuhigung von Wohngebieten trägt zur deutlichen Steigerung der Lebensqualität und Minderung der Unfallgefahr für alle Bevölkerungsgruppen bei.

= In Ried bewegt sich was

Handel, Dienstleistung und Versorgung

"Ried ist Handelszentrum des Innviertels"

Die Stadt Ried bietet ein Handels- und Dienstleistungsangebot auf Großstadtniveau mit persönlicher Atmosphäre und Überschaubarkeit.

Die hohe Konzentration des Angebotes im Stadtkern garantiert kurze Wege und hohen Erlebniswert. Hier deckt man sowohl täglichen als auch hochwertigen Bedarf.

Die zukünftige Angebotserweiterung orientiert sich am tatsächlichen Bedarf der Bevölkerung und geht nicht zu Lasten der Funktionsfähigkeit der Innenstadt. Die überwiegend qualitative Weiterentwicklung des Handelslangebotes verhindert Überkapazitäten und baut Flächenleerstände ab.

Ein harmonisches Miteinander von Festivitäten, Märkten und Ladengeschäften unterstützt die Entwicklung vom Versorgungskauf zum Erlebniskauf.

Persönliche Atmosphäre und freundliches, kompetentes Personal fördern die Kundenbindung und das Image.

Gmeinsames Handeln von Kaufleuten und Dienstleistern stärkt die Position von Ried als "Kaufhaus des Innviertels".

= Freundliches Ried - Kaufhaus des Innviertels - Treffpunkt für alle

---

Tourismus, Gastronomie und Messe

"Ried ist Anziehungspunkt für TouristInnen und MessebesucherInnen"

Anziehungspunkt für BesucherInnen ist das unverwechselbare Ambiente der Schwanthalerstadt. Moderne, zeitgenössische Kunst harmoniert hier mit dem reichhaltigen kulturhistorischen Schatz an volkskundlichen Sammlungen, Kirchen und Häuserfassaden. Die facettenreiche Gastronomieszene bietet vom traditionellen "Beissl" über Cafés bis zum Restaurant mit internationaler Küche ein vielfältiges Angebot für jeden Geschmack.

Zahlreiche MessebesucherInnen halten sich zu jeder Jahreszeit in Ried auf. Das Messegelände wird neben der Landwirtschaftsmesse durch regionale Messen, Fachkongresse und themenbezogene Veranstaltungen aller Art optimal genutzt. Durch eine harmonische, funktionsgerechte Verbindung bilden Messegelände und Innenstadt eine Einheit.

Das zentral gelgene Informationsbüro ist Anlaufstelle für TouristInnen. Tages- und Einkaufstouristen aus den umliegenden Fremdenverkehrsgebieten, Durchreisende, BesucherInnen der Kunst- und Kulturschätze und Messegäste werden gezielt über das reichhaltige Angebot der Stadt Ried informiert. Gäste und Geschäftsreisende, die mehrere Tage in der Stadt verbringen möchten, finden in Ried jederzeit eine entsprechende Übernachtungsmöglichkeit.

= In Ried ist jeder Gast herzlich willkommen

Kunst und Kultur

"Historisches und Zeitgenössisches gehen in der Schwanthalerstadt Ried Hand in Hand"

Ried besitzt eine ausgeprägte und individuelle Kulturszene mit vielfältigen künstlerischen und kulturellen Aktivitäten. Historische Kulturgüter, wie die Schwanthaler-Kunstschätze, die Volkskunst, Stelzhammer oder die Innenstadt mit ihren historischen Fassaden harmonieren mit zeitgenössischer Kultur in Kabaretts, Kleinkunst und regionaler Kulturszene.

Getragen wird dieses Bewußtsein durch eine aktive Kulturpolitik der Stadt, die diese kulturellen Aktivitäten fördert. Das Volkskundehaus ist der kulturelle Mittelpunkt Rieds.

KünstlerInnen und Kultur sind im Stadtbild von Ried ständig präsent und haben ihren Platz im täglichen Leben der BürgerInnen. Vielfältige Ausstellungen und Aktionen in der Innenstadt machen Ried zu einem ständigen Kulturerlebnis. Die historische Stadtanlage schafft dazu ein einmaliges Ambiente durch die großzüge Gestaltung der Stadtplätze. Geeignete Veranstaltungsräume bieten zusätzlich ausreichend Raum für Ausstellungen und künstlerische Darbietungen aller Art.

= Ried ist Bühne für Kunst und Kultur

Wohnen

"In Ried ist Raum zum Leben"

Bei der Wohnraumentwicklung stehen Wohn- und Lebensqualität im Vordergrund. Neue Wohngebiete sind so gestaltet, daß sie auch eine integrative und kommunikative Funktion erfüllen. Voraussetzung dafür sind kleine Einheiten, Überschaubarkeit und "dörfliche" Strukturen.

In der unmittelbaren Wohnumgebung gibt es eine intakte Nahversorgung und Plätze zum Spielen, Reden und Erholen. Die Wohnbereiche sind beruhigt und von negativen Umweltbeeinträchtigungen weitgehend befreit. Das Wohnen in der Innenstadt ermöglicht eine hohe Lebensqualität und stärkt die Multifunktionalität des Zentrums.

= Die Wohnraumentwicklung in Ried setzt auf Qualität statt Quantität

Öffentlichkeitsarbeit und BürgerInnenbeteiligung

"Die RiederInnen wissen Bescheid"

Ried ist bürgerfreundlich. Die Stadt informiert ihre BürgerInnen offen und sachlich über die städtische Politik. Dies ist durch eine objektive und regelmäßige Berichterstattung garantiert, die sowohl durch eigene Medien und Veranstaltungen als auch durch aktive Pressearbeit erreicht wird.

Die BürgerInnen werden in die Vorbereitungen von wichtigen Entscheidungen stets einbezogen. Für Ideen und Probleme hat die Stadt immer ein offenes Ohr. Eine zentrale Anlaufstelle dient dabei als Kommunikationstreffpunkt für Stadt und BürgerInnen.

Durch aktive Beteiligung an der Stadtentwicklung identifizieren sich die BürgerInnen mit ihrer Stadt. Das gute Stadtimage wird durch Öffentlichkeitsarbeit und die BürgerInnen über die Grenzen der Stadt hinausgetragen.

= Unsere Ziele verwirkichen wir durch Kooperation und Offentheit

Quelle: *CIMA 1993c*

Abb. 21:   Stadtleitbild Ried im Innkreis

183

Nach der Verabschiedung des Leitbildes, das vom Stadtrat beschlossen wird, beginnt der Prozeß der Maßnahmenerarbeitung in Arbeitskreisen, die sich speziellen Themenfeldern zuwenden. Die Beobachtung des Projektes endet hier. Dennoch lassen sich wesentliche Schlußfolgerungen über Funktion und Struktur im Stadtmarketing anhand des erreichten Projektstandes ziehen.

6.4   Fazit

Bei der Untersuchung des Fallbeispieles Ried im Innkreis stand die Frage nach den Partizipationsmöglichkeiten im Stadtmarketing im Vordergrund. Es zeigt sich, daß eine breite Beteiligung möglich ist, wenn die zentralen Akteure in der Stadt hierzu bereit sind. Indem die GAL von Beginn an auf die wunde Stelle im Stadtmarketing verwiesen hat, wurde während des gesamten Projektverlaufs eine transparente, öffentliche Einladungspolitik betrieben. Die Demokratiefähigkeit von Stadtmarketing ist somit zentral von der Demokratiebereitschaft der lokalen Eliten abhängig.

Während das Beteiligungsangebot im Stadtmarketing durchaus basisdemokratische Züge annehmen kann, ist die Beteiligungsbereitschaft der Bürgerschaft eher gering. Öffentliche Einladungen, Veranstaltungen und Anschreiben an örtliche Gruppierungen und Vereine genügen nicht, um das Interesse der Bürger und Bürgerinnen für die Belange der Stadtentwicklung zu wecken. Der limitierende Faktor für eine basisdemokratische Strategie im Stadtmarketing ist (neben der Demokratiebereitschaft der EntscheidungsträgerInnen) ebenso sehr auf seiten der Bevölkerung zu suchen. Für die Bereitschaft zur Mitarbeit muß ein massives Eigeninteresse an der Artikulation bestimmter Sachthemen gegeben sein. Dies aber fehlt den meisten BürgerInnen. Letztlich bilden somit doch nur aktive Interessenvertreter die Mehrheit der lokalen Kooperationspartner. Denn beteiligt wird im Stadtmarketing nur, wer sich artikuliert. Stadtmarketing bietet ein offenes Beteiligungsangebot, das an alle Akteure in der Stadt gerichtet sein kann, jedoch nur von wenigen Interessenvertretern genutzt wird.

Da Stadtmarketing als Kommunikationspolitik in der Stadt grundlegend auf die Partizipationsbereitschaft und Artikulationsfähigkeit der Akteure setzt, ist die Selektivität der Bearbeitung stadtentwicklungspolitischer Themen in alle Richtungen offen. Wenn - wie im Falle Rieds - die KulturvertreterInnen besonders durchsetzungsfähig sind, können

Leitbildentwurf und thematische Schwerpunktsetzung in diese Richtung verzerrt werden. Sind es die Wirtschaftsvertreter, die ihr Anliegen massiv vortragen, kann Stadtmarketing - wie im Falle Schwandorfs -in eine ökonomisch orientierte Standortpolitik münden. Der Charakter von Stadtmarketing als Prozeß, dessen Verlauf und Ergebnis jederzeit bzw. andernorts andere Formen annehmen kann, tritt eindeutig in den Vordergrund. Der Anspruch einer integrierten Stadtentwicklungspolitik kann deshalb nicht generell für alle Stadtmarketingprojekte erhoben werden, sondern muß lokalspezifisch von den Akteuren immer wieder neu errungen werden. Stadtmarketing ist eine akteursgebundene Stadtentwicklungspolitik, die zentral von lokalen Konstellationen abhängt.

Die Dominanz der Akteursbezogenheit wird an dem diffizilen Leitbildentwurf in Ried deutlich. Die Funktion einer stadtentwicklungspolitischen Zielvorgabe als Instrument eines Kommunikationsprozesses ist in der traditionellen Stadtentwicklungsplanung undenkbar. Während Stadtentwicklungsplanung sich systematisch von den Zielen her aufbaut, geht Stadtmarketing einen induktiven Weg. Nach der Artikulation von Problemen und Potentialen der Stadt werden pragmatisch diejenigen Themen bearbeitet, die von den Akteuren als wichtig empfunden werden, und für die sich ArbeitskreisteilnehmerInnen finden lassen. Das Leitbild selbst hat in dieser Phase der Projektentwicklung vor allem motivatorische und atmosphärische Funktionen im Rahmen der Gruppenkommunikation. Es bietet eine "weiche" Zielvorstellung als navigatorischer Stern am Horizont und wäre deshalb treffender als Vision zu bezeichnen. Für die Zielfindung bedeutender dürfte im weiteren Rieder Projektverlauf - ähnlich wie in Schwandorf - der noch anstehende Workshop sein, bei dem die einzelnen Arbeitskreisergebnisse anhand konkreter Projektvorstellungen gegeneinander abgewogen und zu einem integrierten Handlungskonzept gebündelt werden.

Stadtmarketing in Ried zeigt somit, daß der Prozeß einer partnerschaftlichen Stadtentwicklungspolitik unter bestimmten Voraussetzungen gelingen kann. Auch wenn dem Rieder Projekt im Laufe der Maßnahmenerarbeitung und -umsetzung die Feuerprobe sicherlich noch bevorsteht, so sind derzeit keinerlei Anzeichen erkennbar, die auf ein Scheitern dieses Ansatzes in der Stadtentwicklungspolitik hindeuten. Der Erfolg des Rieder Modells basiert auf einer differenzierten Mischung der Strategien und kommunikationspolitischen Instrumente (vgl. Abb. 22).

Aufgaben Rollen	Ziele	Instrumente und Arbeitsweisen	Ergebnis (Stadtmarketing)
Katalysator	Initiierung von Partnerschaften	Projektmanagement - Zeitplangestaltung - Motivationsge- spräche	Ein von vielen Gruppen in der Stadt
Experte	Sachkundige Entscheidungen	Beratung - Exposés - Gutachten - Stellungnahmen	unter Zuhilfenahme von Experten- meinungen
Koordinator	Koordiniertes Vorgehen - Gleichmäßiger Informationsstand	Informationsaustausch - Einzelgespräche - Gruppengespräche	gemeinsam erstelltes Konzept zur Stadt- entwicklung, das in konkrete Maßnah- men mündet,
Moderator	Kollektive Willensbildung - Konsens - Kreativität - Akzeptanz - Ressourcen	Gesteuerte Gruppen- kommunikation - Metaplan- Moderation - Zukunftswerkstatt	die im Interesse vieler Akteure sind und die Wirtschafts- kraft und Lebens- qualität der Stadt steigern sollen.

Entwurf: *I. Helbrecht*

Abb. 22:   Arbeitsweisen des Citymanagers im Stadtmarketing

So nimmt der Citymanager im Rieder Projekt vier verschiedene Funktionen ein. Während er als Katalysator notwendig ist, um den Prozeß der Kommunikation zwischen den Gruppen in Gang zu setzen, verlagert sich seine Rolle im Stadtmarketingprozeß je nach Bedarf in Richtung eines fachlichen Experten, Koordinators zwischen den Gruppenmeinungen und Interessen sowie des Moderators im Prozeß der kollektiven Willensbildung. Alle vier Aufgabenbereiche zielen in der Summe auf das Produkt einer ganzheitlichen Stadtentwicklungspolitik, die von allen interessierten Gruppen in der Stadt getragen wird. Dem Citymanager stehen für die verschiedenartigen Aufgabenbereiche spezielle Instrumente und Techniken zur Verfügung. Hieran wird erneut deutlich, daß Stadtmarketing eigentlich kaum von dem direkten Transfer betriebswirtschaftlicher Marketinginstrumente lebt, sondern vielmehr als eine neuartige Form der Kommunikationspolitik in der Stadt verstanden werden muß. Mit Hilfe dieser Techniken gelingt es dem Citymanager, das in den bayerischen Modellprojekten noch problematische Verhältnis zwischen Stadtmarketing und Stadtpolitik in Ried partnerschaftlich zu gestalten. Sowohl die Aufgeschlossenheit der politischen Mandatsträger, die sich bewußt für ein Stadtmarketingprojekt entschieden haben, als auch die veränderte Vorgehensweise des Citymanagers, der immer wieder die Rückversicherung und Zustimmung der Politik sucht (z. B. Fraktionsgespräche), bieten hierfür den Schlüssel zum Erfolg. Das Fallbeispiel Ried zeigt damit, daß Stadtmarketing und Stadtpolitik nicht notwendig in einem Konkurrenzverhältnis stehen müssen. Angesichts der weit verbreiteten Politikverdrossenheit unter den BürgerInnen kann die Kommunalpolitik durch eine Öffnung gegenüber den BürgerInnen die Akzeptanz der eigenen Entscheidungen bedeutend erhöhen.

Bilanziert man die Rieder Erfahrungen zu den Beteiligungsmöglichkeiten im Stadtmarketing, so zeigt sich, daß Politik und BürgerInnen zwar subjektiv zufriedenstellend mit dem Instrument Stadtmarketing vor Ort operieren können. Stadtmarketing führt nicht zwingend zu einer Frontstellung Politik - Marketing. Das strukturelle Problem der Beschneidung der Entscheidungsfreiheit der Politik durch die Beteiligung privater Akteure an der Formulierung stadtentwicklungspolitischer Zielsetzungen kann graduell - in der Wahrnehmung der lokalen Akteure - gemildert werden. Der demokratietheoretische Stellenwert von Stadtmarketing als Politiknetzwerk lokaler Eliten bleibt dennoch ausgesprochen fraglich. Er bedarf einer grundsätzlichen Reflexion, die zunächst weitere bundesdeutsche Erfahrungen in anderen Projekten miteinbeziehen muß und darüber hinaus den Stand der gesellschaftstheoretischen Diskussion als Bewertungsmaßstab zu Rate zieht.

7 Stadtmarketing: Bilanz und Perspektiven

Die abschließende Diskussion von Stadtmarketing als neuer Form der Stadtentwicklungspolitik vollzieht sich in drei Schritten. Zunächst werden die Fallstudienergebnisse in den übergeordneten bundesrepublikanischen Zusammenhang eingeordnet. Ziel ist die Herausarbeitung eines "Grundmodells" von Stadtmarketing, das den common sense der bisherigen Projekterfahrungen in Bezug auf die Zielsetzungen, Organisation und Methodik skizziert (Kap. 7.1). Die empirische Generalisierung der Fallstudienergebnisse beruht methodisch auf ExpertInneninterviews mit VertreterInnen des Deutschen Städtetags, der Kommunalen Gemeinschaftsstelle für Verwaltungsvereinfachung (KGST), der Gemeinden und privaten Beratungsfirmen sowie Literaturanalysen. Daran anschließend wird Stadtmarketing als Politiknetzwerk lokaler Eliten gesellschaftstheoretisch diskutiert, um es auf seine demokratische Legitimität und zukünftige Tragfähigkeit hin zu beurteilen (Kap. 7.2). Erst nach diesem Analyseschritt läßt sich das Verhältnis von Stadtmarketing und Stadtplanung näher bestimmen (Kap. 7.3). Die Frage, ob Stadtmarketing die traditionelle Stadtentwicklungsplanung ersetzen wird oder nur ergänzt, hat entscheidenden Einfluß auf die Bestimmung der zukünftigen Strukturen der Stadtentwicklungspolitik (Kap. 7.4).

7.1 Reflexion der empirischen Ergebnisse: Grundzüge im Stadtmarketing

7.1.1 Zielsetzung

Unter den deutschen VertreterInnen eines "ganzheitlichen Marketingansatzes" hat sich inzwischen ein relativ großer Konsens über die Ziele und Organisationsformen im Stadtmarketing herausgebildet. Stadtmarketing wird in Solingen, Velbert, Wuppertal, Krefeld, Neu-Isenburg, Frankenthal, Hamm usw. zwar mit lokal unterschiedlichen Akzentuierungen betrieben, aber die Pioniererfahrungen der bayerischen Modellprojekte sowie das veränderte Vorgehen in Ried i. I. werden durch die Ergebnisse und Vorgehensweisen in anderen Gemeinden in noch laufenden Projekten weitgehend bestätigt.

Das ursprüngliche Anliegen einer marktorientierten Stadtentwicklung ist inzwischen allerorten in den Hintergrund getreten. Begriffe der Marketingrhetorik wie zum Beispiel Beschaffungsmix, Zielgruppen oder die Stadt als Unternehmen finden zwar nach wie vor Verwendung, doch werden sie nur noch im konzeptionellen Vorspann von Beratungsangeboten benutzt und dienen als rhetorisches Aushängeschild, um die Modernität des Ansatzes in den Vordergrund zu stellen (vgl. MÜLLER 1992b, S. 1f). Tatsächlich findet im bundesdeutschen Stadtmarketing nichts anderes statt als eine neuartige Kommunikationspolitik in der Stadt, die mit spezifischen Organisationsformen und methodischen Instrumenten operiert. Weil sich manche Problemlagen in den Städten nur noch mit Kommunikation steuern lassen, beruht der Erfolg im Stadtmarketing auf den Voraussetzungen gelungener Kommunikation (politische Kultur usw.).

Die planungspolitische Besonderheit von Stadtmarketing liegt in der Durchführung eines kollektiven Willensbildungsprozesses zwischen öffentlichen und privaten Akteuren, die sich gemeinsam auf ein Aktionsprogramm zur Stadtentwicklung einigen. Stadtmarketing ist nicht ein Koordinationsinstrument innerhalb eines gesellschaftlichen Teilbereiches, sondern ein Koodinationsansatz mit TeilnehmerInnen aus (potentiell) allen Bereichen der städtischen Gesellschaft. In diesem Sinne stellt es ein intermediäres Verhandlungssystem dar. Stadtmarketing ist somit ergänzend zur traditionellen Stadtentwicklungsplanung eine neue Form der stadtentwicklungspolitischen Steuerung durch Kommunikation. Nicht mehr Flächennutzungsansprüche werden qua Expertenmeinung koordiniert und abgewogen, sondern von den Akteuren subjektiv formulierte Bedürfnisse in Konsensbildungsprozessen direkt vermittelt. Die strategische Stoßrichtung geht mit den traditionellen Zielen der Stadtentwicklungspolitik einher: Entwurf und Durchführung einer integrierten Stadtentwicklungsstrategie für die Stadt der Zukunft stehen im Mittelpunkt. Die Konvergenz der Zielsetzungen der Stadtmarketingprojekte in der Bundesrepublik besteht in Bezug auf folgende Bereiche:

-   eine ganzheitliche Stadtentwicklungspolitik, die die unterschiedlichen Handlungsansätze (Verkehr, Wirtschaft, Kultur usw.) vernetzen will;
-   die Entdeckung kreativer Potentiale und Ideen für die Gestaltung der Stadt aus dem Lokalwissen der Akteure (endogene Potentiale);
-   die Umsetzung von Maßnahmen. Im Gegensatz zur Stadtentwicklungsplanung sollen nicht nur Pläne gezeichnet werden, sondern

eine handlungsorientierte Gestaltungsstrategie verfolgt werden, die in konkrete Maßnahmen und Projekte mündet.

Anhand der untersuchten Fallbeispiele sowie bundesweiter ExpertInnen-interviews wird deutlich, daß Stadtmarketing darüber hinaus ein lokalspezifischer Politikansatz ist, dessen konkrete Ausprägung von dem vor Ort artikulierten Beratungsbedarf bestimmt wird. Projektinhalt, -organisation und -methodik hängen strukturell von dem lokal artikulierten Steuerungsbedarf sowie der beauftragten privaten Beratungsgesellschaft ab. Demokratie, selektive Privilegierung lokaler Eliten, Wirtschafts-förderung und moderne Kulturpolitik, eine Versachlichung parteipoliti-scher Diskussionen, Kreativität, Synergie, Querschnittsplanung, räumliche Konzentration auf die Innenstadt oder Bearbeitung der "ganzen Stadtentwicklung" - all dies ist gleichermaßen möglich. Es gibt potentiell ebenso viele Stadtmarketingmodelle wie es Beratungsgesellschaften und Gemeinden in Deutschland gibt. Stadtmarketing ist eine Form der Steuerung der Stadtentwicklung, deren Verlauf sich nach den beteiligten Akteuren, ihren Motiven und Machtverhältnissen richtet.

Träger der Stadtmarketingaktivitäten sind in der Mehrzahl private Beratungsgesellschaften. Stadtmarketing ist eine externe Dienstleistung, die von der Gemeinde eingekauft wird. Nur in vereinzelten Fällen wie zum Beispiel in Langenfeld gelingt eine stadtinterne Trägerschaft, indem beispielsweise der Stadtdirektor oder ein speziell für diese Aufgabe eingestellter Verwaltungsbeamter die Moderatorenfunktion übernehmen (vgl. HONERT 1991a). Die gemeindeinterne Organisation scheitert oftmals an der Tatsache, daß stadtinterne Citymanager interessen- oder auch parteigebunden sind. Stadtmarketing als gemeindeinterne Beratungs-leistung will zwar das gleiche wie die externe Beratungsleistung, stößt aber auf spezifische Probleme mangelnder Neutralität und einer minder effektiven Vermittlerrolle des städtischen Bearbeiters. Zudem ist auch bei einer stadtinternen Trägerschaft die Beauftragung eines externen, neutralen Moderators für die Moderation der Arbeitskreise notwendig.

Durchführende Akteure von seiten der Consulting-Firmen können ein einzelner Citymanager oder eine Gruppe von Moderatoren sein. Während die CIMA beispielsweise im Vergleich mit anderen Agenturen vor allem auf die kommunikativen Faktoren im Stadtmarketing abzielt und emotionale Aspekte in der Kommunikation zwischen den Gruppen durch den Entwurf eines Leitbildes und die Konzentration auf nur einen Citymanager avisiert, verfolgt die Wibera, eine Tochtergesellschaft des Deutschen Städtetags, einen anderen Ansatz. Der Entwurf eines

Leitbildes wird kategorisch abgelehnt und statt dessen auf sehr komplexe und für die lokalen Akteure manchmal sperrige Methoden der Netzwerkanalyse und des Papiercomputers vertraut.[1] Welches der Konzepte erfolgreicher ist, läßt sich nicht allgemein bestimmen. Beide Wege führen zum Entwurf eines entwicklungspolitischen Maßnahmenprogramms. Die Akzeptanz eines eher kommunikativ-emotionalen Ansatzes im Gegensatz zum systematischeren Vorgehen mit der Priorität auf Methodik hängt von der Erwartungshaltung und der Bedarfsstruktur der Gemeinde ab. Auch die Wibera entgeht mit ihren ausgefeilten Techniken der Akteursgebundenheit von Stadtmarketing nicht. Ihr Erfolg hängt ebenso sehr wie bei der CIMA von wenigen zentralen EntscheiderInnen (wie z. B. der Bürgermeisterin) sowie dem persönlichen Profil des leitenden Citymanagers ab.

Das Motiv der Beteiligung der lokalen Akteure am Stadtmarketing ist ein originäres Individualinteresse, das sich nur als gemeinsames Interesse aller Gruppen verwirklichen läßt. Die Idee zu einer koordinierten Standortpolitik kommt in den bestehenden Projekten stets dann auf, wenn einzelne Akteure in der Stadt - seien es Verwaltungsbeamte, Wirtschaftsvertreter oder die Bürgermeisterin - mit den bestehenden Formen der Standortpolitik unzufrieden sind und Ideen oder Interessen haben, die sich bisher (in strategischen Individualhandlungen) nicht verwirklichen ließen. Jeder Akteur hat ein Interesse an der Veränderung von Strukturen, Prozessen, Maßnahmen usw. in den Bereichen (Subsystemen) der jeweils anderen Akteure. Stadtmarketing umfaßt von der Intention der Impulsgeber immer eine Intervention in "fremde" Handlungsbereiche, einen Übergriff der Wirtschaft auf die Entscheidungsabläufe in der Stadtpolitik (neue Verkehrsführung o. ä.), den Eingriff der Stadtpolitik in die Geschehnisse der Wirtschaft (veränderte Sortimentsstrukturen o. ä.) usw. Die Motivstrukturen der Akteure sind verschiedenartig. So ist es möglich, daß:

---

[1]   Die Vernetzungsmethodik stammt aus dem Bereich der Unternehmensführung und dient der Analyse komplexer Problemsituationen. Wirkungszusammenhänge zwischen Teilkomponenten eines Problemzusammenhangs werden mit Hilfe von Pfeilen im Hinblick auf positive und negative Rückkoppelungen analysiert. Im Anschluß daran findet eine Bestimmung der Beeinflußbarkeit der einzelnen Wirkungsmomente statt, die in aktive und passive Komponenten unterteilt werden (vgl. PROBST/GOMEZ 1993). Ein ähnliches Ziel verfolgt der von F. Vester entwickelte Papiercomputer.

- die WirtschaftsvertreterInnen Probleme haben, ihre Interessen gegenüber der Stadtpolitik und -verwaltung durchzusetzen;
- die Stadtgemeinde Probleme bei der Umsetzung schon längst erdachter Maßnahmen hat, weil Fraktionszwänge oder fehlende Gesamtkonzepte realisierbare Entscheidungen verhindern;
- es in der Stadtentwicklungspolitik an Ideen und Kreativität mangelt, um den Standort genügend zu profilieren;
- insbesondere in Kleinstädten ein Kompetenzproblem auf seiten der Stadtverwaltung und -politik besteht, das dem gestiegenen Bedarf nach Standortprofilierung widerspricht;
- die Reibungsverluste vor Ort hoch sind, weil unkoordinierte Maßnahmen und Entscheidungen der vielfältigen Akteure in der Stadtentwicklung zu widersprüchlichen Akzenten und Konzepten führen.

Während die inhaltliche Zielrichtung im Stadtmarketing konvergent ist (ganzheitliche Stadtentwicklungspolitik, kreative Potentiale, Umsetzung von Maßnahmen), werden im konkreten Projektverlauf unterschiedliche methodische Instrumente und Organisationsformen gewählt. Ursache hierfür sind zum einen die individuellen Konzeptionen und Erfahrungswerte der durchführenden Beratungsagenturen. Zum anderen ist die Vielfalt des Methodenspektrums für eine lokal angepaßte Bearbeitung der Stadtentwicklungsfragen erforderlich.

7.1.2   Organisation und Methodik

Vergleicht man die verschiedenen Stadtmarketingprojekte in Deutschland, so zeigt sich, daß trotz des Methodenpluralismus ein gemeinsamer Kanon in der chronologischen Abfolge der Arbeitsschritte besteht. Der common sense derjenigen Beratungsagenturen, die sich einem ganzheitlichen Stadtmarketingansatz verpflichtet fühlen, bezieht sich auf die Untergliederung des Prozesses der lokalen Willensbildung in vier Schritte (vgl. Abb. 23). Stadtmarketing beginnt mit der Installierung eines Gremiums, das im Projektverlauf als Trägergesellschaft dient. Während für die ordnungsgemäße Durchführung der öffentlich geförderten Modellprojekte eine BGB-Gesellschaft notwendig war, werden andernorts weniger restriktive Organisationsformen wie zum Beispiel die Gründung eines eingetragenen Vereins oder einer informellen Arbeitsgemeinschaft gewählt (vgl. HOLL 1992, S. 318). Mit der Festlegung der organisatorischen Trägerschaft sind Auswahlprozesse der zu beteiligenden Akteure verbunden. Der Kreis der Mitglieder kann sich auf Stadt und WirtschaftsvertreterInnen beschränken oder umfassendere Beteiligungsangebote an städtische Interessengruppen bedeuten. Als gewichtiger Schritt zur Analyse der Ist-Situation und Herstellung einer gemeinsamen Verständigungsbasis folgt die Herausarbeitung der Stärken und Schwächen der Stadt. Hierzu können unterschiedliche Verfahren wie zum Beispiel Expertengespräche, moderierte Workshops und Zeitungsanalysen ergänzend oder alternativ verwendet werden (vgl. KELLER 1991a, S. 38).

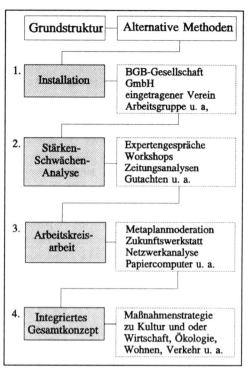

Entwurf: I. Helbrecht

Abb. 23: Grundstruktur und methodische Vielfalt im Stadtmarketing

Anhand der Art der Bilanzierung der städtischen Entwicklungspotentiale wird - wie schon bei der organisatorischen Verankerung - deutlich, inwieweit sich das jeweilige Stadtmarketingprojekt auf den inneren Kreis der lokalen Eliten (Expertengespräche) oder breitere Bevölkerungsschichten (moderierte Workshops) bezieht.

Der von der CIMA in Ried i. I. und den bayerischen Modellprojekten vollzogene Schritt des Leitbildentwurfs ist fakultativ. Zwar ist der Bezug zu einem Leitbild der Stadtentwicklung notwendig, um die Schwerpunkte der weiteren Arbeitskreisarbeit festzulegen. Der konsensuale Entwurf eines Leitbildes im Stadtmarketing bleibt jedoch zumeist abstrakt, um in dem frühen Stadium der Projektentwicklung eine Konfrontation der Interessen zu vermeiden. Während die CIMA das Leitbild inhaltlich "in der Schwebe" läßt und relativ allgemein formuliert, um so die lokale

Konsensfähigkeit zu sichern, greifen andere Stadtmarketingprojekte als Konfliktvermeidungsstrategie auf bestehende Leitbilder der Stadtentwicklungsplanung zurück (vgl. HEIMANN 1991, S. 31; KELLER 1991a, S. 42). In manchen Projekten findet die Bildung der Arbeitskreise direkt im Anschluß an die Stärken-Schwächen-Analyse ohne Leitbildformulierung statt.

Stadtmarketing operiert damit entweder zu Beginn der Maßnahmenentwicklung mit abstrakten Leitbildern, die aufgrund mangelnder Konkretheit konsensfähig sind, greift auf bestehende Leitbilder der Stadtentwicklungsplanung zurück oder verzichtet gänzlich auf den a priori-Entwurf einer Zielvorstellung. In Abhängigkeit von der Stimmung in der Gemeinde können alle drei Strategien zum gewünschten Erfolg führen. Je verkrampfter die lokale politische Kultur ist, umso notwendiger erscheint generell eine frühe, "weiche" Leitbilddiskussion, um durch die Thematisierung gesellschaftlicher Grundwerte und allgemeiner Ziele der Stadtentwicklung die Verständigungsbasis zwischen den Anspruchsgruppen in der Stadt zu erhöhen. Ein früher Leitbildentwurf bleibt zumeist allgemein und hat vor allem eine motivatorische Wirkung im Rahmen des gemeinschaftlichen Willensbildungsprozesses in der Stadt. Er ist Teil des Kommunikationsprozesses und dient, neben der "weichen Zielfunktion" als navigatorischer Stern am Horizont, vor allem der Schaffung von Kompromißbereitschaft und Gemeinschaftssinn. Durch die Diskussion einer allgemeinen Entwicklungsrichtung der Stadt kann eine grundlegende Konfrontation der Interessen und Ziele bei der späteren Abstimmung von Maßnahmenpaketen teilweise vermieden werden. Betrachtet man die Frage der Leitbildentwicklung im Stadtmarketing insgesamt, so wird deutlich, daß der stadtentwicklungspolitischen Zielsetzung im Rahmen des kollektiven Willensbildungsprozesses im wesentlichen eine kommunikative Funktion zukommt. Sie ist ebenso wie die Stärken-Schwächen-Analyse und Arbeitskreisarbeit Teil des Kommunikationsprozesses in der Stadt. Die Besonderheit des Leitbildes liegt dabei in der Schaffung von Konsens, Motivation und Engagement.

Die eigentliche Zielfindungsphase setzt in den meisten Stadtmarketingprojekten erst bei der konkreten Themenbearbeitung in Arbeitskreisen ein. Die segmentierten, thematischen Leitbilder der Arbeitskreisarbeit werden anschließend zu einem Gesamtkonzept zusammengeführt. Die Strategie der "Zielfindung durch Maßnahmenabwägung" ist ein wesentliches Element im Stadtmarketing. Stadtmarketing erarbeitet nicht deduktiv Zielvorstellungen für die Stadtentwicklung, sondern gelangt schrittweise über die Thematisierung von Stärken und Schwächen und die Diskussion möglicher Maßnahmenpakete in thematisch strukturierten Arbeitskreisen (Innenstadt oder Verkehr usw.) zu der Formulierung einer Zielvorstellung der Stadtentwicklung. Zielkonzepte der Stadtentwicklung sind im Stadtmarketing somit letztendlich Aktionsprogramme zur Veränderung der Standortstruktur.

Die Arbeitskreisarbeit wird von allen Stadtmarketingbetreibern als Kern der Kooperationstätigkeit bezeichnet. Hier werden öffentliche und private Akteure zusammengeführt und konkrete Maßnahmen der Stadtentwicklung entworfen. Die Durchführung der Arbeitskreise verläuft unterschiedlich (vgl. EBUS/MÜLLER 1992, S. 10ff). Der methodischen Auffächerung der Arbeitskreisarbeit durch Elemente der Zukunftswerkstatt, Methoden des Brainwritings oder Brainpools sind keine Grenzen gesetzt. Der Methodenpluralismus ist charakteristisch für Stadtmarketing. In Anpassung an die örtliche Problemstellung müssen im Rahmen der Gruppenkommunikation unterschiedliche Aspekte gewichtet und bearbeitet werden. Für Fragen der Kreativitätssteigerung, Systematisierung, Interessenvermittlung oder des Gemeinschaftserlebnisses müssen unterschiedliche Wege der Kommunikation angewendet werden. Jedes Kommunikationsinstrument (Metaplan oder Netzwerktechnik) bearbeitet spezifische Kommunikationsprobleme und führt zu bestimmten Ergebnissen. Zukünftig ist eine weitere methodische Differenzierung durch neue Experimente je nach kommunaler Bedarfssituation zu erwarten. Solche Kommunikationstechniken werden nicht nur aus der Unternehmensführung in den Bereich der Stadtentwicklungspolitik transferiert, sondern stammen ebenso aus der Pädagogik und Erwachsenenbildung (vgl. KLEBERT/SCHRADER/STRAUB 1987).

Parallel zur Arbeitskreisarbeit werden die entworfenen Maßnahmen auf ihre Realisierbarkeit hin überprüft. Die Vernetzung der nach Themenbereichen (Verkehr, Innenstadt, Kultur usw.) segmentierten Maßnahmenkonzepte findet im Anschluß daran statt. Hierfür werden die in den Arbeitskreisen bearbeiteten Themen auf ihre Kompatibilität hin überprüft. Zur Integration der breit gefächerten Projektideen werden unterschiedliche Wege beschritten. Während die Syntheseleistung zum Beispiel in Krefeld, Schweinfurt und Neu-Isenburg von der durchführenden privaten Beratungsgesellschaft erbracht wird und als fertiges Konzept vor Ort zur Diskussion präsentiert wird (vgl. MÜLLER 1992b), werden die Arbeitskreise in Mindelheim, Ried und Schwandorf in Form eines moderierten Workshop mit allen TeilnehmerInnen zusammengeführt.

Hieran wird erneut die Unterschiedlichkeit der Schwerpunkte im Stadtmarketing deutlich. Während manche Projekte sich eher als traditionelle Kommunalberatung mit neuen Mitteln definieren und pragmatische Wege gehen, wird das Schwergewicht andernorts auf den Versuch einer breiten lokalen Partizipationsstrategie und den Konsens der Interessengruppen gelegt.

Das Gesamtkonzept zur Stadtentwicklungspolitik stellt das Endprodukt im Stadtmarketing dar. Die Untergliederung des Konzeptes strukturiert sich zumeist in die Bereiche a) Problemstellung, b) Ziel und c) vorgeschlagene Maßnahmen. Die Umsetzung der Maßnahmen liegt zum überwiegenden Teil in den Händen der Gemeinde. Stadtmarketing zielt damit insgesamt auf den Entwurf umsetzungsfähiger Maßnahmen; es ist jedoch von der Phase der Maßnahmenumsetzung bisher noch weitgehend ausgeschlossen. Hierin liegt ein bedeutendes Problem. Das Verhältnis von politischen und "privaten" Akeuren im Stadtmarketing beinhaltet letztlich einen strukturellen Konflikt, der gesellschaftstheoretisch diskutiert werden muß (vgl. Kap. 7.2.2).

Bewertet man die vorliegenden Projekterfahrungen, so zeigt sich, daß die Unterschiedlichkeit der Methoden und Organisationsformen einen systematischen Stellenwert im Stadtmarketing hat. Die Suche nach einem Königsweg widerspricht dem Ansatz einer lokalen Politikdifferenz. Es gibt weder derzeit noch zukünftig ein allgemein anwendbares Modell. Stadtmarketing ist ein stadtentwicklungspolitischer Ansatz, der bei einer inhaltlichen Konvergenz der Zielrichtung strukturell auf methodische Vielfalt und organisatorische Differenz setzt. Es ist ein variables Politikmodell zur Förderung lokaler Varianz mit dem Anliegen einer umfassenden Steuerung. Während die Vorgehensweise in den bayerischen Modellprojekten weitgehend im Einklang mit den übrigen bundesrepublikanischen Erfahrungen steht, weist das Projekt Ried i. I. eine Besonderheit auf (vgl. Kap. 6). Es ist das bisher einzige Stadtmarketingprojekt, in dem eine "basisdemokratische" Partizipationsstrategie angestrebt wurde. Alle übrigen Stadtmarketingprojekte beziehen sich bei der Auswahl der zu beteiligenden KooperationspartnerInnen explizit auf den engen Kreis der "stadttragenden Akteure". Sie betreiben von vorneherein die Installation eines Politiknetzwerkes lokaler Eliten. Die Nebenrolle der Bürger und Bürgerinnen wird zwar beklagt (vgl. KEMMING 1991a, S. 11), jedoch geben sich die meisten Projekte mit der Durchführung eines funktionärsdemokratischen Verfahrens zufrieden - das allerdings auch im experimentaldemokratischen Projekt in Ried am

Ende (unfreiwillig) entsteht. Stadtmarketing ist damit zwar prinzipiell offen für eine breite Bürgerbeteiligung. Es hieße aber die Augen vor der Wirklichkeit zu verschließen, wollte man nicht erkennen, daß in der Regel eine exklusive Abstimmung der Eliten bei der Kommunikation über die Zukunft der Stadt verfolgt wird.

Stadtmarketing ist somit ein kollektiver Entscheidungsprozeß in der Stadt über Ziele und Maßnahmen der Stadtentwicklung. Es ist ein personales Politiknetzwerk lokaler Eliten, in dessen Mittelpunkt der Citymanager als Experte, Mittler, Koordinator und Moderator zwischen den Anspruchsgruppen fungiert. Alle Erfolgsfaktoren im Stadtmarketing zielen darauf ab, die materiellen, motivatorischen und zeitlichen Rahmenbedingungen für eine erfolgreiche Kommunikation in der Stadt zu schaffen. Die Voraussetzungen für das Gelingen des Kommunikationsansatzes in der Stadtentwicklungspolitik sind deshalb vor allem "weiche" Faktoren der Stimmung, des Kooperationsklimas und der politischen Kultur in der Stadt. Nur mit der "richtigen" korporativen politischen Kultur auf allen Seiten kann eine koordinierte Standortpolitik gelingen. Erfolg, organisatorische Struktur und methodischer Aufbau bestimmen sich im Stadtmarketing radikal von den Menschen her, die es durchführen wollen.

7.1.3   Chancen und Probleme der praktischen Durchführung

Da die Grundstrukturen im Stadtmarketing inzwischen einen relativ homogenen Standard erreicht haben, besteht auch in Bezug auf die Chancen und Probleme der praktischen Durchführung ein relativ großer Konsens. Stadtmarketing zehrt in seinen Chancen wesentlich von den Vorteilen einer gelungenen Gruppenkommunikation. Seine Grenzen und Probleme liegen ebenfalls in dem kollektiven Willensbildungsprozeß begründet. Stadtmarketing wird von den Gemeinden dabei eine besondere Tragfähigkeit in Bezug auf folgende Faktoren attestiert.

-       Die Vernetzung segmentierter Handlungsbereiche ist ein uraltes Anliegen der Stadtentwicklungsplanung. Der zentrale Ertrag einer Kommunikationspolitik in der Stadt gegenüber traditionellen Planungsmethoden liegt in einer integrierten Perspektive der Stadtentwicklung, die sich aus den Wahrnehmungs- und Bewertungsmustern der beteiligten Akteure speist. Damit ändern sich die Inhalte der Stadtentwicklungspolitik. Durch die Miteinbeziehung der Bedürfnisse der Akteure überwindet Stadtmarketing die engen Grenzen einer Stadtentwicklungsplanung als reiner Flächenpolitik. Während in der traditionellen Planung das System Stadt vor allem im Medium Raum thematisiert und das Allgemeinwohl durch den Ausgleich von Flächennutzungskonflikten hergestellt wird, ist der Gegenstandsbereich der Stadtsteuerung durch Stadtmarketing nicht auf Fragen der Flächenkonkurrenz oder Flächenverteilung beschränkt. Das Gesamtprodukt Stadt steht aus der Perspektive der Akteure als integrierter Möglichkeitsraum im Vordergrund. Es kann alles thematisiert und gestaltet werden, wofür sich ein Mentor findet (Frauenhäuser, Gewerbegebiete, Kunstaktionen usw.). Stadtmarketing ermöglicht von der inhaltlichen Gestaltungsdimension der Städte her deshalb eine neue Qualität des Städtischen.

- Während die traditionelle Planung eine Angebotsplanung für potentiell eintretende Bedarfsstrukturen erstellt, aber die Verwirklichung der Pläne unberücksichtigt läßt, wird durch Stadtmarketing die aktive Rolle der Stadt gestärkt. Es werden maßnahmen- und projektbezogene Ansätze verfolgt. Hierdurch erreichen die Kommunen ein qualitativ neues Niveau des Engagements als aktive Gestalterinnen in der Stadtentwicklung.

- Stadtmarketing bietet durch die Vernetzung der Akteursperspektiven und durch die systematische Einbindung lokaler Kompetenz die Chance einer lokal angepaßten, endogenen Entwicklungsstrategie. Stadtmarkting ist eine potentialorientierte Gestaltungsstrategie, die die lokale Kompetenz der Akteure zum Ausgangspunkt eines kreativen Prozesses nimmt.

- Durch die Vernetzung der Akteure, Perspektiven und Themen werden neue oder auch alte Ideen durchsetzungsfähig, weil das gegenseitige Verständnis und die Bildung unkonventioneller Allianzen in der Stadt (zum Beispiel Handel und Kultur) möglich werden.

- Durch die Beteiligung privater Akteure an Fragen der Stadtentwicklung werden neue Kräfte für diese freigesetzt. Menschliche, zeitliche, finanzielle und organisatorische Ressourcen werden mobilisiert.

- Aufgrund der Beteiligung privater Akteure am politischen Entscheidungsprozeß wird die Akzeptanz kommunalpolitischer Maßnahmen erhöht.

- Die Handlungs- und Maßnahmenorientierung bei der Bearbeitung von Problemen fördert eine Aufbruchstimmung in der Stadt.

- Die gemeinsame Arbeit an der Stadtentwicklung verändert die Diskussionskultur und die Konfliktverarbeitungsmodi in der Stadt. Eine konstruktive politische Kultur wirkt sich auch auf andere Bereiche aus.

Neben den vielgestaltigen Chancen entstehen durch Stadtmarketing ebenso neue Probleme. Nur wenn diese lösbar sind, hat der Ansatz Zukunft.

- An herausgehobener Stelle steht das problematische Verhältnis zwischen Stadtmarketing und Stadtpolitik. Die "Entmachtung" der Politik (im Sinne des bestehenden politischen Systems) durch Stadtmarketing ist unverkennbar. In nahezu allen Projektberichten wird (oftmals bemüht) betont, daß Stadtmarketing keinesfalls die Letztentscheidung der Politik über die tatsächliche Durchführung oder Ablehnung von Maßnahmen beeinflusse (vgl. HEI-MANN/JANSEN/WAGNER 1993, S. 19). Manche Experten ziehen bewußt eine Trennlinie zwischen der Entscheidungsvorbereitung durch Stadtmarketing und dem Entscheidungsvollzug durch Stadtrat und Stadtverwaltung (vgl. KELLER 1991a, S. 43). Die künstliche Sezierung des lokalen Entscheidungsprozesses ist jedoch eine Scheinlösung. Tatsächlich wird im Stadtmarketing ein Angriff auf die Entscheidungskompetenz der Politik vollzogen. Dies drückt sich nicht nur in den Motivstrukturen der privaten Akteure aus, die von den Beweggründen der Politikverdrossenheit und der Forderung nach verstärkter Partizipation getragen sind (vgl. Kap. 5 u. 6). Auch faktisch geht die verbleibende Entscheidungsfreiheit der Politik im Stadtmarketing gegen Null. Sie kann die realisierungsfähigen Stadtentwicklungskonzepte ignorieren, in der Umsetzung blockieren und für nichtig erklären. Die Folgen einer solchen Haltung für den nächsten Wahlausgang in der Gemeinde sind jedoch offensichtlich. Formale Entscheidungskompetenz und reale Entscheidungsfreiheit der Politik sind somit grundsätzlich zweierlei. Die Aufgaben der PolitikerInnen in der repräsentativen Demokratie werden durch die neue Rollenverteilung der Akteure zwischen privater und öffentlicher Hand im Stadtmarketing grundlegend berührt.

- Ein weiteres demokratietheoretisches Problem ist die Ausbildung eines exklusiven Kommunikationsnetzwerkes, das sich auf die

Beteiligung lokaler Eliten beschränkt. Selbst wenn Kreativitäts-
potentiale sowie eine aktive, handlungsorientierte Stadtentwicklungsstrategie mittels Stadtmarketing entworfen werden, muß
gefragt werden, inwieweit hierdurch "die" Interessen "der" Stadt
vertreten sind. Stadtmarketing schließt zwar niemanden aus; es
bindet aber auch niemanden repräsentativ-demokratisch ein. Wenn
weder der entmündigte Stadtrat noch die Eliten die Legitimität von
Stadtmarketing stützen, welchen (Stellen-)Wert haben dann die
neuartigen Stadtentwicklungskonzepte?

- Stadtmarketing tritt mit dem Anspruch an, die Passivität der
Stadtentwicklungsplanung durch eine handlungsorientierte Strategie
zu überwinden. Tatsächlich ist ein Umsetzungsmanagement bisher
noch nicht gelungen. Nach dem Entwurf des Maßnahmenprogramms beenden die Beratungsgesellschaften ihre Tätigkeit und
überlassen es dem Stadtrat, für die Verwirklichung der Pläne
Sorge zu tragen. Aus Sicht der privaten Firmen ist dies opportun.
Ihr Interesse an profitablen Projekten wird durch den zähen Prozeß
der Maßnahmenumsetzung konterkariert.[2] Den Gemeinden ist mit
solch einem Projektende nicht gedient. Der eigentliche Erfolg im
Stadtmarketing kann erst nach der Maßnahmenumsetzung beurteilt
werden; vorher ist für die Stadtentwicklung nichts erreicht.

- Stadtmarketing wird in seiner zeitlichen Dimensionierung als
mehrjährige Projektarbeit durchgeführt. Für die langfristige
Installierung von Stadtmarketing bestehen in der Praxis keinerlei
Beispiele. Wird Stadtentwicklungspolitik deshalb zukünftig
zyklisch betrieben werden? Oder ist Stadtmarketing eine kommunale Daueraufgabe, für deren langfristige Installierung der
Entwurf von Organisationsmodellen noch aussteht? Auch an dieser
Stelle ist eine Lösung des Problems im Interesse der Gemeinden
von seiten der privaten Beratungsagenturen keinesfalls zu erwarten.
Weder die parallele Betreuung vieler Gemeinden auf langfristig
finanziell niedrigem Niveau noch die Befähigung der Kommunen
zu einem Dauer-Stadtmarketing in Eigenregie liegen im Interesse

---

[2] Dabei muß berücksichtigt werden, daß die durchführenden privaten Firmen
die Durchführung von Stadtmarketingprojekten ohnehin schon als finanziell
weniger attraktive Tätigkeit betrachten. Die zeitintensive Einzelberatung im
Stadtmarketing und Anpassung an lokale Bedürfnisse ist wesentlich auf-
wendiger als die Durchführung standardisierter Gutachten zur Wirtschaft- oder
Einzelhandelsstruktur in den Städten.

der kommerziellen Berater. Stadtmarketing fördert damit den Trend zur Stadtentwicklung am "Beratungstropf". Die Abhängigkeit der Stadtentwicklungspolitik von der Tätigkeit privatwirtschaftlicher Firmen, die immer auch ihre eigenen (kommerziellen) Interessen verfolgen, ist ausgesprochen problematisch. Es wird zukünftig eine Weichenstellung stattfinden müssen, die darüber entscheidet, ob Stadtmarketing ein externes Politikberatungsmodell bleibt oder zu einer Reformierung der internen Organisations- und Handlungsstrukturen von Politik und Verwaltung führt.

- Der immens hohe Beratungsaufwand (Moderation, Koordination usw.) ist nicht für alle Gemeinden gleich gut finanzierbar. Stadtmarketing wird deshalb oftmals als Luxus betrachtet, den sich nur wohlhabende Städte leisten können und könnte zu einer Benachteiligung finanzschwacher Gemeinden führen.

- Als personale Vernetzungsstrategie stößt Stadtmarketing an quantitative Grenzen. Ein Arbeitskreis mit mehr als 12 bis 15 Leuten wird dysfunktional; mehr als sechs oder sieben Arbeitskreise sind kaum finanzierbar. Damit ist eine objektive Beteiligungsgrenze für den kollektiven Willensbildungsprozeß gegeben.

- Die Motivation der lokalen Akteure, sich am Stadtmarketing zu beteiligen, ist unterschiedlich. Während innerstädtische Einzelhändler sehr viel direkter einen Eigennutzen und damit Grund zur Beteiligung haben, ist die Partizipationbereitschaft von FreiberuflerInnen oder Industriellen geringer. Hierdurch entsteht eine Verzerrung der Beteiligungsbasis auch innerhalb der Wirtschaftsvertreter.

Bilanziert man die Chancen und Probleme im Stadtmarketing, so zeigt sich, daß die Innovation einer Kommunikationspolitik in der Stadt noch in den Kinderschuhen steckt. So hat sich erst in jüngster Zeit ein einheitliches Zielkonzept mit einer methodischen und organisatorischen Differenzierung herausgebildet. Sämtliche Chancen und Probleme im Stadtmarketing zeugen ebenso wie seine Entstehungshintergründe von dem pragmatischen Charakter dieser planungspolitischen Innovation. So strukturell die Probleme sind, die sich bei der Durchführung zum Beispiel in demokratietheoretischer Sicht ergeben, so leistungsfähig erscheint die Methodik einer ganzheitlichen Entwicklungsstrategie in der Stadt durch Kommunikation. Die Situation ist paradox: Faszination und Fehlerhaftigkeit reichen sich im Stadtmarketing gleichermaßen die Hand.

7.1.4 Anwendungsbereich

Trotz der aufgezeigten Probleme hat die Häufigkeit der Verwendung von Stadtmarketing als Kommunikationsansatz in der Stadtentwicklung in den letzten Jahren deutlich zugenommen. Da sich Inhalt und Verlauf flexibel je nach den lokalen Akteuren und Bedarfslagen richten, ist das Anwendungsspektrum dementsprechend vielfältig. Obwohl bisher eine Konzentration auf Städte kleinerer und mittlerer Größenordnung stattgefunden hat, ist ein Transfer auf großstädtische Zusammenhänge oder die regionale Ebene zwar diffizil, jedoch unter Umständen denkbar. Stadtmarketing mündet auch in Klein- und Mittelstädten letztlich in ein Kommunikationsnetzwerk lokaler Eliten. Bei kleinmaßstäblichen Dimensionen sind bei der Ausbildung eines funktionierenden Akteursnetzwerkes verschärfte Konflikte, eine größere thematische Breite sowie die geringere Vertrautheit der KooperationspartnerInnen zu erwarten. Hierdurch wird die Herstellung der Konflikt- und Konsensfähigkeit unter den Akteuren vor besondere Herausforderungen gestellt. Regionalmarketing als Funktionärsdemokratie mit anderen Handlungsfeldern und Konsensproblemen ist deshalb schwieriger als kommunales Marketing. Die inhaltliche und räumliche Reichweite der von den Akteuren vertretenen Interessen kann so stark divergieren, daß eine gemeinsame "Raumbildung" im Sinne der Bearbeitung eines gemeinsamen Handlungsfeldes, wie es beim Stadtmarketing gegeben ist, unmöglich erscheint. Der Auswahl und Reduktion des TeilnehmerInnenkreises auf einen exklusiven Elitenzirkel könnte deshalb eine entscheidende Bedeutung für die Funktionsfähigkeit des kommunikativen Steuerungsansatzes zukommen.

Berücksicht man die erschwerenden und limitierenden Faktoren, so ist eine Übertragung des Kommunikationsinstrumentes Stadtmarketing auf übergeordnete räumliche Zusammenhänge prinzipiell möglich, auch wenn die Durchführung eines kollektiven Willensbildungsprozesses wahrscheinlich weitaus komplexer und schwieriger auszubalancieren ist. In Großstädten müßten somit veränderte Organisationsstrukturen gefunden werden. Dies könnte zum Beispiel in Form eines Stadtteilmarketing geschehen, das schrittweise in ein gesamtstädtisches Entwicklungskonzept mündet. Andere Organisationsmodelle, die sich anhand thematischer Handlungsfelder strukturieren, sind ebenfalls denkbar. Für die regionale Ebene gilt ähnliches: Auch hier könnte schrittweise eine Integration der Akteursperspektiven von der örtlichen Ebene bis hin zum gesamtregionalen Maßstab erfolgen. Erfahrungen auf der regionalen Ebene liegen für den Raum Halle sowie die Thermenregion Unterer Inn vor (vgl. LETTNER/MURAUER 1991 u. 1992; MÜLLER 1992b, S. 15ff). Die Übertragung von Stadtmarketing in westdeutschen Gemeinden auf die Situation in den neuen Bundesländern ist ebenso möglich. Hier muß auf die Besonderheiten der gewachsenen politischen Kultur Rücksicht genommen werden. Erste Projekte sind schon begonnen und werden seit 1992 vom Freistaat Sachsen in Anlehnung an die bayerischen Pilot-projekte modellhaft in Bautzen, Delitzsch, Frankfurt/Oder und Oels-nitz/Erz. gefördert.

Die Tragfähigkeit und Ausgestaltung von Stadtmarketing differiert somit je nach räumlicher Maßstabsebene. Ob Stadtmarketing in den Gemeinden zukünftig verstärkt zum Einsatz kommen wird, hängt dabei nicht zuletzt von der Einstellung der Stadtspitze ab. In Zeiten knapper werdender öffentlicher Mittel könnte Stadtmarketing in den nächsten Jahren einerseits dem Rotstift zum Opfer fallen. Viele Gemeinden werden angesichts der Krise der kommunalen Haushalte ein nur geringes Interesse an neuartigen, kostspieligen Experimenten in der Stadtentwick-lungspolitik haben. Ein gegenteiliger Effekt ist aber ebenso denkbar. Gerade weil der Verteilungskampf zunimmt, wird die bewußte Auswahl des Mitteleinsatzes bedeutender. Mit Stadtmarketing könnte eine gesteigerte Effizienz stadtentwicklungspolitischer Investitionen erreicht werden. Es hängt also von der Einstellung der Gemeinde ab, ob sie unter den Bedingungen der Finanzkrise risikoscheu agiert und neuartige In-vestitionen vermeidet oder auf den Entwurf einer Ausgabenstrategie als strategisches Aktionsprogramm durch Stadtmarketing setzt. Stadt-marketing wird damit in den nächsten Jahren selektiv, in Abhängigkeit von der Prioritätensetzung in den Kommunen zum Einsatz kommen. Da es eine realistische Strategie zur Durchführung von attraktivitätssteigern-den Maßnahmen darstellt, können sich insbesondere die Erstanwender Startvorteile im Nullsummenspiel der Städte und Regionen verschaffen. Aus regionalentwicklungspolitischer Perspektive erscheint deshalb ein Aspekt besonders brisant: Stadtmarketing hilft denjenigen Gemeinden am meisten, die es am wenigsten nötig haben!

Stadtmarketing ist zwar ein flexibles Politikmodell. Die entscheidende Ausgangsvoraussetzung für eine erfolgreiche Durchführung ist jedoch das Vorhandensein einer kooperativen politischen Kultur. Diejenigen Städte und Regionen, die traditionell über ein konstruktives Kooperationsklima und aufgeschlossene EntscheidungsträgerInnen verfügen, können sich mit dem neuen Kooperationsinstrument weitere Standortvorteile im Rahmen

einer partnerschaftlichen Entwicklungspolitik verschaffen. "Zurückgeblie-
bene" Gebiete mit traditionellen Einstellungsmustern und Werthaltungen
werden nur geringe Erfolge mit diesem neuen Instrument erzielen
können. Die Polarisierung der Raumentwicklung in Gewinner und
Verlierer könnte deshalb durch Stadtmarketing verstärkt werden. Die
Beispiele Hamm oder Wuppertal zeigen zwar, daß eine kooperative
politische Kultur und innovatorische nicht immer mit den "modernen"
Standorten des postfordistischen Raumbildes übereinstimmen müssen.
Vielleicht verfügen manchmal sogar gerade traditionelle Gebiete über die
entsprechenden "weichen" Voraussetzungen in den politischen Entscheidungsstrukturen. Auch ist es denkbar, daß erst eine eintretende
regionale Krise wie zum Beispiel im Ruhrgebiet oder den norddeutschen
Küstenregionen als Auslöser zur Förderung kooperativer Handlungsformen in Stadt und Region dient. In jedem Fall aber wird der Faktor
politische Kultur zu einer neuen Scheidelinie, an der sich die Wege
zwischen prosperierenden und schrumpfenden Regionen trennen könnten.

Insgesamt ist angesichts des limitierenden Faktors "politische Kultur"
derzeit kaum damit zu rechnen, daß Stadtmarketing in ein regionales
Nullsummenspiel mündet. Solange nur wenige Gemeinden über die
geeigneten "weichen" Voraussetzungen verfügen, wird es vereinzelten
Standorten entscheidend zugute kommen. Inwieweit jedoch die lokalen
Positionierungsvorteile durch die ubiquitäre Anwendung des Kommunikationsinstrumentes zunichte gemacht werden, hängt nicht zuletzt
von der planungstheoretischen Einordnung ab. Fügt sich Stadtmarketing
in den strukturellen Erneuerungsbedarf einer postfordistischen Stadtentwicklungspolitik ein, so dürften die Wettbewerbsvorteile der Pionier-
städte rapide schrumpfen. Eine räumlich homogene Anwendung von
Stadtmarketing entspräche dann dem strukturell veränderten Handlungsbedarf eines sich neu formierenden gesellschaftlichen Entwicklungsmodells auf lokaler Ebene; wofür allerdings noch weitreichende
Lernerfahrungen im Bereich der politischen Kultur erforderlich wären.
Stadtmarketing würde zu einer conditio sine qua non räumlicher
Entwicklungspolitik. Bliebe es hingegen nach wie vor dem Charakter der
Freiwilligkeit verhaftet, so wäre es eine lokalpolitische Gestaltungs-
option, mit deren Wahl oder Nicht-Wahl individuelle Profilierungsvor-
teile auch zukünftig erarbeitet werden könnten. Der gesellschafts- und
planungstheoretischen Einordnung von Stadtmarketing kommt somit
entscheidende Bedeutung für die Beurteilung der Zukunftsperspektiven
einer kommunikativen Stadtentwicklungspolitik zu.

7.2 Stadtmarketing im gesellschaftstheoretischen Kontext

7.2.1 Regulationstheorie und lokaler Staat

Vergleicht man die empirische Wirklichkeit im Stadtmarketing mit den regulationstheoretischen Überlegungen zu einer lokalen Politik im Postfordismus, so ist es ebenso überraschend wie faszinierend zu sehen, wie sehr die theoretischen Annahmen mit den praktischen Erfahrungen übereinstimmen. Stadtmarketing scheint die wesentlichen Axiome der Regulationstheorie, des Ansatzes vom local state sowie den Grundzügen eines Raummodells im Postfordismus zu bestätigen (vgl. Kap. 2). Wenn Theorie und Empirie sich somit zu entsprechen scheinen, so ist für eine weitergehende Bewertung allerdings zu berücksichtigen, daß das regulationstheoretische Konzept derzeit sicherlich noch nicht ausgereift ist. So bleibt zum Beispiel fraglich, inwieweit sich die unter dem Begriff Postfordismus subsumierten Tendenzen tatsächlich in den nächsten Jahren umfassend durchsetzen werden, oder ob sich die gesellschaftliche Entwicklung nicht doch widersprüchlicher und weniger kohärent vollzieht, als es das homogene Denkmodell vom Postfordismus suggeriert (vgl. LIPIETZ 1991, S. 78). Wenn an dieser Stelle dennoch auf den Regulationsansatz zur theoretischen Einordnung von Stadtmarketing zurückgegriffen wird, so vor allem unter dem Blickwinkel, daß die Tragfähigkeit des regulationstheoretischen Konzeptes nicht zuletzt auf seinem heuristisch-deskriptiven Charakter fußt. Die unterschiedlichen bis gegensätzlichen empirischen Trends lassen sich als Interpretationsfolie relativ gut unter dem Begriff eines postfordistischen Entwicklungsmodells zusammenfassen. Ein solches Denkmodell als theoretisches Konstrukt hilft, die Widersprüchlichkeit und Neuartigkeit der politischen Innovation Stadtmarketing zu verstehen. Eingedenk der genannten Vorbehalte gegenüber der zukünftigen Gestalt "des" Postfordismus lassen sich folgende Übereinstimmungen zwischen der konzeptionellen Erwartungshaltung und den empirischen Erfahrungen feststellen.

Nach der Grundannahme der Regulationsschule ist ein historisches Entwicklungsmodell durch die Kohärenz von ökonomischen, politischen, sozialen und kulturellen Strukturen gekennzeichnet. Stadtentwicklungspolitik durch Stadtmarketing als Netzwerk lokaler Eliten fügt sich relativ gut ein in den gegenwärtigen gesellschaftlichen Kontext. So gewinnen auch in der Unternehmenspolitik Netzwerkansätze zur Förderung der

Innovationskraft der Betriebe seit einigen Jahren an Bedeutung (vgl. CAMAGNI 1991, S. 130). Je komplexer und schnellebiger die ökonomischen Prozesse werden, umso mehr wird die Ressource Information und deren Interpretation zu einer überlebensnotwendigen Wertschöpfungsquelle. Um in Zeiten großer Unsicherheit Fehlentscheidungen zu vermeiden, wird die Kooperation zwischen den Firmen wichtiger. Der Aufbau strategischer Allianzen zwischen den Firmen kann zur Herausbildung einer territorialen "network economy" führen (CHRISTENSEN et al. 1990, S. 11). Solche Netzwerke als Steuerungsstrategie umfassen in der Unternehmensführung die Bildung von territorialen Produktionskomplexen, in denen mittels intensiver Kommunikation zwischen den Betrieben die Probleme der Marktbeobachtung und Auswahl der richtigen Unternehmensstrategie in einem turbulenten Umfeld kooperativ bearbeitet werden sowie kreative Potentiale durch Synergieeffekte systematisch genutzt werden. Netzwerke sind somit auch in der Betriebswirtschaft ein wichtiges Instrument, um Entscheidungen durch die Bündelung kollektiver Kompetenz abzusichern (vgl. HEDLUND et al. 1990, S. 236).

Die Zusammenführung unterschiedlicher Akteure zwecks einer im Einzelinteresse stehenden Kooperation könnte eine neue hegemoniale Struktur im Postfordismus beschreiben. Das neue Organisationsmodell der Gesellschaft wird als "Heterarchie" bezeichnet. Entgegen den hierarchischen Entscheidungsstrukturen im Fordismus, wo in festgelegten Kompetenzbereichen und Entscheidungsbefugnissen sowohl ökonomisch als auch politisch agiert wurde, bildet sich im Stadtmarketing eine veränderte Form der Entscheidungsfindung heraus, die auf der Gleichstellung unterschiedlicher Akteure und partnerschaftlichen Kooperationsformen basiert. Netzwerke bieten flexibel angepaßte Organisationsstrukturen, in denen Initiative, Kreativität und Freiwilligkeit im Vordergrund stehen (vgl. BURMEISTER/KANZLER 1991, S. 9ff). Ziel der neuartigen, enthierarchisierten Kooperation ist dabei - ob in Wirtschaft oder Politik - stets die effizientere Verfolgung von Individualinteressen. Stadtmarketing ist damit anschlußfähig an modernisierte Organsationsformen in der Wirtschaft. Der Vorstellung, wonach das zentrale Kriterium für die Funktionsfähigkeit eines historischen Entwicklungsmodells die Kohärenz der unterschiedlichen Teilbereiche ist (Politik, Wirtschaft usw.), wird durch Stadtmarketing entsprochen. Die Herausbildung einer neuen hegemonialen Struktur wird anhand des Vergleichs betriebswirtschaftlicher Innovationen und politischer Neuerungen (Stadtmarketing) in Grundzügen deutlich.

Auch die staatstheoretischen Überlegungen zu einer lokalen Politik im Postfordismus spiegeln sich im Stadtmarketing relativ kongruent wider. Nach den theoretischen Annahmen war die Herausbildung eines dezentralen Korporatismus zu erwarten, der durch die Beteiligung privater Akteure an der Politikformulierung und die selektive Befriedigung privilegierter Interessen charakterisiert ist. Dem segmentären Politikmodus - mit all seinen Licht- und Schattenseiten - entspricht Stadtmarketing. Das neu geschaffene Elitennetzwerk in der Stadt, das unter Anleitung eines Citymanagers als Moderator selektiv artikulierte Interessen bedient, verwischt die Grenzen zwischen öffentlicher und privater Sphäre. Öffentliche Politik wird in den intermediären Bereich korporatistischer Aushandlungssysteme verlagert. Der bedrohliche Trend zur Zwei-Drittel-Gesellschaft, in der die sozial Schwächeren ökonomisch an den Rand gedrängt werden, findet in einer Politik der selektiven Privilegierung seine Entsprechung.

Nach den Annahmen der Theorie vom lokalen Staat war zudem zu erwarten, daß die lokalen Eliten, ihre örtlichen Kräfteverhältnisse und Interessenkoalitionen, entscheidend Einfluß nehmen würden auf das Profil der jeweiligen Kommunalpolitik. Die zentrale Bedeutung der Artikulationsfähigkeit der Eliten kommt auch im Stadtmarketing als akteursgebundenem Ansatz klar zum Vorschein. Projektinhalt und -verlauf vollziehen sich stets in Anpassung an lokal artikulierte, durchsetzungsfähige Interessen. Dementsprechend stützt Stadtmarketing die These, wonach das Vorhandensein eines "local state" die Möglichkeit der "local choice" enthält. Die aktive Rolle des lokalen Staates und deren akteursabhängige Gestaltung wird durch Stadtmarketing in Reinform repräsentiert. Stadtmarketing entspricht dem "Typus politischer Maßanfertigung" (MAYER 1990, S. 199), der auf lokalstaatlicher Ebene zu erwarten war. Indem es gleichzeitig neue Formen der Politikformulierung einführt, trägt es als lokaler Staat zu einer Neuformierung des gesamtnationalen Staatsverständnisses bei (vgl. GOODWIN/DUNCAN/HALFORD 1993, S. 69).

Auch in den Inhalten lokaler Politik findet - nach den Annahmen zur Geographie des Postfordismus - ein gravierender Wandel statt. Mit der Zunahme der Raumüberbrückungsfähigkeit (footloose industries) und dem "Fallen" räumlicher Grenzen steigt die Bedeutung dessen, was sich "in" den Räumen befindet (vgl. Kap. 2.2). Lokale Besonderheiten, Raumqualitäten und Symbole als Repräsentationen von Lebensstilen werden wichtiger. Hier setzt Stadtmarketing ebenfalls zentral an. Die Wahrnehmungsmuster, Problemeinschätzungen und Bedürfnisse der lokalen Akteure werden im Stadtmarketing deutlich in den Mittelpunkt gestellt. Mit der Betonung von Akteursperspektiven anstelle von Flächennutzungskonflikten und der Maßnahmenbezogenheit der Leitbilder und Programme tritt der Ereignischarakter und Handlungsbezug der kommunalen Entwicklungsstrategien in den Vordergrund. Lokale Besonderheiten werden durch die Beteiligung der Akteure und die systematische Verwertung ihres Lokalwissens gefördert. Die Individualität von Stadtmarketing als Instrument lokaler Politikvarianz verspricht in Verbindung mit der Akteursbezogenheit eine postfordistische Politikgestaltung, die sich von ihren Inhalten her zentral auf lokale Besonderheiten und Repräsentationen von Lebensstilen stützt.

Auch wenn in den Sozialwissenschaften stets Vorsicht geboten ist, wenn es um die "Bestätigung" von Theorien durch empirische Erfahrungen oder die Bewertung praktischer Innovationen anhand theoretischer Vorgaben geht, so bieten die Parallelen zwischen Regulationstheorie und Stadtmarketing doch genügend Argumente, um die These zu vertreten, daß mit Stadtmarketing ein neues Modell einer zukünftigen Stadtentwicklungspolitik durch Kommunikationsnetzwerke zwischen lokalen Eliten vorliegt. Stadtmarketing ist - nach der theoretischen Reflexion und Bewertung der praktischen Erfahrungen - Keim einer sich neu formierenden lokalen Entwicklungspolitik "nach dem Fordismus". Es ist ein praktisches Experiment, das einen Beitrag leistet bei der Suche nach Formen postfordistischer Regulierung. Die Vermutung liegt nahe, daß Stadtmarketing zwar noch methodische und organisatorische Veränderungen im Laufe seiner weiteren Entwicklung und Ausdifferenzierung erfahren wird; der grundsätzliche Politikmodus ist jedoch strukturell erkennbar.

Damit könnte mit Stadtmarketing etwas gelingen, das angesichts der Ungleichzeitigkeit gesellschaftlicher Dynamik gegenwärtig dringend geboten ist: Die Ausformulierung einer politischen Innovation, die den vorauseilenden Neuerungen in der Wirtschaft eine angemessene Form der politischen Regulierung gegenüberstellt. Die Unfähigkeit der Politik, auf den veränderten Handlungsbedarf im Postfordismus zu reagieren, während die Wirtschaft mit einem gehörigen Innovationsvorsprung zunehmend rahmensetzend wirkt, schien das zentrale Problem der gegenwärtigen Umstrukturierung. Mit Stadtmarketing begibt sich die Politik zumindest auf den Weg, originär politische Neuerungen - fernab von dem simplen Transfer betriebswirtschaftlicher Marketingansätze - für ein verändertes gesellschaftliches Entwicklungsmodell zu leisten. Das Problem der Ungleichzeitigkeit scheint damit in Ansätzen gelöst. An seiner Stelle entsteht eine neue gravierende Problematik.

Entsprechend den regulationstheoretischen Annahmen war zwar zu erwarten, daß eine Neuformierung der Politikinhalte und -strukturen eine Neuordnung des Verhältnisses von Politik, Gesellschaft und planender Verwaltung impliziert. Dennoch ist der Charakter der politischen Neuformierung überraschend: Mit Stadtmarketing findet eine Neuinterpretation politischen Handelns statt, die eine Entmachtung der Politik und Erosion ihrer Stellung in der Gesellschaft bedeutet. Das Paradoxon der "politischen Innovation qua Zerstörung des politischen Establishments" kennzeichnet einen zentralen Wesenszug im Stadtmarketing. Mit der selektiven Privilegierung lokaler Eliten und der Verlagerung der Politikformulierung in intermediäre Gremien ist der Autoritätsverfall staatlichen Handels vorgezeichnet. Obwohl mit Stadtmarketing ein gesellschaftlich kohärentes Steuerungsmodell vorliegt, ist deshalb die Zukunftsfähigkeit dieser Steuerungsstrategie fraglich. Werden oder sollen die KommunalpolitikerInnen einem strategischen Steuerungsinstrument zum Einsatz verhelfen, das ihre Rolle als souveräne Entscheider in den Gemeinden untermininiert? Ist die Weiterentwicklung von Stadtmarketing - so begeistert sie auch von den PraktikerInnen als tragfähig beschrieben und mit Engagement durchgeführt wird - überhaupt wünschenswert? Geht nicht trotz der Mobilisierung endogener Potentiale der systematische Anspruch der Stadtentwicklungsplanung auf Integration und Koordination durch das radikal gemeindeindividuelle und akteursbezogene Vorgehen im Stadtmarketing verloren? Können wir uns eine Stadtentwicklungspolitik durch Elitennetzwerke leisten?

7.2.2   Intermediarität und staatliche Entstaatlichung

Die Fragen nach dem Verhältnis von Politik und privaten Akteuren sowie der Bedeutung von Elitennetzwerken als Form gesellschaftlicher Steuerung berühren einen Kernbereich der gegenwärtigen gesellschafts- und staatstheoretischen Debatte. Was in der Regulationstheorie als postfordistisches Entwicklungsmodell und dezentraler Korporatismus relativ unbeteiligt als empirischer Trend diagnostiziert wird, ist andernorts heiß umkämpftes Terrain bei der Suche nach einer angemessenen

Selbstbeschreibung des Status-quo-Zustandes fortgeschrittener Industrie-gesellschaften.

Die Einschätzung der Legitimität staatlicher Politik durch Akteurs-netzwerke ist in zwei Lager gespalten. Während eine Gruppe von GesellschaftstheoretikerInnen den Funktionsverlust offizieller Politik und deren Ersatz durch intermediäre Verhandlungssysteme als Ausverkauf der repräsentativen Demokratie und Ende wohlfahrtsstaatlichen Handelns deutet, vertreten andere AnalytikerInnen die nüchterne Position einer gesellschaftlich notwendigen, zwangsläufigen "Entmachtung" der Politik. Die Entscheidung für eine der beiden Positionen hat wesentlichen Einfluß darauf, ob Stadtmarketing als gefährliches, demokratietheoretisch zurückzuweisendes Modell städtischer Steuerung bewertet werden muß, das praktisch effizient aber konzeptionell unhaltbar ist, oder aber ein grundsätzlich neues Rollenverhältnis zwischen Politik, Verwaltung und privaten Akteuren nur auf kommunaler Ebene vorwegnimmt, das mittelfristig auch in anderen Politikbereichen Schule machen wird. Der Unterschied zwischen den beiden Positionen liegt weniger in der Analyse derzeitiger Schwachpunkte staatlicher Steuerung als vielmehr in der grundsätzlichen Überzeugung und Beschreibung der Grundstrukturen, "wie Gesellschaft funktioniert".

Gemeinsamer Ausgangspunkt der unterschiedlichen Bewertungen ist die Fragilität jedweden demokratietheoretischen Konzeptes. Der Staat ist zwar notwendig, um Funktionsbereiche der Gesellschaft, die von keiner partikularen Interessengruppe vertreten werden, im Sinne des Gemein-wohls zu realisieren (vgl. ZÖPEL 1991, S. 100). Er verfolgt die Notwendigkeit eines gemeinsam akzeptierbaren status vivendi für alle Interessengruppen (vgl. OFFE 1987, S. 309). Allerdings gibt es keine befriedigende Demokratievorstellung, die sowohl dem Bedarf der Steuerbarkeit der Gesellschaft als auch der demokratischen Legitimität von Entscheidungen genügt (vgl. JOSCZOK 1989, S. 3). Sämtliche Konstrukte (repräsentative Demokratie, konstitutionelle Monarchie usw.) sind Annäherungen an ein befriedigendes Modell. Innerhalb der Staats-und GesellschaftstheoretikerInnen herrscht dabei gegenwärtig eine Konvergenz hinsichtlich der Kritik an dem bestehenden Modell des modernen Staates. Es wird in Frage gestellt, ob der Staat überhaupt als gesamtgesellschaftliche Steuerungszentrale fungieren kann.

Die "Staatsskepsis" ist in Deutschland besonders ausgeprägt, weil die nationalen Traditionen der Denkfigur eines starken, väterlichen Staates besonders stark verpflichtet sind. Politik wurde in Deutschland immer

210

"unitarisch, majoritär und hierarchisch" gedacht (SCHARPF 1992, S. 11). Die hegelianische Denktradition habe die Vorstellung von der Einheit des Volkes befördert, die im Staat repräsentiert wird (vgl. WINDHOFF-HÉRETIER 1993, S. 104). Diese Vorstellung "bezieht Plausibilität allein aus der Unterstellung, daß die Gesellschaft insgesamt als eine Assoziation im Großen vorgestellt werden kann" (HABERMAS 1989, S. 472). Es sei jedoch ein "Geburtsfehler der 'jakobinischen' Demokratiekonzeption" (EVERS 1991, S. 222), den Staat als Souverän über allen Interessengruppen zu denken. Der Staat sei weder machtfrei noch souverän, sondern längst zu einem eigenen, interessenbehafteten Subsystem der Gesellschaft geworden (vgl. HABERMAS 1989, S. 472). Er verfügt nicht über eine gesamtgesellschaftliche Rationalität und kann dementsprechend auch keine Entscheidungen im Sinn des Allgemeinwohls treffen (vgl. OFFE 1987, S. 311). Die typisch deutsche, idealistische Überhöhung des Staates als "ideeller Gesamtkapitalist" (OFFE 1973, S. 206) widerspricht der Realität. Tatsächlich verschleiert die Chimäre vom souveränen Staat nur den realen Kern der repräsentativen Demokratie im Sinn einer "wohlmeinenden Diktatur" (SCHARPF 1992, S. 16), im Rahmen derer die politischen Funktionäre individuelle Interessen verfolgen.

Den BewohnerInnen eines souveränen Staates wird im Rahmen einer solchen Politikdefinition politische Schizophrenie zugemutet. Die Vorstellung eines zentralen, omnipotenten Staates beruht auf dem Konstrukt eines "gespaltenen Bürgers" (BECK 1986, S. 301). Während der Bürger als Citoyen in regelmäßigen Abständen sein Wahlrecht wahrnimmt und als politisch mündig gilt, wird seine Rolle in den Interimsperioden zwischen den Urnengängen auf die eines Bourgeois reduziert, der nur privat agiert. Politik und Nicht-Politik sind strikt getrennt. Die halbierte Demokratie gibt den politischen Entscheidungs-trägern durch die rigide Unterscheidung zwischen politischem und privatem Bereich den Status eines "Monarchen auf Zeit".

Das skizzierte Politikverständnis ist eine nationale Besonderheit Deutsch-lands. Die Staatsdefinition als exklusivem Zentrum politischer Ent-scheidungen ist zwar noch in Frankreich vorfindbar, sie wird jedoch schon jenseits des Ärmelkanals nicht mehr geteilt. Die Idee eines einheitlichen Staates ist den angelsächsischen Ländern grundsätzlich fremd. Die Repräsentanz des Volkes im Staat, deduktive Entscheidungen, die Auslegung zentraler Normen (Römisches Recht) und die politische Willensbildung über Parteien sind deutsche Besonderheiten, die als gesellschaftliche Denkfigur in das Prinzip der "Staatsgesellschaft" münden (WINDHOFF-HÉRITIER 1993, S. 105). Demgegenüber sind Großbritannien und die USA in ihren Politik- und Staatsvorstellungen stärker personenorientiert; sie gestehen dem Staat nur eine begrenzte Repräsentations- und Entscheidungsfunktion zu. Öffentliche und private Sphäre werden weniger strikt getrennt und münden in das Prinzip der "Zivilgesellschaft". Deutschen Staatsvorstellungen liegt damit im internationalen Vergleich per se eine autoritäre Komponente zugrunde, deren "Fiktion der Einheit des Staates (..) seit langem obsolet" ist (FÜRST 1992, S. 5).

Ob Stadtmarketing eine demokratietheoretische Gefahr darstellt, hängt von der Stellung des Staates in der Gesellschaft ab. Folgt man der rigiden Trennung von politischer und privater Sphäre, so ist Stadtmarketing eine illegitime Vermischung öffentlicher und privater Handlungsformen. Andernfalls, wie etwa im angloamerikanischen Sprachraum, gelten Interventionen privater Akteure in politische Entscheidungsprozesse als Normalität und notwendiger Schutz der Zivilgesellschaft vor den Übergriffen des Staates (vgl. BAUER 1991, S. 217). Auch wenn die Politikvorstellungen im englischsprachigen Raum eine verlockende Interpretationsfolie für die Legitimation von Stadtmarketing bieten, so ist eine unreflektierte Übertragung angloamerikanischer Modelle auf deutsche Verhältnisse wenig hilfreich. Nationalspezifische Arrangements, Wertmaßstäbe und Rollenzuweisungen zwischen öffentlicher und privater Sphäre können nicht transferiert werden wie Kapital- oder Warenströme auf dem Weltmarkt. In einer spezifisch deutschen Debatte werden deshalb der Autoritätsverfall des Zentralstaates und Lösungswege aus der Staatskrise vor dem Hintergrund nationaler Traditionen diskutiert. Dabei wird die These vom Staatsversagen mehrfach untermauert. Neben dem strukturellen Problem der Stellung des Staates in der Gesellschaft wird die zunehmende Regelungsdichte des bürokratischen Staates kritisiert; seine "paralysierende Binnenkomplexität" münde in die Handlungsunfähigkeit der Politik (OFFE 1987, S. 312). Fokus der Debatte zum Staatsverfall ist dabei - neben der Finanzkrise des Sozialstaates - vor allem die Problematik des Steuerungsversagens, die sich aus der dreifachen Problemstellung der mangelnden Souveränität des Staates, der bürokratischen Regelungsdichte und der schwindenden Akzeptanz politischer Entscheidungen speist (vgl. MAYNTZ 1987, S. 89f).

Das Steuerungsversagen des Staates stellt ein gesamtgesellschaftliches Problem dar. In modernen Industriegesellschaften potenziert sich der

Steuerungsbedarf zwischen den Teilbereichen der Gesellschaft, je größer die Ausdifferenziertheit und Komplexität der Gesellschaft ist (vgl. SCHARPF 1987, S. 117; MÜNCH 1991, S. 19). Um die Widersprüche zwischen den unterschiedlichen gesellschaftlichen Funktionsbereichen aufzufangen, steigt der Vermittlungs- und Integrationsbedarf in der entwickelten Moderne. Da der Staat jedoch in seiner Funktion als politische Steuerungszentrale zunehmend erodiert, bildet sich ein steuerungspolitisches Vakuum heraus. Es entsteht das Desiderat nach veränderten Abstimmungsmechanismen, die die notwendigen Funktionen der Kollektivinteressenvertretung im Rahmen der "Koordinations- und Kompatibilitätsprobleme" wahrnehmen (vgl. OFFE 1986, S. 149). Der Verlust des Steuerungszentrums bei gleichzeitig erhöhtem Steuerungs- und Koordinationsbedarf führt deshalb zu der Herausbildung dezentraler, intermediärer Verhandlungssysteme.

Stadtmarketing ist nur ein Beispiel dafür, wie informelle Arenen, Foren und Verbundsysteme privater Akteure zunehmend hoheitliche Funktionen an sich ziehen. In Wirtschafts-, Berufs- und Wohlfahrtsverbänden oder Gewerkschaften werden gemeinschaftliche Kompromisse hergestellt, die die offizielle Politik ex post als Lösungsmuster sanktioniert. Die neuen Verbundsysteme zwischen öffentlichen und privaten oder auch nur privaten Akteuren werden als Neokorporatismus bezeichnet. Dieses informelle Auffangen formeller Abstimmungsdefizite ist zwar schon in den 70er Jahren unter dem Stichwort "Politikverflechtung" diskutiert worden. Die "Inkongruenz zwischen Problemzusammenhängen und Handlungsräumen" hat auch im bürokratischen, zentralistischen Steuerungssystem eine lange Tradition und zunehmend runde Tische als Komplementärstrukturen erforderlich gemacht (SCHARPF/REI-SSERT/SCHNABEL 1976, S. 22f). Während die informelle Politikverflechtung in fordistischen Zeiten jedoch im Hintergrund stattfand und nur selten wie zum Beispiel im Fall der Konzertierten Aktion offiziös werden durfte, stellen die neuen Politikmodi "nach dem Zentralstaat" solche weichen Abstimmungsprozesse direkter in den Vordergrund. Im Gegensatz zum "alten" Korporatismus "von oben", der sich aus dem traditionellen Verhandlungsdreieck von Staat, Unternehmern und Gewerkschaften zusammensetzte, bilden sich dezentral flexible Abstimmungsgremien heraus, die die Koordination gesellschaftlicher Teilbereiche anhand eines "von unten" definierten Bedarfs leisten (vgl. ESSER/HIRSCH 1987, S. 36). Der Verlust des einheitlichen Steuerungszentrums führt zu einer zentrifugalen Verteilung von Macht (vgl. FÜRST 1992, S. 5).

Während Staatskritiker, Gesellschaftstheoretiker und Verwaltungswissenschaftlerinnen bis zu diesem Punkt der Analyse vom "Staatsversagen" weitgehend übereinstimmen und das Konzept des Neokorporatismus bzw. der Intermediarität als neuer Form politischer Konfliktbearbeitung diskutieren, polarisieren sich die theoretischen Positionen, wenn es um die Bewertung der Entwicklungschancen einer veränderten staatlichen Steuerung geht. Warum Stadtmarketing als intermediäres Verhandlungssystem entsteht, ist plausibel; ob es aber unterstützenswert ist, wird zum Gegenstand eines theoretischen bzw. ideologischen Disputs. Es bestehen drei Argumentationen, die letztlich gemeinsam in die Befürwortung intermediärer Verhandlungssysteme als neuer Steuerungsform münden. R. Münch betont in dem Entwurf einer Theorie der "Kommunikationsgesellschaft" (1991), daß sich im Zuge der Komplexitätssteigerung der Gesellschaft die Grenzen zwischen den einzelnen Subsystemen (Politik, Kultur, Wirtschaft) immer mehr auflösen würden und zu einer Interpenetration der gesellschaftlichen Teilbereiche führen (vgl. MÜNCH 1991, S. 137). Die zukünftige Gesellschaftsentwicklung werde von der Entfaltung der Diskurse über die Systemgrenzen hinweg bestimmt. Dementsprechend gewinnt der Aufbau vermittelnder Instanzen an Bedeutung. Hierdurch würde die Politik nach und nach entmachtet und eine umfassende Politisierung der Gesellschaft stattfinden (a.a.O., S. 265). Im Sinne eines erweiterten Demokratieverständnisses wird die Dynamik der gesellschaftlichen Entwicklung durch die Tendenzen der Vernetzung, Kommunikation, des Aushandelns und der Kompromißbildung geprägt. Als empirisches Vorbild dient Münch das amerikanische Modell der Politikgestaltung. "Der größere Teil des politischen Geschehens verlagert sich aus den Parlamenten, Regierungen und Verwaltungen heraus und in den Zusammenhang der Gewährung und Sicherung von Unterstützung und Kooperation hinein" (a.a.O., S. 277). Stadtmarketing wäre somit Teil des Wandels von der Industrie- zur Kommunikationsgesellschaft.

Eine zweite Befürwortung außerpolitischer Entscheidungsnetzwerke wird von C. Lutz (1986) ebenfalls unter dem Stichwort der "Kommunikationsgesellschaft" konzeptionalisiert. In der derzeitigen Gesellschaftsentwicklung sei der Trend zum Informationszeitalter unübersehbar. Um nicht in der Informationsflut zu ersticken, wird die Verwertung von Information durch Kommunikation bedeutender (LUTZ 1986, S. 47). Kommunikation und Koordination seien eine wesentliche Wertschöpfungsquelle und stellen als "Qualität menschlichen Zusammenwirkens das zukunftsentscheidende Kapital" dar (a.a.O, S. 74). Dialog wäre demnach ein gesellschaftlicher Megatrend und Paradigma der zukünftigen Gesellschaftsentwicklung (vgl. LUTZ 1992, S. 4). Die Installierung von prozeßhaften Netzwerken, die in selbstorganisierten Abstimmungsprozessen zwischen Akteuren strategische Steuerungsentscheidungen treffen, sind nach Lutz in Wirtschaft und Politik gleichermaßen notwendiges Element der Kommunikationsgesellschaft.

Im Gefolge systemtheoretischer Überlegungen vertritt eine dritte Gruppe der Gesellschaftstheoretiker ebenfalls die Position, der Autoritätsverfall des Staates sei zwangsläufig und unaufhaltsam. Die Verarbeitung von Komplexität sei das Grundproblem moderner Gesellschaften, die im Gegensatz zu prä-modernen Gesellschaften durch funktionale Differenzierung geprägt sind. Die funktionale Differenzierung der arbeitsteiligen Gesellschaft der Moderne ist "die Katastrophe der Neuzeit" (LUHMANN 1987, S. 19), denn jedes Subsystem (Politik, Wirtschaft usw.) gibt der eigenen Funktion das Primat und handelt selbstreferentiell, autopoietisch. Es funktioniert nach seiner eigenen Logik und ist durch nichts zu beeinflussen. Auch das politische System, das sich aus Politik und Verwaltung zusammensetzt (vgl. LUHMANN 1971, S. 66), ist nur ein selbstregulatives System "der Machtanwendung, indem alle Macht auf Macht angewandt wird und selbst der Machtanwendung unterliegt" (LUHMANN 1987, S. 87). Das Folgeproblem der organisierten Komplexität moderner Gesellschaften ist die Auseinanderentwicklung der gesellschaftlichen Subsysteme. Da mit der zunehmenden Unabhängigkeit der Subsysteme voneinander (Independenz) auch die Abhängigkeit zwischen den Systemen steigt (Interdependenz), erhöht sich die gesellschaftlich notwendige Kommunikationsdichte zwischen den Teilbereichen. Die Politik kann als ein partikulares Subsystem unter vielen den Interessenausgleich nicht leisten. In einer polyzentrischen Gesellschaft ist jeder Versuch der zentralen Steuerung durch das Subsystem Politik obsolet (vgl. WILLKE 1987c). Es gibt keine hierarchische Spitze der Gesellschaft. Veränderungen in anderen gesellschaftlichen Bereichen können deshalb nur die "Form der Anregung und Motivierung zur Selbständerung annehmen" (WILLKE 1989, S. 44). Notwendig sind Foren "funktionaler Repräsentation" (WEBER 1987, S. 119), innerhalb derer die Subsysteme in einem "prinzipiell gleichgeordneten Netzwerk partieller autonomer, d. h. zugleich eigenständiger und interdependenter

Akteure" miteinander im Diskurs verhandeln (WILLKE 1989, S. 50). Die wechselseitige Abstimmung der Akteure in intermediären Institutionen ist nach den systemtheoretischen Annahmen die einzige Möglichkeit, zu "gesellschaftlichen" Koordinierungsleistungen zu gelangen. Steuerung in modernen Gesellschaften kann immer nur "dezentrale Kontextsteuerung" sein (WILLKE 1987a, S. 6). Die Form der Steuerung durch intermediäre Systeme stellt jenseits der vereinfachten Gegenüberstellung von Staat und Markt eine dritte "Option gesellschaftlicher Steuerung durch Selbstregulation" dar (WEBER 1987, S. 117). Sie bedeutet eine Rückverlegung politischer Potenz in die Gesellschaft (vgl. WILLKE 1987b; JOSCZOK 1989, S. 390).

Den drei Positionen zur Steuerung der Gesellschaft in Form intermediärer Verhandlungssysteme steht als schärfster Kritiker der Modernisierungstheoretiker J. Habermas gegenüber. Zwar diagnostiziert auch er den "Paradigmenwechsel von der Arbeits- zur Kommunikationsgesellschaft" (HABERMAS 1985, S. 161). Jedoch sieht er in der Verlagerung normativer, originär politischer Kompetenzen in neokorporatistische Gremien einen Vertrauensbruch an den Prinzipien der Aufklärung. Die Hoffnung auf eine Selbststeuerung der gesellschaftlichen Teilbereiche, die freiwillig zu kooperativen Arrangements gelangen, basiere auf einer unhaltbaren Harmonievorstellung der Gesellschaft. Die Erreichung eines Gleichgewichtszustandes durch den Automatismus der dezentralen Kontextsteuerung und eine Ko-Evolution der Subsysteme sei riskant, fragil und deshalb unwahrscheinlich. Tatsächlich dienten die neokorporativen Grauzonen allein dazu, selektive Interessen der WirtschaftsvertreterInnen effektiver zu transportieren und Verfassungsnormen zu deomintieren. Die gleichmäßige Berücksichtigung der jeweils berührten Interessen werde in Verhandlungssystemen systematisch untergraben. Statt dessen verschiebe sich die politische Entscheidungsfindung in den Bereich der Lobby- und Klientelpolitik, sie degradiert zu zweckrationalen Machtstrategien. Habermas setzt in seiner Theorie des kommunikativen Handelns (1991) zwar ebenso wie die SystemtheoretikerInnen auf Kommunikation und Dialog als zentraler Ressource gesellschaftlicher Entwicklung, jedoch geht es ihm um die Diskussions- und Handlungsfähigkeit basisnaher, lebensweltlicher Organisationen und Interessen, die er vermehrt zum "selbstorganisierten Gebrauch von Kommunikationsmedien" anstiften will (HABERMAS 1985, S. 160).

Betrachtet man die bestehenden Positionen, so steht der Versuch einer gesellschaftstheoretischen Bewertung von Stadtmarketing vor einem

Dilemma. Mit der Wahl der Gesellschaftstheorie wird die Bewertung von Stadtmarketing präjudiziert. Stadtmarketing kann entweder als Zukunftsmodell einer intermediären Steuerung in der enthierarchisierten Moderne aufgefaßt werden, oder aber des Ausverkaufs demokratischer Werte und verfassungskonformer Steuerungsformen bezichtigt werden. Die theoretische Hilflosigkeit bei der Bewertung des Neokorporatismus ist auch unter Staatswissenschaftlern weit verbreitet. Sie diagnostizieren eher additiv denn systematisch die Veränderung der Staatstätigkeit von der hoheitlichen zur korporatistischen Steuerung, von zentraler Weisung zu dezentraler Koordination und "von der regulativen Steuerung zur partnerschaftlichen Übereinkunft" (NASSMACHER 1991, S. 212f). Der Staat würde sich vom Leistungsstaat zunehmend in Richtung eines Steuerungs- und Ordnungsstaates entwickeln, der Orientierungs-, Organisations- und Vermittlungsfunktion habe (vgl. HESSE 1987b, S. 69ff). Allerdings enthalten sich die Staatstheoretiker einer abschließenden Beurteilung. Sie stellen den empirischen Wandel in Richtung "Partizipativ-kooperativer Politikmodelle" zumeist nur fest, ohne ihn zu bewerten (HESSE 1987a, S. 73). Einwände gegen intermediäre Verhandlungssysteme werden ebenso wie die Notwendigkeit eines kooperativen Staatsverhaltens thematisiert (vgl. FÜRST 1992). Aus staatswissenschaftlicher Sicht ergebe sich derzeit ein "Problemstau" durch den Verzicht auf institutionelle Reformen, die eine Jahrhundertaufgabe seien und in die eine oder andere Richtung zwingend notwendig wären (SCHARPF 1987, S. 113). Die Auswahl der Richtung wird jedoch weitgehend offen gelassen.

Das Ergebnis der gesellschaftstheoretischen Diskussion von Stadtmarketing ist somit zwiespältig. Einerseits ist die Notwendigkeit derartiger intermediärer Verhandlungssysteme offensichtlich. Andererseits bergen sie weitreichende Gefahren für die Zukunft des Politikverständnisses in unserer Gesellschaft. Es ließen sich zwar gute Gründe finden, Stadtmarketing als ein zukunftsweisendes Modell politischer Steuerung in der Zivilgesellschaft zu bewerten. Aufgrund der Fragilität der Hoffnungen auf neue Formen der Basisdemokratie, die im Stadtmarketing in ersten Ansätzen in Form einer Elitendemokratie vorhanden sind, scheint es jedoch gegenwärtig realistischer zu sein, Stadtmarketing weder pauschal als den neuen Hoffnungsträger reformierter Demokratie- und Politikvorstellungen zu bezeichnen, die eine Lösung aus der Misere der Stellvertreterdemokratie bieten, noch es ebenso pauschal als Angriff auf die verfassungsrechtlich garantierten Prinzipien der repräsentativen

Demokratie zu bewerten. Da eine theoretische Lösung des skizzierten steuerungstheoretischen Dilemmas in naher Zukunft nicht zu erwarten ist, bietet sich für die Bewertung intermediärer Verhandlungssysteme ein alternativer Weg an: Die Durchführung problembezogener Experimente. Die Experimentierfreude der PraktikerInnen scheint in Verbindung mit kritischen Reflexionen den einzigen Ausweg aus der argumentativen Sackgasse zu bieten. Nur anhand praktischer Erprobungen läßt sich eine Entscheidung über die Angemessenheit des jeweiligen Lösungsmodells treffen (vgl. HESSE 1987b, S. 70). Ein neues tragfähiges Staatsverständnis kann nur in der gesellschaftlichen Praxis erarbeitet werden.

Da auf allen Seiten Einigkeit über die Schwächung der Positionen von Politik und Staat in der Gesellschaft besteht, wäre eine Rückkehr zu den etatistischen, zentralstaatlichen Steuerungsformen im Rahmen neuer Experimente kontraproduktiv. Wenn zudem wenig fundierte Zuversicht in die freiwillige Selbstorganisation der gesellschaftlichen Teilsysteme besteht, so bleibt dem Staat in der gegenwärtigen Situation nur eine Möglichkeit: "Ein denkbarer Ausweg aus dem beschriebenen Dilemma zwischen dem Niedergang staatlicher Souveränitätsstrukturen und der Unverzichtbarkeit einer zur 'Gesamtverantwortung' kompetenten Instanz gesellschaftlicher Steuerung könnte im Prinzip darin gesehen werden, daß der Staat zwar den (aussichtslosen) Versuch aufgibt, sich selbst als leitende, planende und regulierende Spitze mit Gesamtverantwortung gegenüber der Gesellschaft zu etablieren, jedoch stattdessen parastaatliche Verfahren der Kompromißbildung und der globalen Steuerung einrichtet und durchsetzt" (OFFE 1987, S. 317).

Das Entstehen intermediärer Verhandlungssysteme läßt sich angesichts des Entwicklungsstandes der Gesellschaft kaum verhindern. Die empirischen Erfahrungen im Stadtmarketing belegen die große Schubkraft und Dynamik, mit der die privaten Akteure die Installierung selektiver Politiknetzwerke betreiben. Die gesellschaftstheoretischen Diskussionen verdeutlichen zudem, daß ein Wandel im Staatsverständnis unumgänglich ist. Gerade weil mit Stadtmarketing das traditionelle Politikmodell der repräsentativen Demokratie unterminiert wird, müssen die KommunalpolitikerInnen alles daran setzen, den neuartigen kooperativen Verhandlungsmodus weitgehend in eigener Regie durchzuführen. Um die Fäden nicht ganz aus der Hand zu geben, bleibt in der derzeitigen Situation kaum eine andere Alternative, als die bewußte Installierung neokorporatistischer Gremien von staatlicher Seite aus zu initiieren, um die Steuerungsinteressen des Allgemeinwohls in intermediären Verhandlungssystemen zu wahren. Durch die strategische Schaffung dezentraler Aktionszentren kann der Staat die zentrifugalen Tendenzen der Staatszersetzung zumindest rahmensetzend steuern. Wenn die Neuformierung des Staatswesens sich in Form neokorporatistischer Experimente vollzieht, sollte der Staat die Führerschaft bei der Installation derartiger Gremien für sich beanspruchen. Auf diese Weise kann er vielleicht organisatorische und verfahrenstechnische Maßstäbe des Dialogs sichern und schrittweise eine Evaluation und Modifizierung des Neokorporatismus durchführen. In praktischen Experimenten ließe sich ein kooperatives Staatsverständnis schrittweise entwickeln und gestalten.

Eine solche Form des geordneten Rückzugs des Staates aus der Führungsspitze der Gesellschaft ist allerdings nur solange möglich, wie der Staat noch über eine relativ starke Position in der Gesellschaft verfügt. Nur wenn er die Einrichtung intermediärer Verhandlungssysteme selbst aktiv inszeniert und nicht gezwungen ist, auf rein externe, von privaten Akteuren initiierte Verbundsysteme zu reagieren, hält er die Chance in Händen, strukturierend Einfluß zu nehmen. Die Anarchie rein privat organisierter Entscheidungsrunden könnte hierdurch teilweise gemindert werden. Mit diesem Szenario einer "staatlichen Politik der Entstaatlichung" würde auf Vorstellungen einer funktionalen Demokratie zurückgegriffen (OFFE 1987, S. 317). Die bewußte Installierung lokaler Politiknetzwerke könnte zu einer Steuerungsstrategie eines kooperativen Staates werden (vgl. MAYNTZ 1987, S. 195). Der Erfolg einer solchen Strategie hängt jedoch zentral von den tradierten Politikmustern und der nationalen politischen Kultur ab.

Das skizzierte Szenario einer Strategie staatlicher Entstaatlichung zeigt sicherlich einen riskanten Weg auf, der auf fragilen Hoffnungen beruht. Seine Realisierbarkeit wird deshalb unterschiedlich bewertet. Während manche Staatstheoretiker intermediären Verhandlungssystemen prinzipiell nur eine geringe Innovationsfähigkeit zutrauen, da die dort getroffenen Entscheidungen zu einer Politik des kleinsten gemeinsamen Nenners führen würden (vgl. FÜRST 1987, S. 277), weisen empirische Untersuchungen in eine andere Richtung. Die neueren Studien von F. Scharpf zu den Entscheidungsstrukturen in Verhandlungssystemen zeigen, daß neokorporatistische Foren nicht prinzipiell in einen politischen Minimalismus der permanenten Kompromißbildung münden. Anhand empirischer Untersuchungen föderaler Kooperationen kommt er zu dem Schluß, daß intermediäre Verhandlungssysteme nicht notwendig von den Zielen des Gemeinwohls abweichen; er konstatiert vielmehr eine "Abhängigkeit des

Verhandlungserfolgs von den gegensätzlichen Motiven und Verhaltens-
stilen der Beteiligten" (SCHARPF 1992, S. 21). Dies entspricht den
empirischen Erfahrungen im Stadtmarketing, die Projektinhalt und -
verlauf eindeutig als akteursbezogenes Politiknetzwerk charakterisiert
haben, in dem zwischen reiner Wirtschaftsförderung und Versuchen einer
Basisdemokratie oder Kulturpolitik alles möglich ist. Die vorgeschlagene
Strategie scheint deshalb eine der wenigen Chancen zu sein, wohlfahrtsstaatliche Ansprüche in einer partikularisierten Gesellschaft zu wahren.

Hoffnung für den skizzierten Weg macht das Modell einer Zivilgesellschaft, das auch in der Bundesrepublik in Form von Bürgerinitiativen -
oder Stadtmarketing - zunehmend um sich greift. Der Politikgehalt einer
dergestalt entwickelten Moderne speist sich zunehmend aus dem
individuellen Engagement der Akteure. Das Entstehen von Bürgerinitiativen seit dem Ende der 70er Jahre ist eine Reaktion auf die Defizite
offiziöser Politik durch das politische System. Zu diagnostizieren ist
deshalb für die Bundesrepublik eine "unverhoffte Renaissance einer
politischen Subjektivität" (BECK 1993, S. 13). Außerhalb des politischen
Systems entstehen neue Orte des Politischen, an denen Akteure ihre
Interessen aktiv wahrnehmen. Der Stellvertretungsanspruch der Politik
wird durch die Tendenz einer Politik "von unten" zunehmend erodiert.
Dennoch bleibt es ein Drahtseilakt, die Balance zwischen zivilgesellschaftlichen Vorstellungen des angloamerikanischen Modells und der
wohlfahrtsstaatlichen Tradition deutscher Politik zu finden. Die bestehende Staats-, Politik- und Parteienverdrossenheit lassen die Notwendigkeit
eines Kurswechsels im politischen System nahezu zwingend erscheinen.
Das Aufkommen rechtsradikaler Tendenzen, in denen soziale Gruppen
anstelle intermediärer Verhandlungen auf Vandalismus, Gewalt und das
Faustrecht als politische Instrumente zurückgreifen, stellt dabei eine
besondere Gefahr dar. Sie fordert die gegenwärtige staats- wie zukünftige
zivilgesellschaftliche Steuerung gleichermaßen heraus, neue Wege zur
Einbindung sozialer Gruppen in politische Entscheidungen zu finden.

Stadtmarketing wird damit zukünftig an Bedeutung gewinnen. Es könnte
ein praktisches Experiment auf dem Weg zu einem kooperativen
Staatsverständnis sein. Mit der Installierung lokaler Elitennetzwerke
bewegt es sich an einer zentralen Konfliktstelle gesellschaftlicher
Veränderung. Da die Neudefinition staatlichen Handelns nicht an den
Schreibtischen der sozialtheoretischen VordenkerInnen stattfindet,
sondern in konkreten sozialen Auseinandersetzungen, können weitere
Experimente im Stadtmarketing entscheidenden Einfluß auf die Neudefi-

nition und lokale Ausgestaltung des kooperativen Staates haben.
Stadtmarketing ist Teil des gegenwärtigen Wandels im Rollenverständnis
moderner Gesellschaften zwischen öffentlicher und privater Sphäre. Die
Widersprüchlichkeit der Staatsdiskussion und gesellschaftstheoretischen
Vorstellungen spiegelt sich im Stadtmarketing als innovativem Politikfeld
direkt wider. Deshalb wird auch in diesem Politikbereich die Strategie
der staatlichen Entstaatlichung Anwendung finden müssen, um Interessen
des Allgemeinwohls sowie dem Bedarf nach veränderten Formen der
Stadtentwicklungspolitik gleichermaßen gerecht zu werden.

7.3   Stadtmarketing im planungstheoretischen Kontext

7.3.1   Die Emanzipation der Stadtentwicklung von der Stadtentwicklungsplanung

Die veränderte Rollenteilung zwischen öffentlicher und privater Hand in
Form intermediärer Systeme läßt die traditionelle Stadtentwicklungsplanung nicht unberührt. Als planende Verwaltung ist sie Teil des
politischen Systems und von den zentrifugalen Erosionstendenzen der
Staatsgewalt direkt betroffen. Schon in ihrer Entstehungsgeschichte ist die
Stadtentwicklungsplanung auf ein spezifisches Politikverständnis bezogen,
das mit dem omnipotenten Staat als hierarchischer Spitze der Gesellschaft
korrespondiert. "Der politische Ruf nach Stadtentwicklungsplanung
Anfang der 70er Jahre beruhte auf einem Mythos, nämlich daß Planung
konfliktfreier, besser entscheiden läßt und damit politischen Streß
reduziert" (HAVERKAMP/SCHIMANKE 1983, S. 61). Die Geburts-
stunde der Stadtentwicklungsplanung ist unmittelbar mit den Ideen einer
rationalen Gestaltung der Gesellschaft durch die Verwissenschaftlichung
der Planungsmethoden und -instrumente, die Neutralität der durchführenden Verwaltung und die Absicherung politischer Entscheidungen
durch die Anerkennung der Staatssouveränität verknüpft.

Der Glaube an die Machbarkeit der Welt durch politische Steuerung
sollte durch die Stadtentwicklungsplanung als professioneller Ent-
scheidungshilfe der PolitikerInnen in politische Taten umgesetzt werden.
Die StadtplanerInnen waren lokale Agenten der Staatsgewalt und konnten
qua Sanktionierung durch die Politik den Ausgleich der Interessen im
Sinne des städtischen Allgemeinwohls herstellen. Trotz der Ummantelung

mit dem "Dogma der Objektivität" verbarg sich jedoch hinter dem Planergewand faktisch nichts anderes als die subjektive Rationalität einer bestimmten Profession (KELLER 1991b S. 14). Solange die gesellschaftliche Befindlichkeit in Begriffen der Planbarkeit, Verwissenschaftlichung und Rationalität zukünftiger Gestaltung beschrieben werden konnte, stimmte das Selbstbild der StadtplanerInnen mit der Rollenzuweisung durch die Gesellschaft überein. Raumplanung wurde Mitte der 60er Jahre auf diese Weise zum "Kristallisationskern integrierter Planungsansätze" (FÜRST/HESSE 1981, S. 2). Sie war ein Synonym für die Gestaltbarkeit der Gesellschaft und den Bedarf nach integrierter, "vernünftiger" Steuerung. Mit der Querschnittsaufgabe Raumplanung wurde eine Integration sektoraler Politikfelder und Fachplanungen intendiert.

Mit dem Ende der wohlfahrtsstaatlichen Aufbruchstimmung ab Mitte der 70er Jahre wurde jedoch auch das Steuerungsmodell der Stadtentwicklungsplanung zunehmend fraglich. Die Gründe für das Scheitern der umfassenden Vorstellungen der planungseuphorischen Zeit sind inzwischen hinlänglich bekannt. Es ist weder möglich, mit wissenschaftlichen Methoden in die Zukunft zu schauen und qua Expertenwissen tragfähige Prognosemodelle und Handlungsansätze zu liefern, noch kann die Planung - oder sonst irgend jemand - das Ziel gesamtgesellschaftlicher Rationalität für sich in Anspruch nehmen. Stadtentwicklungsplanung scheiterte in den 70er Jahren an eben jenen Hürden, deren Überspringen sie sich zum Ziel gesetzt hatte: der Multidimensionalität des Gegenstandsbereiches, der Widersprüchlichkeit der Interessenlagen und der Normativität und damit Subjektivität zukünftiger Entwicklungsvorstellungen (vgl. HELBRECHT 1991, Kap. 4). Die flächendeckende Sozialtechnologie der Stadtentwicklungsplanung ist seit mehr als fünfzehn Jahren zunehmend unter Beschuß geraten und befindet sich in einer tiefgreifenden Krise. Stadtentwicklungsplanung war in den 80er Jahren nach der Verabschiedung planungseuphorischer Ziele weitgehend damit beschäftigt, die Fehler der Vergangenheit vergessen zu machen und nicht erneut durch große Planwerke und Entwürfe aufzufallen. In dem Bemühen um eine neue Bescheidenheit entstand eine Stadtentwicklungspolitik als "Stückwerkstechnik", die sich auf kleinteilige Probleme der Wohnumfeldverbesserung, Verkehrsberuhigung und Begrünung beschränkte (RITTER 1987, S. 329). Das Motto der "Innenentwicklung und Stadterneuerung" bot eine willkommene Konzeption, um die expansiven Gestaltungsvorstellungen der Stadterweiterung der 60er und frühen 70er Jahren vergessen zu machen. Mit der Historisierung der Diskussionen um Stadtgestalt und der Verbrüderung mit den eklektizistischen Zielen der postmodernen Architektur gelang zumindest eine ästhetische Verdrängung der "Sünden" der Vergangenheit. Der Anspruch auf Integration städtischer Entwicklungen wurde parallel dazu weitgehend aufgegeben. Die Planungstheorie diagnostizierte den Bedeutungsverlust der Stadtentwicklungsplanung nüchtern und zuckte hilflos mit den Schultern angesichts der Frage, welche neuen Aufgaben und Selbstbeschreibungen denn anstelle des Allmachtanspruches und der Integrationsfunktion der Stadtentwicklungsplanung zu setzen seien.

In dieses Gestaltungsvakuum stößt Stadtmarketing Ende der 80er Jahre mitten hinein. Während die traditionelle Planung mit kleinteiligen Gestaltungsaufgaben und ad hoc-Lösungen beschäftigt ist, entsteht angesichts des postfordistischen Zwangs zum Handelns ein neuer Bedarf nach strategischen Konzepten in der Stadtentwicklung. Mehr oder weniger unbemerkt an den klassischen Trägern integrierter Denkmodelle der Stadtentwicklung vorbei installiert sich der Politikmodus intermediärer Verhandlung anfangs unbemerkt. Stadtmarketing ist zwar derzeit erst als zartes Pflänzchen in wenigen Pioniergemeinden präsent. Dennoch wird es im Zuge des Diffusionsprozesses mittelfristig immer stärker in Konkurrenz zum inzwischen klassisch gewordenen Planungsethos treten mit dem gleichen Anspruch auf eine ganzheitliche Stadtentwicklung. Stadtmarketing will von seinen Zielen her nichts anderes als die traditionelle Stadtentwicklungsplanung. Jedoch verfolgt es einen gänzlich anderen Einsatz der Mittel, Verfahren und Organisationsformen.

Während anhand der Stadtentwicklungsplanung die Probleme eines starken Staates als exklusivem Entscheidungszentrum der Gesellschaft sowie die Ursachen der gegenwärtigen Zentrifugaltendenzen im Staatswesen besonders deutlich werden, scheint Stadtmarketing im Einklang mit den neuen Steuerungsformen einer polyzentrischen Gesellschaft zu stehen. Gerade weil die Stadtentwicklungsplanung den Anspruch der Allzuständigkeit, des Interessenausgleichs und der Souveränität staatlichen Handelns in einem komplexen Handlungsfeld für sich potenziert in Anspruch nahm, ist sie mit ihrem Anliegen einer integrierten Planung umso gründlicher gescheitert. Kann Stadtmarketing die Stadtentwicklungsplanung deshalb ersetzen? Stadtmarketing als Fortsetzung der Stadtentwicklungsplanung mit anderen Mittel scheint eine plausible Einordnung intermediärer Systeme in die überkommene Planungslandschaft zu sein. Anstelle der flächendeckenden Expertokratie professioneller PlanerInnen hätten wir es gegenwärtig mit der punktuellen, weil projektartigen Gestaltung der Stadtentwicklung durch öffentlich-private Verbundsysteme zu tun. Der Bedeutungsverlust der Planung würde durch die Aufwertung intermediärer Verhandlungssysteme kompensiert. Die Stadtentwicklung hat sich von der Stadtentwicklungsplanung emanzipiert und ist in den privaten Raum übergewechselt, der gleichzeitig politisch geworden ist. Der Niedergang der öffentlichen Planung geht mit einer Aufwertung der Thematik der Stadtentwicklung einher. Auf diese Weise läßt sich die gesellschaftstheoretische Diskussion zum Wandel vom omnipotenten Staat zu intermediären Verhandlungssytemen als Wandel von der Stadtentwicklungsplanung zum Stadtmarketing nachvollziehen. Aber genügt dieser frühe Triumph für eine planungstheoretische Bewertung von Stadtmarketing?

7.3.2   Die Grenzen gesellschaftlicher Steuerung über die Ressource Raum

Der Realitätsverlust traditioneller Allmachtvorstellungen ist innerhalb der Stadtplanungsszene nicht unbemerkt vonstatten gegangen. Es bestehen deutliche Gegenbewegungen, die eine Kompetenzabgabe der Planung an konkurrierende Handlungsfelder wie zum Beispiel Stadtmarketing verhindern wollen. Die Reaktionen der Planung auf ihre immanenten Schwächen stellen einen Versuch dar, an den gestiegenen Bedarf nach Vermittlung zwischen den gesellschaftlichen Interessengruppen anschlußfähig zu bleiben. Die Stadt-, Regional- und Landesplanung begibt sich auf die Suche nach neuen Instrumenten der Planungspolitik, mit deren Hilfe sich die veränderten raumstrukturellen Probleme weiterhin von seiten der Raumplanung steuern lassen (sollen).

Kern aktueller Reformversuche ist die Suche nach flexiblen Instrumenten, die die Starrheit traditioneller Pläne überwinden. Raumordnungspolitik will flexibel sein und anstelle deduktiver Zielsysteme und Programme problemadäquate Lösungen produzieren. Ein wesentliches Instrument hierfür sind das Raumordnungsverfahren und die Umweltverträglichkeitsprüfung. "Der Übergang zu einer verstärkten Anwendung des Raumordnungsverfahrens mit integrierter Umweltverträglichkeitsprüfung kann als symptomatisch für einen Richtungswechsel raumplanerischer Strategien angesehen werden, die ihre Hauptstütze nicht mehr im Plan finden, sondern in aktuellen, besonders problemorientierten ad hoc-

Lösungen suchen" (DIETRICHS 1991, S. 540). Durch eine prozessual angelegte Raumordnungspolitik sollen - analog zum Stadtmarketing - konkrete Lösungsvorschläge für ein akutes Problem im Vordergrund stehen. Der Plan wird nur noch zu einem Steuerungs- und Koordinationsinstrument unter vielen - dessen Bedeutung kontinuierlich sinkt. An seine Stelle treten projektspezifische Entscheidungen und Abwägungsprozesse (vgl. FÜRST 1989, S. 83). Die generelle Koordinations- und Integrationsfunktion der Stadtentwicklungsplanung wird damit zugunsten eines fallspezifischen Eingreifens in Raumnutzungskonflikte entwertet. "Die konkrete Auseinandersetzung mit konfligierenden privaten und öffentlichen Interessen ist an die Stelle deduktiver Analyse und Programmarbeit getreten" (KOSSAK 1988, S. 999). Die Fachplanungen erhalten ihre (immer schon vorhandene) Souveränität zurück und müssen sich dem integrativen Anspruch der Raumplanung nicht länger beugen. Von offiziellen VertreterInnen der Raumplanung wird deshalb für die Zukunft eine Strategie der indirekten Einflußnahme vorgeschlagen. Der Koordinierungsanspruch der Raumplanung werde durch die allgemeinen Entwicklungspläne nicht mehr erfüllt. Da der offizielle Integrationsanspruch somit hinfällig sei, müsse man zunehmend inoffiziell hinter den Kulissen tätig werden. Nur durch informelle Tätigkeit könne noch beratend Einfluß genommen werden auf die verschiedenen raumwirksam tätigen Akteure und Institutionen (vgl. ARL 1991, S. 28).

Die Tendenzen zu einer projektbezogenen Einzelkoordination anstelle genereller Planvorgaben stellen eine produktive Umsetzung der schmerzhaften Lernerfahrungen vergangener Planungsperioden dar. Die Aufgabe deduktiver zugunsten problemorientierter Zielsysteme bedeutet die "Abkehr vom Leitbildgedanken" in der Stadtentwicklungsplanung (FÜRST/HESSE 1981, S. 37). Prioritätenbildung findet demnach anhand konkreter Problemlagen und Rahmenbedingungen statt. Damit befindet sich die Raumplanung generell auf dem Weg zu einem Projektmanagement, wie es vom Stadtmarketing als intermediärem Verhandlungssystem vorexerziert wird. Der Eindruck, daß an zwei unterschiedlichen gesellschaftlichen Orten das gleiche erfunden wird, täuscht jedoch. Stadtmarketing ist nicht gleichzusetzen mit Stadtentwicklungsplanung, auch wenn die raumplanerischen Revitalisierungsversuche in diese Richtung deuten. Stadtentwicklungs*planung* als Steuerung über das Medium Raum kann den komplexen Bedürfnissen der Akteure, wie sie im Stadtmarketing formuliert werden, nicht genügen. Zwar geht seit langem die Rede von einem Wandel planerischer Aufgaben hin zur

Moderation. Die Komplexität gesellschaftlicher Realität, wie sie sich im System Stadt ausdrückt, ist jedoch nicht durch eine räumliche Planung vermittelbar. Die reine Rolle der Moderation beschränkt sich auf eine formale, die mit dem eigentlichen Gegenstandsbereich der Stadtentwicklungsplanung nur begrenzt korreliert. Letztlich ist die Moderation gesellschaftlicher Akteure, Interessen und Institutionen eine eigenständige Aufgabe intermediärer Verhandlungssysteme, die nicht mit der Gestaltung räumlicher Entwicklungsfragen verwechselt werden darf. "Die politische Konjunktur für eine ressortübergreifende Entwicklungspolitik unter Federführung der Raumplanung dürfte somit einer rezessiven Stagnation nahe kommen. Der Versuch, über eine Ressource - den Raum - umfassend steuern zu wollen, erscheint gescheitert" (FÜRST/HESSE 1981, S. 135).

Stadtentwicklungsplanung sollte sich somit auf ihre ureigensten Stärken besinnen und Fragen der raumstrukturellen Entwicklung - in Projekten, deduktiven Zielsystemen oder Flächennutzungsplänen als Angebot und Begrenzung des freien Marktes - bearbeiten. Stadtmarketing hingegen muß als eigenständige Innovation betrachtet werden, die Stadtentwicklungsplanung nicht ersetzt, sondern in ihrer Zielfindungs- und Zielerreichungsfunktion um wesentliche Aspekte bereichert.

7.3.3   Stadtentwicklung als perspektivischer Inkrementalismus

Akzeptiert man die vorangegangenen Thesen von der Emazipation der Stadtentwicklung von der Stadtentwicklungsplanung sowie der Selbstbescheidung der Rolle räumlicher Planung in der Stadtentwicklung als nur noch einer Fachplanung unter vielen, so zeichnet sich mit Stadtmarketing eine neue Form der stadtentwicklungs*politischen* Steuerung ab. Stadtmarketing steht dabei nicht losgelöst von anderen Initiativen, vielmehr lassen sich konzeptionelle Verbindungslinien zu aktuellen planungspolitischen Innovationen sowohl auf der regionalen wie auch der Stadtteilebene ziehen. Die Internationale Bauaustellung Emscher-Park (IBA) ist 1988 mit dem Ziel angetreten, die Erneuerung einer ganzen Region mit einem innovativen Steuerungsmodell zu erproben. Die Prinzipien der IBA erinnern in vielerlei Hinsicht an Strukturen und Prozesse im Stadtmarketing.

- So versteht sich die IBA grundlegend als eine Strategie zur Mobilisierung endogener Entwicklungspotentiale (vgl. SIEBEL 1992, S. 219). Aufbauend auf der Einsicht, daß Regionalentwicklung zunehmend von der Innovations-, Adaptions- und Lernfähigkeit der BewohnerInnen eines Raumes bestimmt wird und regionale Besonderheiten der politischen Kultur, spezifischer Mentalitäten, des regionalen Milieus und lokaler Lebensstile die zukünftige Entwicklung als limitierender Faktor und Profilierungsmöglichkeit gleichermaßen prägen, sollen die Akteure der Region Ansatzpunkte für eine Revitalisierung der Region möglichst eigenständig aus ihrem Lokalwissen heraus entwickeln.

- Instrumente für eine derart verstandene endogene Entwicklungsstrategie sind vor allem kommunikative Techniken des Erfahrungsaustausches, der Ideenwettbewerbe, Ausstellungen und Publikationen.

- Da endogene Potentiale nicht analytisch vorbestimmt werden können, sondern kommunikativ erst noch zu entdecken sind, ist die Vorgabe eines Entwicklungsleitbildes für diese Art der Planung obsolet. Die IBA versteht sich als prozeßorientierte Gestaltungsstrategie (vgl. HÄUSSERMANN 1992, S. 30; SIEBEL 1992, S. 220). Es werden sieben Handlungsfelder (Arbeiten im Park, Landschaftgestaltung usw.) vorgegeben mit allgemeinen Entwicklungsrichtungen, die von den Gemeinden mit Projekten konkret zu füllen sind.

- Ergebnis der IBA ist (ebenso wie im Stadtmarketing) kein regionaler Entwicklungsplan, sondern ein Aktionsprogramm der Regionalentwicklung, das aus umsetzungsfähigen Projekten besteht (vgl. MSWV 1988, S. 58). Der "Gesamtplan" als Regionalentwicklungsstrategie entsteht aus der "Verknüpfung der Grundsätze der IBA mit den lokalen Initiativen aus der Region" (SIEBEL 1992, S. 220). Die Aufgabe der Koordination der Projekte und Bündelung zu einem integrierten Gesamtkonzept bleibt somit bestehen und liegt in den Händen der Landesregierung.

Die IBA ist eingebunden in eine veränderte Strategie der nordrheinwestfälischen Landesregierung, die explizit auf eine lokal angepaßte Strukturpolitik abzielt. Die Regionalisierung strukturpolitischer Kompetenz wird seit 1987 durch die Zukunftsinitiative Montanregionen (ZIM), später ZIN, und seit 1990 in Form von Regionalkonferenzen verfolgt. Gemeinsamer Nenner der teils mit technologiepolitischen, städtebaulichen, ökologischen oder wirtschaftspolitischen Akzenten betriebenen Landesentwicklung ist "die Mobilisierung der strukturpolitisch relevanten Kräfte und Potentiale in den Regionen" (MWMT 1992a, S. 17). Das Anliegen der landespolitischen Inititativen wird bewußt in Abgrenzung zum Arbeitsgebiet der Landesplanung definiert, da diese aufgrund ihres Flächenbezuges ein nur verengtes Themenspektrum bearbeiten würde (vgl. MWMT 1992a, S. 12). Die veränderte Entwicklungsstrategie der Landesregierung stößt dabei auf ähnliche Probleme, wie sie im Zuge des Stadtmarketing entstehen.

- Aufgrund der bewußten Inszenierung lokaler Kooperationen zwischen öffentlicher und privater Hand entsteht ein demokratietheoretisches Defizit, das im Tausch gegen die Vorteile neokorporatistischer Verhandlungssysteme bei der Mobilisierung endogener Akteure und Ressourcen bewußt in Kauf genommen wird.

- Die Beteiligung der Kooperationspartner schließt unkonventionelle gesellschaftliche Gruppen nur selten mit ein und beschränkt sich vorwiegend auf das Spektrum der örtlichen Wirtschaftsvertreter (vgl. MWMT 1992b, S. 40).

Da die nordrhein-westfälischen Initiativen allesamt auf der regionalen Maßstabsebene angesiedelt sind und zudem von der Landesregierung initiiert wurden, also einem Entwicklungsimpuls "von oben" folgen, entstehen im Rahmen der Durchführung weitaus problematischere Reibungsverluste, Widerstände und Kompetenzstreitigkeiten zwischen lokaler, regionaler und föderaler Ebene als im kommunal begrenzten Stadtmarketing. Dennoch sind die steuerungspolitischen Prinzipien mit dem Ansatz des Stadtmarketing direkt verwandt.

Parallel zur IBA finden in der bewohnerorientierten Erneuerung von Stadtteilen ebenfalls Veränderungen in den planungspolitischen Strategien statt, die Parallelen zum Stadtmarketing aufweisen. Empirische Studien in sechs europäischen Ländern haben die Bedeutung intermediärer Organisationen für die quartierbezogene Stadterneuerung als wesentliches Zukunftsfeld planerischen Handelns identifiziert. Auch Stadtteilentwicklung wird zunehmend als ein projektorientierter Lernprozeß durchgeführt, der auf der Beteiligung der lokalen Akteure und der Vermittlung ihrer Interessenlagen beruht. Deduktive Entscheidungsabläufe und Normierungen stadträumlicher Entwicklungen werden durch "pragmatische, auf Problemzusammenhänge gerichtete dialogische Prozesse" ersetzt (SELLE 1991b, S. 124). Die Stadtplanung kann auch in diesen kleinräumig orientierten Gestaltungsdimensionen ihre traditionelle Rolle als räumlich integrative Leitdisziplin nicht mehr erfüllen. "Sie verliert die ihr früher zugeschriebene Führungssposition: Planer sind nicht mehr Träger, sondern vor allem Moderatoren von Entscheidungsprozessen, die von vielen Akteuren mitgestaltet werden" (SELLE 1991a, S. 34). Weitere Ansätze derartig veränderter Planungs- und Regionalentwicklungsstrategien ließen sich am Beispiel der neueren gemeinsamen Landesplanung Bremen - Niedersachsen, der Denkfabrik Schleswig-Holstein oder der Hamburger Stadtentwicklungsplanung exemplifizieren.

Stadtmarketing muß somit verstanden werden als eine politische Innovation, die im Zusammenhang steht mit veränderten Steuerungsansätzen auf unterschiedlichen räumlichen Maßstabsebenen. Während im Zuge der bewohnernahen Stadtteilsanierung Akteursnetze noch relativ nahe am Planungsgegenstand gebildet werden können und Demokratieprobleme graduell abgefedert werden, steigert sich das demokratietheoretische Problem mit dem Wechsel der Maßstabsebene. Die Prozesse der Konsensfindung, Ressourcenmobilisierung und Kompromißbildung dürften auf großräumigen Ebenen zunehmend komplexer werden und damit schwieriger auszubalancieren sein. An der strukturellen Ähnlichkeit der Steuerungsansätze in Form prozessualer, projektorientierter, intermediärer Verbundsysteme ändert sich jedoch nichts.

Planungs- bzw. entscheidungstheoretisch sind diese neuartigen Steuerungsformen in der Stadt- und Regionalentwicklung jüngst als "Politik des 'perspektivischen Inkrementalismus'" auf den Begriff gebracht worden (GANSER/SIEBEL/SIEVERTS 1993, S. 114). Demnach liegt das gemeinsame Hauptmerkmal der aktuell zu beobachtenden Planungsstrategien in einer Konzentration der Ressourcen auf umsetzungsfähige Projekte (vgl. HÄUSSERMANN/SIEBEL 1993b). Der Vorteil einer projektorientierten, inkrementalistischen Politik liegt in der Kurzfristigkeit der Ziele, die stets auf einen konkreten Endpunkt (die Fertigstellung der Maßnahme) terminiert sind und dem singulären Ereignis, "das zeitlich begrenzt dazu geeignet ist, verschiedene, oft divergierende Interessen auf ein großes, aber doch begrenztes und klar definiertes Ziel hin zu mobilisieren" (HÄUSSERMANN 1993, S. 2). Unter den Bedingungen einer partikularisierten, polyzentrischen Gesellschaft sind nur noch solche räumlich und zeitlich konzentrierten Gestaltungsoptionen konsens- und durchsetzungsfähig. Die Langfristigkeit der systematischen, flächendeckenden Strukturpolitik geht dadurch teilweise verloren. Raumstrukturell besteht somit die Gefahr, daß reine "Oaseneffekte" erzielt werden (a.a.O., S. 11). Denn jede Entscheidung für ein Projekt zieht zwangsläufig die Vernachlässigung anderer Gebiete, Themen und Zielgruppen nach sich. Dennoch handelt es sich nicht um einen reinen Inkrementalismus, der nur in kleinen Schritten denkt. Perspektiven der Raumentwicklung, gesellschaftliche Grundwerte und die Vernetzung einzelner Projekte zu einer integrierten Aktionsstrategie werden gleichfalls intendiert.

Auch wenn der Begriff vom "perspektivischen Inkrementalismus" und die Analyse der Defizite projektförmiger Politik hilfreich sind, um bei aller Turbulenz gegenwärtiger Entwicklungen die Gemeinsamkeiten in der aktuellen Planungsszene zu identifizieren, so kann es sich hierbei nur um ein allgemein gehaltenes Obermotto handeln. Das Konzept vom perspektivischen Inkrementalismus ist vor allem eine planungs- und entscheidungstheoretische Einordnung der Art und Weise, wie stadt- und regionalentwicklungspolitische Entwicklungskonzepte zustande kommen. Für die Beurteilung der Chancen und Defizite dieses neuen Inkrementalismus genügt diese Art der Kategorisierung jedoch nicht. Entscheidend hierfür ist darüber hinaus auch der stadt- und regionalpolitische Kontext, in dem der perspektivische Inkrementalismus Anwendung findet. Welche Akteure werden bei der Suche nach Konsensfeldern und Dissensgebieten beteiligt? Wer entscheidet über die Auswahl der Projekte? Welche Art von Projekten wird verfolgt? Zu erwarten ist dabei gerade im Zuge einer strategisch-inkrementalistischen Politik, daß zum einen der Maßstäblichkeit des politischen Handlungsbereichs eine entscheidende Rolle zukommt. Politik in Projekten mit Moderationsverfahren usw. erhält auf städtischer, regionaler oder Länderebene eine vollkommen unterschiedliche Gestalt. Zum anderen wird eine Pluralisierung der Planungsstrategien nach örtlichen Gegebenheiten und Machtverhältnissen stattfinden. Denn je inkrementalistischer das Vorgehen ist, umso individueller formen sich die Instrumente, Strategien, Interessen und Organisationsformen aus. Der Ausdifferenzierung des planungstheoretischen Prinzips vom "perspektivischen Inkrementalismus" kommt somit in seiner Verwendung als stadt- und regionalpolitischer Steuerungsstrategie entscheidende Bedeutung zu. Eine Bilanz der Defizite und Chancen, die Stadtmarketing als Teilinnovation des perspektivischen Inkrementalismus bietet, läßt sich eigentlich nur vor Ort, an einem konkreten Beispiel, erstellen.

Für den Bereich Stadtmarketing läßt sich somit aus planungstheoretischer Sicht folgende Schlußfolgerungen ziehen: Ebenso groß, wie die Lücken, die durch eine Stadtentwicklungsstrategie in Form von Stadtmarketing entstehen, sind auch die Defizite, die durch Stadtmarketing abgedeckt werden. Eingedenk all der Gefahren, die eine projektorientierte, inkrementalistische Vorgehensweise birgt, weist sie doch zwei entscheidende Vorteile auf. Gerade durch die Orientierung auf realisierbare Projekte wird erstens die lange vermißte Handlungsfähigkeit in den Gemeinden zurückgewonnen. Die Stadtentwicklungsplanung hat die Kommunen mit ihrem umfassenden Rationalitätsanspruch letztlich in die Steuerungsunfähigkeit manövriert. Nachdem Ende der 70er Jahre offensichtlich geworden war, daß die Zukunft der Städte selbst mit wissenschaftlich ausgeklügelten Plänen nicht zu lenken ist, haben sich viele Gemeinden in Form einer Gegenreaktion in den Gestaltungsverzicht zurückgezogen. Durch die Vernetzung der Akteursperspektiven und die Diskussion von konkreten Projekten wird die Rückgewinnung einer strategischen Entwicklungsperspektive erstmals wieder möglich. Zukunft ist wieder denkbar, weil sie als konkrete Problemlage handhabbar geworden ist. Die Vernetzung der Projekte in Form eines integrierten Aktionsprogrammes eröffnet aktiven Handlungsformen in der Stadtentwicklung eine neue Chance.

Zweitens Stadtmarketing setzt an genau dem Punkt an, an dem die traditionelle Stadtentwicklungsplanung vor über 15 Jahren gescheitert ist: der Festlegung von öffentlichen Interessen im öffentlichen Raum in einem öffentlichen Entscheidungsprozeß. Während Stadtplanung die Stadtentwicklung vereinnahmt hat und in den exklusiven Zirkel der Expertokratien delegierte, holt Stadtmarketing die Entscheidung über den Allgemeinwohlcharakter städtischer Entwicklung in eben jenen Raum zurück, in dem sie originär angesiedelt ist: in den öffentlichen Austausch der Interessen. "Das öffentliche Interesse festzulegen ist eine öffentliche Angelegenheit. Ich meine, diese öffentliche Angelegenheit sollte offen, frei und öffentlich besorgt werden, wie das die Griechen meinten, als sie von 'polis' sprachen "(KELLER 1991b, S. 15).

Wichtiger als die Kritik an der projektförmigen Politik scheint demnach die Gestaltung des öffentlichen Diskussionsprozesses über die Auswahl der Stadtentwicklungsprojekte zu sein. Die Offenheit der Beteiligungsangebote und Fairness der argumentativen Auseinandersetzung wird zur entscheidenden Ressource für eine im Interesse des Allgemeinwohls stehende Stadtentwicklungspolitik. Angesichts der empirisch belegten Selektivität der Akteursnetzwerke, die faktisch als lokale Elitenzirkel fungieren, ist der Anspruch öffentlicher Auseinandersetzung und Beteiligung sicherlich kaum realistisch. Dennoch bleibt angesichts des gesellschaftlichen Entwicklungsstandes auf dem Weg in eine Zivilgesellschaft vielleicht auch den deutschen StadtentwicklerInnen kaum eine andere Wahl, als das Risiko eines lokalen intermediären Verhandlungssystems als Gestaltungsstrategie zu wagen. Stadtmarketing ist somit (nicht nur im gesellschaftstheoretischen Zusammenhang) in der gegenwärtigen planungstheoretischen Debatte eine zwiespältige Erscheinung. Mit einer Diffussionszeit von nur ca. fünf Jahren befindet es sich noch weitgehend am Beginn seiner Diskussion. Vielleicht ist es deshalb prinzipiell noch zu früh, um zu einer abschließenden Bewertung zu gelangen. Eines ist jedoch sicher: Die zukünftige Entwicklung und Tragfähigkeit von Stadtmarketing als neuem Ansatz in der Stadtentwicklungspolitik wird sich entlang der Diskussionslinien zwischen projektförmiger oder programmartiger Politik, demokratischer Entscheidungsfindung und Lobbyismus in Elitenzirkeln bewegen und entscheiden müssen.

7.4 Fazit

Stadtmarketing ist eine grundlegend neue Form zur Steuerung der Stadtentwicklung. Es basiert auf den Einsichten in die Begrenztheit planerischer Rationalität wie auch auf den Tendenzen einer zivilgesellschaftlichen Steuerung durch intermediäre Systeme. Stadtmarketing überführt das traditionelle Anliegen der Stadtentwicklungsplanung - die Gestaltung der Stadt von morgen auf der Grundlage des Allgemeinwohlverständnisses von heute - in eine politische Handlungsform, die auf der Rückverlagerung politischer Kompetenz in die Gesellschaft basiert.

Gerade weil mit Stadtmarketing als lokalem Politiknetzwerk ein riskanter Weg beschritten wird, bei dem sozial Schwächere, Umwelt- und Kulturbelange nur allzu leicht in den Hintergrund geraten, mag es gegenwärtig umso dringlicher erscheinen, an der klassischen, systematischen, flächendeckenden Stadtentwicklungsplanung festzuhalten. Hierdurch könnte ein Gegengewicht zu der fragilen, akteursgebundenen Gestaltungsstrategie in Form von Projekten gebildet werden. Letztlich aber wird sich die Stadtentwicklungsplanung als räumliche Fachplanung von ihrem Anspruch auf Querschnitts- und Integrationsfunktion zurückziehen müssen. Den StadtplanerInnen steht im Rahmen des kollektiven Willensbildungsprozesses durch Stadtmarketing nur ein Stuhl am Verhandlungstisch mit den Industriellen, Kulturschaffenden, Umweltinitiativen, EinzelhändlerInnen, Sportvereinen usw. zur Verfügung.

Den Kommunen entstehen durch Stadtmarketing neuartige Chancen und Probleme gleichermaßen. Unter den Bedingungen postfordistischer Raumentwicklung wird die Förderung lokaler Potentiale zu einer obligatorischen Notwendigkeit. Nur mit akteursbezogenen Ansätzen kann dem Bedarf nach potentialorientierten Gestaltungsstrategien entsprochen werden. An der Herausbildung lokaler Politiknetzwerke geht somit kein Weg vorbei. Die Verwischung der Grenzen zwischen öffentlicher und privater Sphäre erscheint ebenso unabdingbar. Um die öffentliche Führerschaft und Verantwortungsübernahme im Rahmen intermediärer Systeme behaupten zu können, bleibt den Gemeinden kaum eine andere Wahl, als selbst bei der Herausbildung neuartiger Verhandlungssysteme die Initiative zu ergreifen.

Der Versuch einer abschließenden Gesamtbewertung von Stadtmarketing steht somit vor einem mehrdimensionalen Dilemma. Aus normativer, demokratietheoretischer Sicht ist Stadtmarketing mit den derzeitigen Staats- und Gesellschaftsvorstellungen kaum vereinbar. Können wir uns eine stadtentwicklungspolitische Steuerung in Form exklusiver, intermediärer Verhandlungssysteme leisten? Aus planungspolitischer Sicht bietet Stadtmarketing einen deutlichen Effizienzgewinn in Bezug auf Handlungsfähigkeit, Flexibilität und Problemadäquanz der Stadtentwicklungspolitik. Wollen wir also politische Demokratie auf dem Altar steuerungstechnischer Effizienz opfern? Obwohl die aufgezeigten Probleme im Stadtmarketing somit struktureller Art sind, steckt Stadtmarketing als steuerungspolitische Innovation noch in den Kinderschuhen. Vielleicht scheint es deshalb gegenwärtig insgesamt noch zu früh zu sein für eine umfassende, abschließende Bewertung. Aufgrund der kurzen Reifezeit im Stadtmarketing von nur wenigen Jahren liegen erst seit kurzem relativ homogene Ansätze, Methoden und Organisationsformen vor. Zudem basiert jede Theorie zur Stellung und Aufgabe von Planung in der Gesellschaft implizit auf gesellschaftstheoretischen Voraussetzungen. Eine Theorie der Planung führt einen Diskurs über die Struktur der Gesellschaft auf der Ebene der Steuerung der Gesellschaft. Welche Form von Gesellschaft wir jedoch wollen bzw. zukünftig zu erwarten haben, scheint derzeit ungewiß. Während bislang jedoch vorwiegend die PraktikerInnen in den Gemeinden die Ausgestaltung dieses neuen Ansatzes in der Stadtentwicklung durch teils riskante Experimente und Mut zur Lücke geleistet haben, scheint es angesichts der immer offensichtlicher werdenden konzeptionellen Probleme an der Zeit zu sein, auch die Planungstheorie, Regionalwissenschaft und

Angewandte Geographie verstärkt in die Diskussion und Modifizierung von Stadtmarketing mit einzubinden. Die Verantwortung für den Umbau des Staates, die Neudefinition des Verhältnisses von Planung, Politik und Gesellschaft, den Rückgewinn an Initiative in den Kommunen sowie die Suche nach systematischen Strategien zur Fruchtbarmachung endogener Potentiale in der Raumentwicklung kann nicht allein auf den Schultern der PraktikerInnen liegen. Die Zeit ist überfällig, um theoretische Reflexionen in die praktischen Prozesse und sozialen Auseinandersetzungen um die Zukunft der Stadtentwicklungspolitik einzubringen. Die vorliegenden Gedanken sollten einen ersten Schritt darstellen auf dem Weg zu einem Dialog zwischen Theorie und Praxis im Problemfeld Stadtmarketing und Stadtentwicklung.

Literatur

ADORNO, T.W.: Funktionalismus heute. In: T. W. Adorno: Ohne Leitbild, Parva Aesthetica. Frankfurt/M. 1967, S. 104-127.

AHRENS, P. P./ E. ROTHGANG/ R. SCHNEIDER: Wuppertal 2004 - Marketing-Konzept für unsere Stadt. In: Stadtmarketing in der Diskussion. Fallbeispiele aus Nordrhein-Westfalen. Dortmund 1991, S. 73-81.(=ILS Schriften 56).

AHRENS-SALZSIEDER, D.: City-Marketing bzw. Stadtmarketing. In: Städte- und Gemeinderat, H. 7, 1991, S. 205-211.

ALBERS, G.: Über das Wesen der räumlichen Planung. In: Stadtbauwelt 5, H. 21, 1969, S. 10-14.

ALEMANN, H. v.: Der Forschungsprozeß. Eine Einführung in die Praxis der empirischen Sozialforschung. Stuttgart 1984.

ARBEITSKREIS STADTMARKETING LANGENFELD: Zielkonzept Langenfeld 2000. Langenfeld 1992.

ARING, J./ B. BUTZIN/ R. DANIELZYK/ I. HELBRECHT: Krisenregion Ruhrgebiet? Alltag, Strukturwandel und Planung. Oldenburg 1989. (=Wahrnehmungsgeographische Studien zur Regionalentwicklung 8).

ARL = Stellungnahme der Sektion III "Konzeptionen und Verfahren": Zur Durchsetzung raumordnerischer Erfordernisse in Deutschland. In: ARL-Nachrichten, Nr. 45, 1991, S. 25-37.

ASW-REPORT: Städte im Aufbruch. Kommt Marketing ins Rathaus? In: absatzwirtschaft 32, Zeitschrift für Marketing, H. 8, 1989, S. 36-46.

ATTESLANDER, P.: Methoden der empirischen Sozialforschung. Berlin, New York 1984.

AUDIRAC, I./ A. H. SHERMYEN/ M. T. SMITH: Ideal Urban Form and Visions of the Good Life. Florida's Growth Management Dilemma. In: Journal of the American Planning Association 56, Nr. 4, 1990, S. 470-482.

BAUER, R.: Lokale Politikforschung und Korporatismus-Ansatz - Kritik und Plädoyer für das Konzept der Intermediarität. In: H. Heinelt/ H. Wollmann (Hrsg.): Brennpunkt Stadt. Stadtpolitik und lokale Politikforschung in den 80er und 90er Jahren. Basel, Boston, Berlin 1991, S. 207-220.

BAY AREA COUNCIL: Making Sense of the Region's Growth. San Francisco 1988.

BAY VISION 2020: The Commission Report. San Francisco 1991.

BAYERISCHES LANDESAMT = Bayerisches Landesamt für Statistik und Datenverarbeitung (Hrsg.): Volkszählung 1987. Bevölkerung, Erwerbstätige, Privathaushalte, Gebäude und Wohnungen in Bayern. München 1987. (=Statistische Berichte).

BAYERISCHES LANDESAMT = Bayerisches Landesamt für Statistik und Datenverarbeitung (Hrsg.): Gemeindedaten. Ausgabe 1992. München 1992.

BECK, U.: Risikogesellschaft. Auf dem Weg in eine andere Moderne. Frankfurt/M. 1986.

BECK, U.: Die Gesellschaft von unten gestalten. Subpolitik: Die Individuen kehren zurück. In: Süddeutsche Zeitung, Nr. 111, 1993, S. 13.

BECKER, H. S./ B. GEER: Teilnehmende Beobachtung: Die Analyse qualitativer Forschungsergebnisse. In: C. Hopf/ W. Weingarten (Hrsg.): Qualitative Sozialforschung. Stuttgart 1979, S. 139-166.

BELL, P./ P. CLOKE: Deregulation and Rural Bus Services: A Study in Rural Wales. In: Environment and Planning A, 23, Nr. 1, 1991, S. 139-146.

BIRK, F.: Kommunale Wirtschaftspolitik und Gewerbeflächenpolitik in Großbritannien und in der Bundesrepublik Deutschland - Eine vergleichende Betrachtung der Fallbeispiele München und Birmingham. In: F. Birk/ K. Kanzler/ J. Maier/ G. Troeger-Weiß: Regionale und kommunale Wirtschaftspolitik in Großbritannien und in der Bundesrepublik Deutschland. Bayreuth 1992, S. 21-135. (=Bayreuther Geowissenschaftliche Arbeiten 17).

BLANKE, B./ S. BENZLER: Horizonte der Lokalen Politikforschung. Einleitung. In: B. Blanke (Hrsg.): Stadt und Staat. Systematische, vergleichende und problemorientierte Analysen "dezentraler" Politik. Opladen 1991, S. 9-32. (=Politische Vierteljahresschrift, Sonderheft 22).

BLUM, U. et al.: Strategie- und Handlungskonzepte für das bayerische Grenzland in den 90-er Jahren. Bayreuth 1991.

BÖHME, H.: Stadtgestaltungslehre versus Stadtplanungswissenschaft. Zu den Anfängen der wissenschaftlich begründeten Stadtentwurfslehre. In: Die alte Stadt 16, H. 2-3, 1989, S. 141-163.

BONSS, W.: Die Einübung des Tatsachenblicks. Zur Struktur und Veränderung empirischer Sozialforschung. Frankfurt/M. 1982.

BOURDIEU, P.: Sozialer Sinn. Kritik der theoretischen Vernunft. Frankfurt/M. 1987.

BOURDIEU, P.: Die feinen Unterschiede. Kritik der gesellschaftlichen Urteilskraft. Frankfurt/M. 1989.

BOURDIEU, P.: Physischer, sozialer und angeeigneter physischer Raum. In: M. Wentz (Hrsg.): Stadt-Räume. Frankfurt/M., New York 1991, S. 25-34. (=Die Zukunft des Städtischen 2).

BORST, R. et al. (Hrsg.): Das neue Gesicht der Städte. Theoretische Ansätze und empirische Befunde aus der internationalen Debatte. Basel, Boston, Berlin 1990.

BREMM, H.-J./ R. DANIELZYK: Vom Fordismus zum Post-Fordismus. Das Regulationskonzept als Leitlinie des planerischen Handelns? In: RaumPlanung, H. 53, 1991, S. 121-127.

BRYSON, J. M./ W. D. ROERING: Applying Private-Sector Strategic Planning in the Public Sector. In: Journal of the American Planning Association 53, Nr. 1, 1987, S. 9-22.

BÜHLER, E. et al.: Standortqualitäten und Entwicklungsmuster von Groß-, Mittel- und Kleinstädten in der Schweiz. Zürich 1992. Unv. Manuskr.

BULLMANN, U.: Zur "Identität der lokalen Ebene". Aussichten zwischen kommunaler Praxis und politikwissenschaftlicher Theorie. In: B. Blanke (Hrsg.): Stadt und Staat. Systematische, vergleichende und problemorientierte Analysen "dezentraler" Politik. Opladen 1991, S. 72-92. (=Politische Vierteljahresschrift, Sonderheft 22).

BURMEISTER, K./ W. CANZLER: Einleitung: Zukunftsgestaltung durch Netzwerke. In: K. Burmeister/ W. Canzler/ R. Kreibich (Hrsg.): Netzwerke. Vernetzung und Zukunftsgestaltung. Weinheim, Basel 1991, S. 9-20. (=ZukunftsStudien 2).

CAMAGNI, R.: Local 'Milieu', Uncertainty and Innovation Networks: Towards a New Dynamic Theory of Economic Space. In: R. Camagni (Hrsg.): Innovation Networks: Spatial Perspectives. London, New York 1991, S. 121-144.

CASTELLS, M.: The New Urban Crisis. In: D. Frick (Hrsg.): The Quality of Urban Life. Social, Psychological, and Physical Conditions. Berlin, New York 1986, S. 13-18.

CHRISTENSEN, P. R. et al.: Firms in Network: Concepts, Spatial Impacts and Policy Implications. In: S. Illeris/ L. Jakobsen (Hrsg.): Networks and Regional Development. Kopenhagen 1990, S. 11-58.

CIMA=CIMA-Stadtmarketing GmbH: Stadtleitbild Schwandorf. München 1990. Unv. Manuskr.

CIMA=CIMA-Stadtmarketing GmbH: Markt-, Standort- und Imageuntersuchung für die Stadt Ried im Innkreis. München 1993. Unv. Manusk. (zitiert als 1993a)

CIMA=CIMA-Stadtmarketing GmbH: Die Stärken-Schwächen Rieds im Überblick. München 1993. Unv. Manuskr. (zitiert als 1993b)

CIMA=CIMA-Stadtmarketing GmbH: Attraktives Ried: Zentrum des Innviertels. Von der Versorgungs- zur Erlebnisstadt. Stadtleitbild Ried 2005. München 1993. Unv. Manuskr. (zitiert als 1993c)

COCHRANE, A.: Das veränderte Gesicht städtischer Politik in Sheffield: vom "municipal labourism" zu "public-private partnership". In: H. Heinelt/ M. Mayer (Hrsg.): Politik in europäischen Städten. Fallstudien zur Bedeutung lokaler Politik. Basel, Boston, Berlin 1992, S. 119-136.

COOKE, P.: Modern Urban Theory in Question. In: Transactions New Series 15, Nr. 3, 1990, S. 331-343.

CULLINGWORTH, J. B.: Town and Country Planning in Britain. London 1985. (=The New Local Government Series 8).

DAMESICK, P. J./ P. A. WOOD: Public Policy for Regional Development: Restoration or Reformation? In: P. J. Damesick/ P. A. Wood (Hrsg.): Regional Problems, Problem Regions, and Public Policy in the United Kingdom. Oxford 1987, S. 260-266.

DAMMANN, R.: Die dialogische Praxis der Feldforschung. Der ethnographische Blick als Paradigma der Erkenntnisgewinnung. Frankfurt/M., New York 1991.

DANGSCHAT, J. S.: Soziale Konturen der "neuen Stadtpolitik" in Hamburg. In: H. Häußermann (Hrsg.): Ökonomie und Politik in alten Industrieregionen Europas. Probleme der Stadt- und Regionalentwicklung in Deutschland, Frankreich, Großbritannien und Italien. Basel, Boston, Berlin 1992, S. 178-190.

DANIELZYK, R./ J. OSSENBRÜGGE: Perspektiven geographischer Regionalforschung. "Locality Studies" und regulationstheoretische Ansätze. In: Geographische Rundschau 45, H. 4, 1993, S. 210-216.

DANNER, H.: Methoden geisteswissenschaftlicher Pädagogik. Einführung in Hermeneutik, Phänomenologie und Dialektik. München, Basel 1979.

DAVEY, P.: Die Docklands in London. Eine gründlich mißverstandene Herausforderung. In: Stadtbauwelt, H. 100, 1988, S. 2070-2074.

DEAR, M. J./ J. R. WOLCH: Wie das Territorium gesellschaftliche Zusammenhänge strukturiert. In: M. Wentz (Hrsg.): Stadt-Räume. Frankfurt/M., New York 1991, S. 233-247. (=Die Zukunft des Städtischen 2).

DIETRICHS, B.: Konzeptionen und Instrumente der Raumplanung - neue Herausforderungen. In: K. Goppel/ F. Schaffer (Hrsg.): Raumplanung in den 90er Jahren. Gundlagen, Konzepte, politische Herausforderungen in Deutschland und Europa -Bayern im Blickpunkt. Augsburg 1991, S. 535-542. (=Augsburger Schriften zur Geographie, Sonderband).

DIHT: Attraktive Innenstadt. Maßnahmen zur Stärkung der City. Bonn 1985. (=DIHT 219).

DOWALL, D. E.: The Public Real Estate Development Process. In: Journal of the American Planning Association 56, Nr. 4, 1990, S. 504-512.

DUCKWORTH, R. P./ J. M. SIMMONS/ R. H. MCNULTY: The Entrepreneurial American City. Washington 1986.

DUNCAN, S./ M. GOODWIN: The Local State and Uneven Development. Behind the Local Government Crisis. New York 1987.

EBUS, A./ W.-H. MÜLLER: Krefeld-Marketing - Konzept für eine Großstadt. In: Krefeld-Marketing. Konzept für eine Großstadt. Düsseldorf 1992, S. 4-31. (=WIBERA-Sonderdrucke 226).

ERNST, K. W.: Citymarketing. Manager gesucht. In: Handelsjournal, H. 2, 1992, S. 8-12.

ESSER, J./ J. HIRSCH: Stadtsoziologie und Gesellschaftstheorie. Von der Fordismus-Krise zur "postfordistischen" Regional- und Stadtstruktur. In: W. Prigge (Hrsg.): Die Materialität des Städtischen. Stadtentwicklung und Urbanität im gesellschaftlichen Umbruch. Basel, Boston 1987, S. 31-56.

EVERS, A.: Pluralismus, Fragmentierung und Vermittlungsfähigkeit. Zur Aktualität intermediärer Aufgaben und Instanzen im Bereich der Sozial- und Gesundheitspolitik. In: H. Heinelt/ H. Wollmann (Hrsg.): Brennpunkt Stadt. Stadtpolitik und lokale Politikforschung in den 80er und 90er Jahren. Basel, Boston, Berlin 1991, S. 221-240.

EXWOST-INFORMATIONEN=ExWoSt-Informationen zum Forschungsfeld "Städtebau und Wirtschaft, Nr. 7, April 1992.

EXWOST-INFORMATIONEN=ExWoSt-Informationen zum Forschungsfeld "Städtebau und Wirtschaft, Nr. 9, Januar 1993.

FAINSTEIN, N. I./ S. S. FAINSTEIN: Economic Restructuring and the Politics of Land Use Planning in New York City. In: Journal of the American Planning Association 53, Nr. 2, 1987, S. 237-248.

FEAGIN, J. R./ M. P. SMITH: "Global Cities" und neue internationale Arbeitsteilung. In: R. Borst et al. (Hrsg.): Das neue Gesicht der Städte. Theoretische Ansätze und empirische Befunde aus der internationalen Debatte. Basel, Boston, Berlin 1990, S. 62-88.

FEHRLAGE, A. O./ K. WINTERLING: Kann eine Stadt wie ein Unternehmen vermarktet werden? In: Stadt und Gemeinde, H. 7, 1991, S. 254-257.

FINCHER, R.: The Political Economy of the Local State. In: R. Peet/ N. Thrift (Hrsg.): New Models in Geography, Vol. 1. The Political-Economy Perspective. London, Boston, Sydney, Wellington 1989, S. 338-360.

FORSTER, K.: Selbsthilfe in New York. Die Wächter des Times Square. In: Süddeutsche Zeitung, Nr. 254, 1992, S. 3.

FRIEDEN, B. J./ L. B. SAGALYN: Downtown, Inc. How America Rebuilds Cities. Cambridge/Massachusetts, London 1989.

FRIEDEN, B. J.: Center City Transformes. Planners as Developers. In: Journal of the American Planning Association 56, Nr. 4, 1990, S. 423-428.

FRIEDRICHS, J.: Methoden empirischer Sozialforschung. Opladen 1980.

FUNKE, U./ R. G. SCHMIDT: Empfehlungen. Im Auftrag der Stadt Frankenthal (Pfalz). Mainz 1987.

FUNKE, U.: Marketing-Konzept für die Stadt Frankenthal: Entwicklung aus eigener Kraft. In: A. Töpfer/ Stadt Kassel (Hrsg.): Stadtmarketing Symposium 1992. Tagungsunterlagen. Kassel 1992, o. S.

FÜRST, D./ J.J. HESSE: Landesplanung. Düsseldorf 1981. (=Schriften zur Innenpolitik und Verwaltungswissenschaft 1).

FÜRST, D.: Die Neubelebung der Staatsdiskussion: Veränderte Anforderungen an Regierung und Verwaltung in westlichen Industriegesellschaften. In: T. Ellwein/ J. J. Hesse/ R. Mayntz/ F. W. Scharpf (Hrsg.): Jahrbuch zur Staats- und Verwaltungswissenschaft, Bd. 1. Baden-Baden 1987, S. 261-284.

FÜRST, D.: Neue Herausforderungen an die Regionalplanung. In: Informationen zur Raumentwicklung, H. 2/3, 1989, S. 83-88.

FÜRST, D.: Unsicherheiten im Staatsverhalten? Auswirkungen auf die räumliche Planung. In: Neues Archiv Niedersachsen, H. 3/4, 1992, S. 1-15.

GANSEFORTH, H./ W. JÜTTNER: Kommunale Selbstverwaltung - zwischen Parlamentarismus und Marketing. Parlamentarische Demokratie und kommunale Selbstverwaltung. Ein Diskussionsbeitrag. In: H. Heinelt/ H. Wollmann (Hrsg.): Brennpunkt Stadt. Stadtpolitik und lokale Politikforschung in den 80er und 90er Jahren. Basel, Boston, Berlin 1991, S. 241-256.

GANSER, K./ W. SIEBEL/ T. SIEVERTS: Die Planungsstrategie der IBA Emscher Park. Eine Annäherung. In: RaumPlanung, H. 61, 1993, S. 112-118.

GARZ, D./ K. KRAIMER: Qualitativ-empirische Sozialforschung im Aufbruch. In: D. Garz/ K. Kraimer (Hrsg.): Qualitativ-empirische Sozialforschung. Konzepte, Methoden, Analysen. Opladen 1991, S. 1-33.

GERTLER, M. S.: The Limits to Flexibility: Comments on the Post-Fordist Vision of Production and its Geography. In: Transactions 13, Nr. 4, 1988, S. 419-432.

GEWOS: Modellvorhaben City-Marketing Velbert. Vorschläge für Ziele und Maßnahmenbereiche. Hamburg, Bochum 1990. Unv. Manuskr. (zitiert als 1990a)

GEWOS: Start-Workshop. 3. Mai 1990. Hamburg 1990. Unv. Manuskr. (zitiert als 1990b)

GIDDENS, A.: Interpretative Soziologie. Eine kritische Einführung. Frankfurt/M., New York 1984.

GIRTLER, R.: Die "teilnehmende unstrukturierte Beobachtung" - ihr Vorteil bei der Erforschung des sozialen Handelns und des in ihm enthaltenen Sinns. In: R. Aster/ H. Merkens/ M. Repp (Hrsg.): Teilnehmende Beobachtung. Werkstattberichte und methodologische Reflexionen. Frankfurt/M., New York 1989, S. 103-113.

GLASSON, J.: The Fall and Rise of Regional Planning in the Economically Advanced Nations. In: Urban Studies 29, Nr. 3/4, 1992, S. 505-531.

GOLDSMITH, M.: Local Government. In: Urban Studies 29, Nr. 3/4, 1992, S. 393-410.

GOODWIN, M./ S. DUNCAN/ S. HALFORD: Regulation Theory, the Local State, and the Transition of Urban Politics. In: Environment and Planning D: Society and Space 11, Nr. 1, 1993, S. 67-88.

GOTTDIENER, M.: Krisentheorie und räumliche Umstrukturierung: Das Beispiel USA. In: R. Borst et al. (Hrsg.): Das neue Gesicht der Städte. Theoretische Ansätze und empirische Befunde aus der internationalen Debatte. Basel, Boston, Berlin 1990, S. 151-169.

GROSSE KREISSTADT SCHWANDORF: Schwandorf in Zahlen und Daten für Industrie und Gewerbe. Schwandorf 1990. Unv. Manuskr.

HAAS, H.-D./ H. MATEJKA: Die Mobilitätsbereitschaft der Belegschaftsmitglieder in einem vor der Stillegung stehenden Bergbauunternehmen. Das Beispiel der Bayerischen Braunkohlen-Industrie AG in Schwandorf/Wackersdorf (Oberpfalz). In: Mitteilungen der Geographischen Gesellschaft in München, Bd. 68, 1983, S. 43-66.

HABERMAS, J.: Theorie des kommunikativen Handelns, 2 Bde. Frankfurt/M. 1981.

HABERMAS, J.: Die Krise des Wohlfahrtsstaates und die Erschöpfung utopischer Energien. In: J. Habermas: Die neue Unübersichtlichkeit. Frankfurt/M. 1985, S. 141-163.

HABERMAS, J.: Die neue Intimität zwischen Politik und Kultur. Thesen zur Aufklärung in Deutschland. In: Merkur 42, H. 4, 1988, S. 150-155.

HABERMAS, J.: Volkssouveränität als Verfahren. Ein normativer Begriff von Öffentlichkeit. In: Merkur 43, H. 6, 1989, S. 465-477.

HAMMANN, P.: Ansätze zu einem Marketing für kommunale Standorte. In: V. Trommersdorff (Hrsg.): Handelsforschung 1986. Jahrbuch der Forschungsstelle für den Handel Berlin (FfH) e.V., Bd. 1. Heidelberg 1986, S. 161-184.

HANSEN, U.: Absatz- und Beschaffungsmarketing des Einzelhandels. Göttingen 1990.

HARVEY, D.: The Condition of Postmodernity. An Enquiry into the Origins of Cultural Change. Cambridge 1989.

HARVEY, D.: Flexible Akkumulation durch Urbanisierung. Reflektionen über "Postmodernismus" in amerikanischen Städten. In: R. Borst et al. (Hrsg.): Das neue Gesicht der Städte. Theoretische Ansätze und empirische Befunde aus der internationalen Debatte. Basel, Boston, Berlin 1990, S. 39-61.

HASSE, J.: Die räumliche Vergesellschaftung des Menschen in der Postmoderne. Karlsruhe 1988. (=Karlsruher Manuskripte zur Mathematischen und theoretischen Wirtschafts- und Sozialgeographie 91).

HASSE, J.: Sozialgeographie an der Schwelle zur Postmoderne. Für eine ganzheitliche Sicht jenseits wissenschaftstheoretischer Fixierungen. In: Zeitschrift für Wirtschaftsgeographie 33, H. 1/2, 1989, S. 20-29.

HATZFELD/JUNKER, Stadtforschung-Stadtplanung: City-Management Hamm. Abschlußbericht zur Probephase Dezember 1990 bis Mai 1991. Hamm 1991.

HÄUSSERMANN, H.: Die Bedeutung "lokaler Politik" - neue Forschung zu einem alten Thema. In: B. Blanke (Hrsg.): Stadt und Staat. Systematische, vergleichende und problem-orientierte Analysen "dezentraler" Politik. Opladen 1991, S. 35-50. (=Politische Vierteljahresschrift, Sonderheft 22).

HÄUSSERMANN, H.: Ökonomie und Politik in alten Industrieregionen. In: H. Häußermann (Hrsg.): Ökonomie und Politik in alten Industrieregionen Europas. Probleme der Stadt- und Regionalentwicklung in Deutschland, Frankreich, Großbritannien und Italien. Basel, Boston, Berlin 1992, S. 10-34.

HÄUSSERMANN, H.: Neue Politikformen in der Stadt- und Regionalentwicklung. Vortrag auf der Tagung "Regionalentwicklung zwischen Stadtmarketing und Risikomanagement" am 24. April 1993 beim IÖW in Wuppertal. Unv. Manuskr.

HÄUSSERMANN, H./ W. SIEBEL: Neue Urbanität. Frankfurt/M. 1987.

HÄUSSERMANN; H./ W. SIEBEL: Die Kulturalisierung der Regionalpolitik. In: Geographische Rundschau 45, H. 4, 1993, S. 218-223. (zitiert als 1993a)

HÄUSSERMANN, H./ W. SIEBEL: Wandel der Planungsaufgaben und Wandel der Planungsstrategie - Das Beispiel der Internationalen Bauausstellung Emscher-Park. In: Arbeitskreis Stadterneuerung an deutschsprachigen Hochschulen (Hrsg.): Jahrbuch Stadterneuerung. Berlin 1993. (im Druck) (zitiert als 1993b)

HAVERKAMP, H.-E./ D. SCHIMANKE: Stadtplanung als Handlungsressource der Kommunalverwaltung? In: J. J. Hesse/ H. Wollmann (Hrsg.): Probleme der Stadtentwicklung in den 80er Jahren. Frankfurt/M., New York 1983, S. 53-71.

HEALEY, P.: The Reorganisation of State and Market in Planning. In: Urban Studies 29, Nr. 3/4, 1992, S. 411-434.

HEDLUND, A./ T. JOHNSTAD/ J. G. RASMUSSEN/ P. VUORINEN: Competence, Networks and Regional Policy. In: S. Illeris/ L. Jakobsen (Hrsg.): Networks and Regional Development. Kopenhagen 1990, S. 236-280.

HEIMANN, H.: City-Management - eine neue Strategie für Stadtzentren - am Beispiel der Innenstadt Solingen. In: Stadtmarketing in der Diskussion. Fallbeispiele aus Nordrhein-Westfalen. Dortmund 1991, S. 28-33.(=ILS Schriften 56).

HEIMANN, H./ P. G. JANSEN/ D. WAGNER: City-Management Solingen: Public Private Partnership für die Innenstadt. In: ExWoSt-Informationen zum Forschungsfeld "Städtebau und Wirtschaft", Nr. 10, 1993, S. 17-24.

HEINZ, W., u. Mitarbeit von H. Janssen: Stadtentwicklung und Strukturwandel. Einschätzungen kommunaler und außerkommunaler Entscheidungsträger. Stuttgart 1990. (=Schriften des Deutschen Instituts für Urbanistik 82).

HEINZE, T.: Qualitative Sozialforschung. Erfahrungen, Probleme und Perspektiven. Opladen 1987.

HEINZE, R. G./ H. VOELZKOW: Kommunalpolitik und Verbände. Inszenierter Korporatismus auf lokaler und regionaler Ebene? In: H. Heinelt/ H. Wollmann (Hrsg.): Brennpunkt Stadt. Stadtpolitik und lokale Politikforschung in den 80er und 90er Jahren. Basel, Boston, Berlin 1991, S. 187-206. (zitiert als 1991a)

HEINZE, R. G./ H. VOELZKOW: Regionalisierung der Strukturpolitik in Nordrhein-Westfalen. In: B. Blanke (Hrsg.): Stadt und Staat. Systematische, vergleichende und problemorientierte Analysen "dezentraler" Politik. Opladen 1991, S. 461-476. (=Politische Vierteljahresschrift, Sonderheft 22). (zitiert als 1991b)

HELBRECHT, I.: Das Ende der Gestaltbarkeit? Zu Funktionswandel und Zukunftsperspektiven räumlicher Planung. Oldenburg 1991. (=Wahrnehmungsgeographische Studien zur Regionalentwicklung 10).

HELBRECHT, I.: Abschlußbericht City-Management. Bayerisches Modell-Projekt 1989-1992. CIMA-Stadtmarketing München, Leipzig 1992.

HELLSTERN, G.-M.: Verwaltungsvollzugsdaten und Aktenanalyse - ein tragfähiger Zugang zum Verständnis der Verwaltungswelt? In: H. Afheldt/ W. Schultes/ W. Siebel/ T. Sieverts (Hrsg.): Werkzeuge qualitativer Stadtforschung. Gerlingen 1984, S. 199-224. (=Beiträge zur Stadtforschung 3).

HESSE, J. J.: Stadt und Staat - Veränderung der Stellung und Funktion der Gemeinden im Bundesstaat? In: J. J. Hesse/ H. Wollmann (Hrsg.): Probleme der Stadtentwicklung in den 80er Jahren. Frankfurt/M., New York 1983, S. 6-32.

HESSE, J. J.: Aufgaben einer Staatslehre heute. In: T. Ellwein/ J. J. Hesse/ R. Mayntz/ F. W. Scharpf (Hrsg.): Jahrbuch zur Staats- und Verwaltungswissenschaft, Bd. 1. Baden-Baden 1987, S. 55-87. (zitiert als 1987a)

HESSE, J. J.: Staatliches Handeln in der Umorientierung - eine Einführung. In: J.J. Hesse/ C. Zöpel (Hrsg.): Zukunft und staatliche Verantwortung. Baden-Baden 1987, S. 59-72. (zitiert als 1987b)

HEUER, H./ K. ROESLER: Langzeitbeobachtung und Aktionsforschung in der Gewerbepolitik: Erfahrungen mit dem Fallstudienkonzept des Deutschen Instituts für Urbanistik und der Prognos AG in der Region Stuttgart. In: H. Afheldt/ W. Schultes/ W. Siebel/ T. Sieverts (Hrsg.): Werkzeuge qualitativer Stadtforschung. Gerlingen 1984, S. 227-248. (=Beiträge zur Stadtforschung 3).

HIRSCH, J.: Auf dem Wege zum Postfordismus? Die aktuelle Neuformierung des Kapitalismus und ihre politischen Folgen. In: Das Argument 151, Jg. 27, Mai/Juni 1985, S. 325-342.

HIRSCH, J./ R. ROTH: Das neue Gesicht des Kapitalismus. Vom Fordismus zum Post-Fordismus. Hamburg 1986.

HOLL, S.: City-Marketing und City-Management - Instrumente zur Abstimmung von Stadt- und Einzelhandelsentwicklung und zur Sicherung einer mittelständisch geprägten Einzelhandelsstruktur in den neuen Bundesländern? In: Raumforschung und Raumordnung 50, H. 6, 1992, S. 311-326.

HONERT, S.: Stadtmarketing und Stadtmanagement. In: Der Städtetag, H. 6, 1991, S. 394-401. (zitiert als 1991a)

HONERT, S.: Stadtmarketing in Langenfeld. In: Stadtmarketing in der Diskussion. Fallbeispiele aus Nordrhein-Westfalen. Dortmund 1991, S. 63-66.(=ILS Schriften 56). (zitiert als 1991b)

HOPF, C.: Soziologie und qualitative Sozialforschung. In: C. Hopf/ W. Weingarten (Hrsg.): Qualitative Sozialforschung. Stuttgart 1979, S. 11-37.

HUDSON, R./ A. WILLIAMS: The United Kingdom. London 1986.

IPSEN, D.: Raumbilder. Zum Verhältnis des ökonomischen und des kulturellen Raumes. In: Informationen zur Raumentwicklung, H. 11/12, 1986, S. 921-931.

JAHODA, M./ M. DEUTSCH/ S. W. COOK: Beobachtungsverfahren. In: R. König (Hrsg.): Beobachtung und Experiment in der Sozialforschung. Praktische Sozialforschung, Bd. 2. Köln, Berlin 1968, S. 77-96.

JOSCZOK, D.: Selbstorganisation und Politik. Politikwissenschaftliche Implikationen des Selbstorganisations-Konzeptes. Versuch einer Trassierung im Kontext politischer Ökologie. Münster 1989. (=Studien zur Politikwissenschaft Abt. B, Forschungsberichte und Dissertationen 43).

JUNGK, R./ N. R. MÜLLER: Zukunftswerkstätten. Mit Phantasie gegen Routine und Resignation. München 1989.

JUNKER, F./ H.-M. MUHLE: City-Management Hamm - ein Erfahrungsbericht. In: Stadtmarketing in der Diskussion. Fallbeispiele aus Nordrhein-Westfalen. Dortmund 1991, S. 18-27.(=ILS Schriften 56).

KAUFMANN, J. L./ H. M. JACOBS: A Public Planning Perspective on Strategic Planning. In: Journal of the American Planning Association 53, Nr. 1, 1987, S. 23-33.

KEIL, R.: Handlungsräume / Raumhandeln. Postfordistische Perspektiven zwischen Raumbildern und Raumbildnern. In: M. Wentz (Hrsg.): Stadt-Räume. Frankfurt/M., New York 1991, S. 185-208. (=Die Zukunft des Städtischen 2).

KELLER, V. v.: Stadtmarketing: Unternehmerisches Denken im Rathaus. Millionen für Regionen. In: Wirtschaftswoche, Nr. 31, 1990, S. 70-74.

KELLER, E.: Modellvorhaben City-Marketing Velbert. In: Stadtmarketing in der Diskussion. Fallbeispiele aus Nordrhein-Westfalen. Dortmund 1991, S. 34-43.(=ILS Schriften 56). (zitiert als 1991a)

KELLER, D. A.: Planung auf der Suche nach Erfolg. In: Dokumente und Informationen zur Schweizerischen Orts-, Regional- und Landesplanung (DISP) 27, H. 104, 1991, S. 10-17. (zitiert als 1991b)

KEMMING, H.: Zur Gestaltung von Stadtmarketing - Orientierungen für die Praxis. In: Stadtmarketing in der Diskussion. Fallbeispiele aus Nordrhein-Westfalen. Dortmund 1991, S. 7-14.(=ILS Schriften 56). (zitiert als 1991a)

KEMMING, H.: Kommunalpolitisches Forum zum Stadtmarketing - ein Problemabriß. In: Stadtmarketing in der Diskussion. Fallbeispiele aus Nordrhein-Westfalen. Dortmund 1991, S. 96-98.(=ILS Schriften 56). (zitiert als 1991b)

KLEBERT, K./ E. SCHRADER/ H. STRAUB: KurzModeration. Anwendung der ModerationsMethode in Betrieb, Schule und Hochschule, Kirche und Politik, Sozialbereich und Familie. Hamburg 1987.

KLEINING, G.: Umriß zu einer Methodologie qualitativer Sozialforschung. In: Kölner Zeitschrift für Soziologie und Sozialpsychologie 34, 1982, S. 224-253.

KLUCKHOHN, F.: Die Methode der teilnehmenden Beobachtung. In: R. König (Hrsg.): Beobachtung und Experiment in der Sozialforschung. Praktische Sozialforschung, Bd. 2. Köln, Berlin 1968, S. 97-114.

KOSSAK, E.: Der Planer als Urban Manager. In: Bauwelt, H. 24, 1988, S. 998-999.

KÖSTER, A./ K. SCHMIDT: Stadtmarketing. In: RaumPlanung, Nr. 58, 1992, S. 139-146.

KRAMER, D./ H. KRAMER/ S. LEHMANN: Aktionsforschung: Sozialforschung und gesellschaftliche Wirklichkeit. In: K. Horn (Hrsg.): Aktionsforschung: Balanceakt ohne Netz? Methodische Kommentare. Frankfurt/M. 1979, S. 21-40.

KRÄTKE, S.: Städte im Umbruch. Städtische Hierarchien und Raumgefüge im Prozeß gesellschaftlicher Restrukturierung. In: R. Borst et al. (Hrsg.): Das neue Gesicht der Städte. Theoretische Ansätze und empirische Befunde aus der internationalen Debatte. Basel, Boston, Berlin 1990, S. 7-38.

KRUSE, H.: Reform durch Regionalisierung. Eine politische Antwort auf die Umstrukturierung der Wirtschaft. Frankfurt/M., New York 1990.

KRUZEWICZ, M./ W. SCHUCHARDT: Public-Private-Partnership - neue Formen lokaler Kooperation in industrialisierten Verdichtungsräumen. Handlungsbedarf, internationale Befunde und Ansätze in Nordrhein-Westfalen. In: Der Städtetag, Nr. 12, 1989, S. 761-766.

LALLI, M./ W. PLÖGER: Corporate Identity für Städte. Ergebnisse einer bundesweiten Gesamterhebung. Heidelberg 1990. (=Nachdruck des Berichtes des Instituts für Psychologie der TH Darmstadt 90-1).

LALLI, M./ U. KARTTE: CI als integriertes Kommunikationskonzept für das Identitätsmanagement von Städten. In: prmagazin, H. 6, 1992, S. 39-46.

LAMNEK, S.: Qualitative Sozialforschung, Bd. 1: Methodologie. München, Weinheim 1988.

LAMNEK, S.: Qualitative Sozialforschung, Bd. 2: Methoden und Techniken. München 1989.

LÄPPLE, D.: Zur Diskussion über "Lange Wellen", "Raumzyklen" und gesellschaftliche Restrukturierung. In: W. Prigge (Hrsg.): Die Materialität des Städtischen. Stadtentwicklung und Urbanität im gesellschaftlichen Umbruch. Basel, Boston 1987, S. 59-76.

LEBORGNE, D./ A. LIPIETZ: Neue Technologien, neue Regulationsweisen: Einige räumliche Implikationen. In: R. Borst et al. (Hrsg.): Das neue Gesicht der Städte. Theoretische Ansätze und empirische Befunde aus der internationalen Debatte. Basel, Boston, Berlin 1990, S. 109-129.

LEITNER, H.: Pro-Growth Coalitions, the Local State and Downtown Development. In: M. M. Fischer/ M. Sauberer (Hrsg.): Gesellschaft - Wirtschaft - Raum. Beiträge zur modernen Wirtschafts- und Sozialgeographie. Wien 1987, S. 111-125. (=Mitteilungen des Arbeitskreises für Neue Methoden in der Regionalforschung 17).

LETTNER, S./ R. MURAUER: Regionales Kooperationsmodell "Unterer Inn". Linz 1991. Unv. Manuskr.

LETTNER, S./ R. MURAUER: "Thermenregion Unterer Inn." Linz 1992. Unv. Manuskr.

LIPIETZ, A.: Die Beziehungen zwischen Kapital und Arbeit am Vorabend des 21. Jahrhunderts. In: Leviathan 19, H. 1, 1991, S. 78-101

LOCAL GOVERNMENT ACT 1985: Chapter 51. London 1985.

LUHMANN, N.: Politische Planung. In: N. Luhmann: Politische Planung. Aufsätze zur Soziologie von Politik und Verwaltung. Opladen 1971, S. 66-89.

LUHMANN, N.: Soziologische Aufklärung 4. Beiträge zur funktionalen Differenzierung der Gesellschaft. Opladen 1987.

LUTZ, C.: Die Kommunikationsgesellschaft. Ein Leitbild für die Politik und Wirtschaft Westeuropas. Rüschlikon 1986. (=GDI Schrift 45).

LUTZ, C.: Dialog - der neue Megatrend? Gottlieb Duttweiler-Institut, Rüschlikon 1992. Unv. Manuskr.

MACH WAS=mach was GmbH, Sales Promotion Konzept und Durchführung: Workshop City-Management Mindelheim. Bremen 1991. Unv. Manuskr.

MAIER, J.: Planungsmanagement und Planungsmarketing. Denk- und Handlungsrichtungen der Regionalplanung in den 90er Jahren. In: Regional- und Landesplanung für die 90er Jahre. Wissenschaftliche Plenarsitzung 1990. Hannover 1990, S. 101-107. (=ARL, Forschungs- und Sitzungsberichte 186).

MAIER, J.: "Kommunales Marketing - eine Überlebensstrategie für Dörfer?" In: H. Magel/ A. Winter (Hrsg.): Ländliche Gemeinden auf dem Weg in den Europäischen Binnenmarkt. Salzburg 1991, S. 170-186.

MAIER, J./ G. TROEGER-WEISS: Teilraumgutachten in Bayern. Konzept, Durchführung und Umsetzung am Beispiel des Raumes Kronach. In: Informationen zur Raumentwicklung, H. 2/3, 1989, S. 135-141.

MARDEN, P.: "Real" Regulation Reconsidered. In: Environment and Planning A, Vol. 24, 1992, S. 751-767.

MAYER, M.: Lokale Politik in der unternehmerischen Stadt. In: R. Borst et al. (Hrsg.): Das neue Gesicht der Städte. Theoretische Ansätze und empirische Befunde aus der internationalen Debatte. Basel, Boston, Berlin 1990, S. 191-208.

MAYER, M.: Postfordismus und lokaler Staat. In: H. Heinelt/ H. Wollmann (Hrsg.): Brennpunkt Stadt. Stadtpolitik und lokale Politikforschung in den 80er und 90er Jahren. Basel, Boston, Berlin 1991, S. 31-51.

MAYNTZ, R.: Politische Steuerung und gesellschaftliche Steuerungsprobleme - Anmerkungen zu einem theoretischen Paradigma. In: T. Ellwein/ J. J. Hesse/ R. Mayntz/ F. W. Scharpf (Hrsg.): Jahrbuch zur Staats- und Verwaltungswissenschaft, Bd. 1. Baden-Baden 1987, S. 89-100.

MEFFERT, H.: Städtemarketing - Pflicht oder Kür? Vortrag anlässlich des Symposiums "Stadtvisionen" in Münster, März 1989. Unv. Manuskr.

MEINECKE, B.: Zur Auswertung qualitativ erhobener Daten. Anwendung, Erfahrungen und forschungsökonomische Grenzen. In: H. Afheldt/ W. Schultes/ W. Siebel/ T. Sieverts (Hrsg.): Werkzeuge qualitativer Stadtforschung. Gerlingen 1984, S. 153-172. (=Beiträge zur Stadtforschung 3).

MEUSER, M./ U. NAGEL: ExpertInneninterviews - vielfach erprobt, wenig bedacht. Ein Beitrag zur qualitativen Methodendiskussion. In: D. Garz/ K. Kraimer (Hrsg.): Qualitativ-empirische Sozialforschung. Konzepte, Methoden, Analysen. Opladen 1991, S. 441-471.

MEYER, W. B./ D. GREGORY/ B. L. TURNER II/ P. F. McDOWELL: The Local-Global Continuum. In: R. F. Abler/ M. G. Marcus/ J. M. Olson (Hrsg.): Geography's Inner Worlds: Pervasive Themes in Comtemporary American Geography. Rutgers 1992, S. 254-279.

MOULAERT, F./ E. SWYNGEDOUW: Regionalentwicklung und die Geographie flexibler Produktionssysteme. Theoretische Auseinandersetzung und empirische Belege aus Westeuropa und den USA. In: R. Borst et al. (Hrsg.): Das neue Gesicht der Städte. Theoretische Ansätze und empirische Befunde aus der internationalen Debatte. Basel, Boston, Berlin 1990, S. 89-108.

MSWV=Ministerium für Stadtentwicklung, Wohnen und Verkehr des Landes Nordrhein-Westfalen: Internationale Bauausstellung Emscher-Park. Werkstatt für die Zukunft alter Industrieregionen. Düsseldorf 1988.

MÜLLER, E.: Stadtmarketing - mehr als Mode? In: Der Städtetag, H. 1, 1992, S. 1. (zitiert als 1992a)

MÜLLER, S.: Stadtmarketing im Trend - Ergebnisse einer Umfrage. In: Stadtmarketing in der Diskussion. Fallbeispiele aus Nordrhein-Westfalen. Dortmund 1991, S. 15-17.(=ILS Schriften 56).

MÜLLER, W.-H.: Der Fremdenverkehr im kommunalen Marketing. In: Der Städtetag, H. 3, 1990, S. 225-232.

MÜLLER, W.-H.: Territoriales (regionales und kommunales) Marketing. Düsseldorf 1992. (=Wibera-Sonderdruck 223). (zitiert als 1992b)

MÜNCH, R. M.: Dialektik der Kommunikationsgesellschaft. Frankfurt/M. 1991.

MWMT=Ministerium für Wirtschaft, Mittelstand und Technologie des Landes Nordrhein-Westfalen: Regionalisierung. Neue Wege in der Strukturpolitik Nordrhein-Westfalens. Düsseldorf 1992. (zitiert als 1992a)

MWMT=Ministerium für Wirtschaft, Mittelstand und Technologie des Landes Nordrhein-Westfalen: Prozessuale Begleitforschung der Regionalisierung der Strukturpolitik in Nordrhein-Westfalen. Kurzfassung. Düsseldorf 1992. (zitiert als 1992b)

NASSMACHER, H.: Vergleichende Politikforschung. Eine Einführung in Probleme und Methoden. Opladen 1991.

OFFE, C.: Demokratische Legitimation der Planung. In: B. Schäfers (Hrsg.): Gesellschaftliche Planung. Materialien zur Planungsdiskussion in der BRD. Stuttgart 1973, S. 202-227.

OFFE, C.: Die Utopie der Null-Option. Modernität und Modernisierung als politische Gütekriterien. In: P. Koslowski/ R. Spaemann/ R. Löw (Hrsg.): Moderne oder Postmoderne? Weinheim 1986, S. 143-172.

OFFE, C.: Die Staatstheorie auf der Suche nach ihrem Gegenstand. Beobachtungen zur aktuellen Diskussion. In: T. Ellwein/ J. J. Hesse/ R. Mayntz (Hrsg.): Jahrbuch zur Staats- und Verwaltungswissenschaft, Bd. 1. Baden-Baden 1987, S. 309-320.

OSSENBRÜGGE, J.: Der Regulationsansatz in der deutschsprachigen Stadtforschung. Anmerkungen zu Neuerscheinungen. In: Geographische Zeitschrift 80, H. 2, 1992, S. 121-127.

PEISER, R.: Who Plans America? Planners or Developers? In: Journal of the American Planning Association 56, Nr. 4, 1990, S. 496-503.

PETZOLD, K./ W.-H. MÜLLER: Kommunales Marketing. Düsseldorf 1989. (=Wibera-Sonderdruck 207).

PFEIFFER, U./ T. S. PFEIFFER: Öffentlich-Private Partnerschaft in der Wirtschafts- und Stadtentwicklung amerikanischer Städte. Bonn 1988. Unv. Manuskr.

PICKVANCE, C. G.: Ökonomischer Niedergang und territoriales Management: Die Entstehung einer politischen Ökonomie in den Beziehungen zwischen Staat und lokaler Ebene in Großbritannien. In: H. Häußermann (Hrsg.): Ökonomie und Politik in alten Industrieregionen Europas. Probleme der Stadt- und Regionalentwicklung in Deutschland, Frankreich, Großbritannien und Italien. Basel, Boston, Berlin 1992, S. 53-80.

POHL, J.: Die Wirklichkeiten von Planungsbetroffenen verstehen. Eine Studie zur Umweltbelastung im Münchener Norden. In: P. Sedlacek (Hrsg.): Programm und Praxis qualitativer Sozialgeographie. Oldenburg 1989, S. 39-64. (=Wahrnehmungsgeographische Studien zur Regionalentwicklung 6).

PRESSEAUSSCHUSS = Presseausschuß des Deutschen Städtetages: Stadtmarketing - Hinweise zu einer Herausforderung. In: Der Städtetag, H. 3, 1990, S. 233-234.

PRIGGE, W.: Raum und Ort. Kontinuität und Brüche der Materialität des Städtischen. In: W. Prigge (Hrsg.): Die Materialität des Städtischen. Stadtentwicklung und Urbanität im gesellschaftlichen Umbruch. Basel, Boston 1987, S. 9-27.

PRIGGE, W.: "Städte bauen oder Sätze bauen?" In: kultuRRevolution. zeitschrift für angewandte diskurstheorie, Nr. 17/18, 1988, S. 99-103.

PROBST, G. J. B./ P. GOMEZ: Die Methodik des vernetzten Denkens zur Lösung komplexer Probleme. In: J. B. Probst/ P. Gomez (Hrsg.): Vernetztes Denken. Ganzheitliches Führen in der Praxis. Wiesbaden 1993, S. 3-20.

RATHMAYER, G.: Stadtmarketing als Strategie der Beziehungspflege und Identifikation von Bürgern und Gästen. In: G. Rathmayer/ W. Hesse (Hrsg.): Stadtmarketing / Regionalmarketing in den 90er Jahren. Handbuch zum Forum "Stadt- und Regionalmarketing" vom 09.07.-11.07.1991 in Würzburg. München, Varel, Jever 1991, S. 43-45.

RECHMANN, B.: Standortmarketing im Ruhrgebiet. In: Kommunalverband Ruhrgebiet (Hrsg.): Schulbuchinformationsdienst Ruhrgebiet, Nr. 11. Essen 1991, S. 3-4.

REICHERTZ, J.: Hermeneutische Auslegung von Feldprotokollen ? - Verdrießliches über ein beliebtes Forschungsmittel. In: R. Aster/ H. Merkens/ M. Repp (Hrsg.): Teilnehmende Beobachtung. Werkstattberichte und methodologische Reflexionen. Frankfurt/M, New York 1989, S. 84-102.

RIED = Bericht der Stadtgemeinde Ried im Innkreis über das Jahr 1991. Ried i. I. 1991.

RITTER, E.-H.: Staatliche Steuerung bei vermindertem Rationalitätsanspruch? Zur Praxis der politischen Planung in der Bundesrepublik Deutschland. In: T. Ellwein/ J. J. Hesse/ R. Mayntz/ F. W. Scharpf (Hrsg.): Jahrbuch zur Staats- und Verwaltungswissenschaft, Bd. 1. Baden-Baden 1987, S. 321-352.

RÖBER, M.: Stadtmarketing - Analyse eines neuen Ansatzes in der Stadtentwicklungspolitik. In: Verwaltungsrundschau, H. 10, 1992, S. 355-358.

ROBERTS, S. M./ R. H. SCHEIN: The Entrepreneurial City: Fabricating Urban Development in Syracus, New York. In: The Professional Geographer 45, Nr. 1, 1993, S. 21-33.

ROBSON, B.: Those Inner Cities. Reconciling the Social and Economic Aims of Urban Policy. Oxford 1988.

RODENSTEIN, M.: Durchstaatlichung der Städte? Krisenregulierung durch die kommunale Selbstverwaltung. In: W. Prigge (Hrsg.): Die Materialität des Städtischen. Stadtentwicklung und Urbanität im gesellschaftlichen Umbruch. Basel, Boston 1987, S. 107-123.

SAGALYN, L. B.: Explaining the Improbable. Local Redevelopment in the Wake of Federal Cutbacks. In: Journal of the American Planning Association 56, Nr. 4, 1990, S. 429-441.

SAVITCH, P.: Post-Industrial Planning in New York, Paris, and London. In: Journal of the American Planning Association 53, Nr. 3, 1987, S. 80-91.

SCHARPF, F.W.: Planung als politischer Prozeß. In: F. Naschold/ W. Väth (Hrsg.): Politische Planungssysteme. Opladen 1973, S. 167-202.

SCHARPF, F. W.: Politische Planung zwischen Anspruch und Realität. Nachtrag zu einer Diskussion. In: M. Lendi/ W. Linder (Hrsg.): Politische Planung in Theorie und Praxis. Ein Kolloquium des Instituts für Orts-, Regional- und Landesplanung der ETH Zürich. Bern, Stuttgart 1979, S. 21-30.

SCHARPF, F. W.: Grenzen der institutionellen Reform. In: T. Ellwein/ J. J. Hesse/ R. Mayntz/ F. W. Scharpf (Hrsg.): Jahrbuch zur Staats- und Verwaltungswissenschaft, Bd. 1. Baden-Baden 1987, S. 111-151.

SCHARPF, F. W.: Einführung. Zur Theorie von Verhandlungssystemen. In: A. Benz/ F. W. Scharpf/ R. Zintl: Horizontale Politikverflechtung. Zur Theorie von Verhandlungssystemen. Frankfurt/M., New York 1992, S. 11-27.

SCHARPF, F. W./ B. REISSERT/ F. SCHNABEL: Politikverflechtung: Theorie und Empirie des kooperativen Föderalismus in der Bundesrepublik. Kronberg/Ts. 1976.

SCHELSKY, H.: Über die Abstraktheiten des Planungsbegriffes in den Sozialwissenschaften. In: Zentralinstitut für Raumplanung (Hrsg.): Zur Theorie der allgemeinen und der regionalen Planung. Bielefeld 1969, S. 9-24. (=Beiträge zur Raumplanung 1).

SCHEYTT, O.: Stadtmarketing und Kultursponsoring - Der Imagefaktor "Kultur". In: Der Städtetag, H. 3, 1990, S. 198-203.

SCHMALS, K. M.: Die Global-City London - Internationalisierung der Kapitalverwertung und Deregulierung der Stadterneuerungspolitik. In: U. v. Petz/ K. M. Schmals (Hrsg.): Metropole, Weltstadt, Global City: Neue Formen der Urbanisierung. Dortmund 1992, S. 101-126. (=Dortmunder Beiträge zur Raumplanung 60).

SCHNEIDER, U.: Sozialwissenschaftliche Methodenkrise und Handlungsforschung. Methodische Grundlagen der Kritischen Psychologie 2. Frankfurt/M. 1980.

SCHÜTZE, F./ W. MEINEFELD/ W. SPRINGER/ A. WEYMANN: Grundlagentheoretische Voraussetzungen methodisch kontrollierten Fremdverstehens. In: Arbeitsgruppe Bielefelder Soziologen (Hrsg.): Alltagswissen, Interaktion und gesellschaftliche Wirklichkeit. Opladen 1981, S. 433-495.

SCHULZE, G.: Die Erlebnisgesellschaft. Kultursoziologie der Gegenwart. Frankfurt/M., New York 1992.

SCOTT, J. W.: The Challenge of the Regional City. Political Traditions, the Planning Process, and their Roles in Metropolitan Growth Management. Berlin 1992. (=Abhandlungen - Anthropogeographie, Institut für Geographische Wissenschaften FU Berlin 50).

SELLE, K.: Planung im Wandel: Vermittlungsaufgaben und kooperative Problemlösungen. In: Dokumente und Informationen zur Schweizerischen Orts-, Regional- und Landesplanung (DISP) 27, H. 106, 1991, S. 34-45. (zitiert als 1991a)

SELLE, K.: Planung als Vermittlung. Anmerkungen zum Vordringen intermediärer Akteure. In: K. Novy/ F. Zwoch (Hrsg.): Nachdenken über Städtebau. Stadtbaupolitik, Baukultur, Architekturkritik. Braunschweig, Wiesbaden 1991, S. 117-129. (=Bauwelt Fundamente 93). (zitiert als 1991b)

SIEBEL, W.: Die Internationale Bauausstellung Emscher-Park - Eine Strategie zur ökonomischen, ökologischen und sozialen Erneuerung alter Industrieregionen. In: H. Häußermann (Hrsg.): Ökonomie und Politik in alten Industrieregionen Europas. Probleme der Stadt- und Regionalentwicklung in Deutschland, Frankreich, Großbritannien und Italien. Basel, Boston, Berlin 1992, S. 214-231.

SOEFFNER, H.-G.: Interaktion und Interpretation. Überlegungen zu Prämissen des Interpretierens in der Sozial- und Literaturwissenschaft. In: H.-G. Soeffner (Hrsg.): Interpretative Verfahren in den Sozial- und Textwissenschaften. Stuttgart 1979, S. 328-351.

SOJA, E.: Postmodern Geographies. The Reassertion of Space in Critical Social Theory. London, New York 1989.

SOJA, E.: Ökonomische Restrukturierung und Internationalisierung in der Region Los Angeles. In: R. Borst et al. (Hrsg.): Das neue Gesicht der Städte. Theoretische Ansätze und empirische Befunde aus der internationalen Debatte. Basel, Boston, Berlin 1990, S. 170-189.

SOJA, E.: Geschichte: Geographie: Modernität. In: M. Wentz (Hrsg.): Stadt-Räume. Frankfurt/M., New York 1991, S. 73-90. (=Die Zukunft des Städtischen 2).

STADT VELBERT: Modellprojekt "City-Marketing Velbert". Velbert 1989. Unv. Manuskr. (zitiert als 1989a)

STADT VELBERT: ZIEL Velbert. Zukunfts-Initiative Entwicklungsperspektiven Lokalregionen (ZIEL) - Projektskizze. 1. Fortschreibung. Velbert 1989. Unv. Manuskr. (zitiert als 1989b)

STADT VELBERT: City-Marketing. Dokumentation über erfolgte Aktivitäten im Jahre 1989. Velbert 1990. Unv. Manuskr.

STADT VELBERT: City-Marketing. Dokumentation über erfolgte Aktivitäten im Jahre 1990. Velbert 1991. Unv. Manuskr.

STUMPF, J.: City-Management-Projekt Schwandorf. Zwischenbericht. München 1991. Unv. Manuskr.

TIETZ, B./ P. ROTHAAR: City Studie. Marktbearbeitung und Management für die Stadt. Neue Konzepte für Einzelhandels- und Dienstleistungsbetriebe. Landsberg/Lech 1991.

TÖPFER, A.: Marketing in der kommunalen Praxis: Wo stehen wir? - Befragung aus 145 deutschen Städten. In: A. Töpfer/ Stadt Kassel (Hrsg.): Stadtmarketing Symposium 1992. Tagungsunterlagen. Kassel 1992, o. S.

TÖPFER, A./ R. MÜLLER: Marketing im kommunalen Bereich - Sinn oder Unsinn? In: Der Städtetag, H. 11, 1988, S. 741-746.

TÖPFER, A./ G. W. BRAUN: Ansatzpunkte für Marketing im kommunalen Bereich. In: G. W. Braun/ A. Töpfer (Hrsg.): Marketing im kommunalen Bereich. Der Bürger als "Kunde" seiner Gemeinde. Bonn 1989, S. 8-28.

TUROK, I.: Property-Led Urban Regeneration: Panacea or Placebo? In: Environment and Planning A, Vol. 24, Nr. 3, 1992, S. 361-379.

UHLIG, K.: Public Private Partnership. Aufgaben, Formen und Risiken kommunaler öffentlich-privater Gemeinschaftsfinanzierungen - mit Beispielen der Stadt Köln. In: Archiv für Kommunalwissenschaften 29, Bd. 1, 1990, S. 106-117.

VOSS, A.: New York ändert nicht nur sein Gesicht - die sozialräumliche Entwicklung der Weltmetropole zwischen den Jahren von 1970 bis 1990. In: U. v. Petz/ K. M. Schmals (Hrsg.): Metropole, Weltstadt, Global City: Neue Formen der Urbanisierung. Dortmund 1992, S. 43-70. (=Dortmunder Beiträge zur Raumplanung 60).

WEBER, H.: Selbstregulation unter Modernisierungsdruck. Zur Leistungsfähigkeit technokorporativer Arrangements in der Forschungs- und Bildungspolitik. In: M. Glagow/ H. Willke (Hrsg.): Dezentrale Gesellschaftssteuerung. Probleme der Integration polyzentrischer Gesellschaften. Pfaffenweiler 1987, S. 117-135

WEBER, J./ J. MAIER: Regionaler Strukturwandel der Industrie und Auswirkungen auf die Arbeitsmarktpolitik in peripheren Räumen: Das Beispiel Oberfranken. Hannover 1982. (=Beiträge der Akademie für Raumforschung und Landesplanung 66).

WILLKE, H.: Kontextsteuerung durch Recht? Zur Steuerungsfunktion des Rechts in polyzentrischen Gesellschaften. In: M. Glagow/ H. Willke (Hrsg.): Dezentrale Gesellschaftssteuerung. Probleme der Integration polyzentrischer Gesellschaften. Pfaffenweiler 1987, S. 3-26. (zitiert als 1987a)

WILLKE, H.: Kontextsteuerung und Re-Integration der Ökonomie. Zum Einbau gesellschaftlicher Kriterien in ökonomische Rationalität. In: M. Glagow/ H. Willke (Hrsg.): Dezentrale Gesellschaftssteuerung. Probleme der Integration polyzentrischer Gesellschaften. Pfaffenweiler 1987, S. 155-172. (zitiert als 1987b)

WILLKE, H.: Entzauberung des Staates. Grundlinien einer systemtheoretischen Argumentation. In: T. Ellwein/ J. J. Hesse/ R. Mayntz/ F. W. Scharpf (Hrsg.): Jahrbuch zur Staats- und Verwaltungswissenschaft, Bd. 1. Baden-Baden 1987, S. 285-308. (zitiert als 1987c)

WILLKE, H.: Systemtheorie entwickelter Gesellschaften. Dynamik und Riskanz moderner gesellschaftlicher Selbstorganisation. Weinheim, München 1989.

WILSON, T. P.: Theorien der Interaktion und Modelle soziologischer Erklärung. In: Arbeitsgruppe Bielefelder Soziologen (Hrsg.): Alltagswissen, Interaktion und gesellschaftliche Wirklichkeit. Opladen 1981, S. 54-79.

WINDHOFF-HÉRITIER, A.: Das Dilemma der Städte - Sozialpolitik in New York City. In: U. v. Petz/ K. M. Schmals (Hrsg.): Metropole, Weltstadt, Global City: Neue Formen der Urbanisierung. Dortmund 1992, S. 71- 90. (=Dortmunder Beiträge zur Raumplanung 60).

WINDHOFF-HÉRITIER, A.: Wohlfahrtsstaatliche Intervention im internationalen Vergleich Deutschland - Großbritannien. In: Leviathan 21, H. 1, 1993, S. 103-126.

WÖHE, G.: Einführung in die Allgemeine Betriebswirtschaftslehre. München 1981.

WOLCH, J.: The Shadow State: Transformation in the Voluntary Sector. In: J. Wolch/ M. Dear (Hrsg.): The Power of Geography. How Territory Shapes Social Life. London, Sydney, Wellington 1989, S. 197-221.

WUPPERTAL: Wuppertal 2004. Marketing-Konzept für unsere Stadt. Wuppertal 1988.

ZECH, S.: Stadtmarketing: Notwendigkeit und Grenzen des Machbaren? In: A. Töpfer/ Stadt Kassel (Hrsg.): Stadtmarketing Symposium 1992. Tagungsunterlagen. Kassel 1992, o. S.

ZÖPEL, C.: Staatliche Verantwortung und Zukunftsgestaltung durch Netzwerke. In: K. Burmeister/ W. Canzler/ R. Kreibich (Hrsg.): Netzwerke. Vernetzung und Zukunftsgestaltung. Weinheim, Basel 1991, S. 93-111. (=ZukunftsStudien 2).

Stadt forschung
aktuell

Gern informieren wir Sie regelmäßig
über die Buchreihe *Stadtforschung
aktuell*. Bitte wenden Sie sich an
Birkhäuser Verlag AG
Klosterberg 23
CH-4010 Basel
Tel. 0041.61.205 07 44
Fax. 0041.61.205 07 92
E-mail: promotion@birkhauser.ch
www.birkhauser.ch

Birkhäuser

Stadt forschung
aktuell

Martin Oliver Klemm
Welche Mobilität wollen wir?
Unser kollektiver Umgang mit dem Problem des städtischen Personenverkehrs. Eine Untersuchung am Beispiel der Stadt Basel.
1996. 232 Seiten. Broschur
ISBN 3-7643-5379-1 • Band 59

Stadtforschung aktuell

• Martin Oliver Klemm

Welche Mobilität wollen wir?

Unser kollektiver Umgang mit dem Problem des städtischen Personenverkehrs Eine Untersuchung am Beispiel der Stadt Basel

Dian Schefold / Maja Neumann
Entwicklungstendenzen der Kommunalverfassungen in Deutschland
Demokratisierung und Dezentralisierung?
1996. 388 Seiten. Broschur
ISBN 3-7643-5332-5 • Band 56

Christoph Reichard / Hellmut Wollmann
Kommunalverwaltung im Modernisierungsschub?
1996. 368 Seiten. Broschur
ISBN 3-7643-5368-6 • Band 58

Albert Mabileau
Kommunalpolitik und -verwaltung in Frankreich
Das „lokale System" Frankreichs
1996. 176 Seiten. Broschur
ISBN 3-7643-5337-6 • Band 57

Annette Rudolph-Cleff
Wohnungspolitik und Stadtentwicklung
Ein deutsch-französischer Vergleich
1996. 272 Seiten. Broschur.
ISBN 3-7643-5330-9 • Band 55

Stefan Krätke
Stadt – Raum – Ökonomie
Einführung in aktuelle Problemfelder der Stadtökonomie und Wirtschaftsgeographie Ein Lehrbuch
1995. 272 Seiten. Broschur.
ISBN 3-7643-5192-6 • Band 53

Birkhäuser

Stadt forschung
aktuell

Christine Bauhardt
Stadtentwicklung und Verkehrspolitik
Eine Analyse aus feministischer Sicht
1995. 176 Seiten. Broschur.
ISBN 3-7643-5198-5 • Band 54

Heinz Arnold
Disparitäten in Europa
Die Regionalpolitik der Europäischen Union Analyse, Kritik, Alternativen
1995. 280 Seiten. Broschur.
ISBN 3-7643-5191-8 • Band 52

Stefan Bratzel
Extreme der Mobilität
Entwicklung und Folgen der Verkehrspolitik in Los Angeles
1995. 152 Seiten. Broschur.
ISBN 3-7643-5186-1 • Band 51

Eberhard von Einem
Christian Diller
Götz von Arnim
Standortwirkungen neuer Technologien
Räumliche Auswirkungen der neuen Produktionstechnologien und der „flexiblen Spezialisierung"
1995. 248 Seiten. Broschur.
ISBN 3-7643-5169-1 • Band 50

Ulfert Herlyn
Bernd Hunger
Ostdeutsche Wohnmilieus im Wandel
Eine Untersuchung ausgewählter Stadtgebiete als sozialplanerischer Beitrag zur Stadterneuerung
1994. 360 Seiten. Broschur.
ISBN 3-7643-5049-0 • Band 47

Wilhelm Falk (Hrsg.)
Städtische Quartiere und Aufwertung: Wo ist Gentrification möglich?
1994. 152 Seiten. Broschur.
ISBN 3-7643-5142-X • Band 49

Matthias Schulze-Böing
Norbert Johrendt
Wirkungen kommunaler Beschäftigungsprogramme
1994. 226 Seiten. Broschur.
ISBN 3-7643-5127-6 • Band 48

Birkhäuser

Stadt forschung
aktuell

Hellmut Wollmann
Systemwandel und Städtebau in Mittel- und Osteuropa
1994. 208 Seiten. Broschur.
ISBN 3-7643-5020-2 • Band 46

Ilse Helbrecht
Stadtmarketing
Konturen einer kommunikativen Stadtentwicklungspolitik
3. Aufl. 1997. 264 Seiten. Broschur.
ISBN 3-7643-2988-2 • Band 44

Rainer W. Ernst / Renate Borst / Stefan Krätke / Günter Nest (Hrsg.)
Arbeiten und Wohnen in städtischen Quartieren
Zum Verständnis der Stadt im interkulturellen Vergleich
1993. 352 Seiten, Broschur.
ISBN 3-7643-2880-0 • Band 42

Hartmut Häußermann (Hrsg.)
Ökonomie und Politik in alten Industrieregionen Europas
Probleme der Stadt- und Regionalentwicklung in Deutschland, Frankreich, Großbritannien und Italien
1992. 340 Seiten, Broschur.
ISBN 2-7643-2743-X • Band 36

Petra Gelfort / Wolfgang Jaedicke / Bärbel Winkler / Hellmut Wollmann
Ökologie in den Städten
Erfahrungen aus Neubau und Modernisierung
1993. 216 Seiten. Broschur.
ISBN 3-7643-2839-8 • Band 39

Bärbel Winkler
Hellmut Wollmann
Altlasten – Hemmnisse des Gewerbebrachenrecyclings
1993. 176 Seiten. Broschur..
ISBN 3-7643-2841-X • Band 41

Hubert Heinelt / Margit Mayer (Hrsg.)
Politik in europäischen Städten
Fallstudien zur Bedeutung lokaler Politik
1992. 300 Seiten. Broschur.
ISBN 3-7643-2831-2 • Band 38

Gern informieren wir Sie regelmäßig über die Buchreihe *Stadtforschung aktuell*. Bitte wenden Sie sich an
Birkhäuser Verlag AG
Klosterberg 23
CH-4010 Basel
Tel. 0041.61.205 07 44
Fax. 0041.61.205 07 92
E-mail: promotion@birkhauser.ch
www.birkhauser.ch

Birkhäuser